家庭财富管理指南

李厚豪 著

電子工業出版社
Publishing House of Electronics Industry
北京 · BEIJING

内 容 简 介

这是一本系统讲解财富风险的书。本书借助小说式的案例，再现中国家庭可能面临的财富风险场景，并结合《中华人民共和国民法典》等法律法规，提供专业案例分析与科学建议，以及相关的法律协议范本，以帮助读者轻松应对生活中的财富管理难题。

本书共四章，分别为婚姻篇、传承篇、家企篇、综合篇，语言通俗易懂，内容兼具趣味性与实用性。通过阅读本书，读者可以了解常见财富风险并掌握对应的规划策略，从而更好地守护财富、传承财富。

图书在版编目（CIP）数据

家庭财富管理指南 / 李厚豪著. -- 北京 : 电子工业出版社, 2025. 1. -- ISBN 978-7-121-49463-5

Ⅰ. TS976.15-62

中国国家版本馆CIP数据核字第2025JY1755号

责任编辑：王陶然
印　　刷：鸿博昊天科技有限公司
装　　订：鸿博昊天科技有限公司
出版发行：电子工业出版社
　　　　　北京市海淀区万寿路173信箱　邮编：100036
开　　本：710×1000　1/16　印张：23　字数：374千字
版　　次：2025年1月第1版
印　　次：2025年1月第1次印刷
定　　价：78.00元

凡所购买电子工业出版社图书有缺损问题，请向购买书店调换。若书店售缺，请与本社发行部联系，联系及邮购电话：（010）88254888，88258888。

质量投诉请发邮件至zlts@phei.com.cn，盗版侵权举报请发邮件至dbqq@phei.com.cn。

本书咨询联系方式：（010）68161512，meidipub@phei.com.cn。

序言 PREFACE

财富管理——把悲剧变成喜剧，把喜剧变成连续剧

我从事金融研究与培训近20年，为金融机构与财富管理客户提供课程及咨询服务累计超过1万小时。因为工作的缘故，我触及很多关于财富的悲欢离合的真实故事。

1. 企业家朋友不懂财富管理

企业破产，企业家不仅赔光了企业财产，连家庭财产也被法院判决全部用于偿还企业债务。直到最后，他也没有弄明白为什么自己明明经营的是有限责任公司，却要对公司债务承担无限的连带责任……

2. 传承财富的父母不懂财富管理

父母未做任何安排，直接将自己积攒大半生的财产赠与已婚女儿，没过多久女儿离婚，女婿分走了一半财产；家产分配不均，兄弟姐妹因此反目成仇，个个都认为父母偏心，最后没有一个愿意给年迈的父母养老；大笔资金一次性转给儿子，没想到儿子很快就将钱挥霍一空，父母只能干瞪眼……

3. 婚姻中的夫妻不懂财富管理

结婚后，一方对家庭财产情况一无所知，最后离婚时几乎“净身出户”……

这样的悲剧时有发生。一直以来，人们都把财富管理的重心放在创造财富上。在社会经济发展的加速期，收入的增加的确会掩盖一些潜在的问题，但到了经济增速放缓期，这些因为人们缺少财富管理能力而导致的问题就暴露出来了。

其实，财富管理并不复杂，而且它的作用非凡，可以把悲剧变成喜剧，把喜剧变成连续剧。

1. 企业家朋友如果懂得财富管理

企业家朋友如果懂得财富管理，就可以将家庭财富隔离在企业经营风险之外。这样即便企业破产，企业家的家庭财产也是安全的，基本生活可以得到保证。

2. 传承财富的父母如果懂得财富管理

传承财富的父母如果懂得财富管理，就可以实现以下效果：①精准传承，把财产定向传承给自己的子女，确保与他人无关；②保密传承，让子女继承财产的信息背靠背，不影响家庭和谐；③制约传承，将子女可以获得的财产与自己的养老绑定，让子女争相为自己养老；④持续传承，把财产像发工资一样传承给自己的子女，让子女从一时富裕变成一世富裕。

3. 婚姻中的夫妻如果懂得财富管理

婚姻中的夫妻如果懂得财富管理，就可以通过种种财富管理手段与工具，让自己对家庭财产有知情权、控制权与受益权，在关键时刻维护自己的正当权益。

拥有财富是起点，守护财富是过程，传承财富是终点，任何一个环节的缺失都可能造成悲剧。我写作这本书，就是希望能够帮助大家做好财富的全周期管理，更好地守护财富、传承财富。

本书从婚姻、传承、家企、综合四个方面切入，借助一个个小说式的案例，引出生活中的高频“财富卡点”，并给出专业案例分析与科学建议。在写作过程中，我力求做到内容专业、有趣、通俗、实用，而是否真正做到了这一点，就交由大家来验证了。

最后我想说，虽然本书几经打磨，但毕竟个人能力有限，书中难免有疏漏与不足，请大家不吝批评指正。我的邮箱：1981163622@qq.com。

李厚豪

目录 CONTENTS

第一章 婚姻篇

第二章
传承篇

第三章
家企篇

第四章
综合篇

附录 A

第一章

婚姻篇

给出去的彩礼还能要回来吗？

案例背景

小吴是当地知名的一家养殖户的儿子。他和父亲一样话不多，但个性稳重，做事踏实、认真。如果说早期小吴在邻里间出名，是因为他们家优越的经济条件，那么他现在出名，则是因为已经29岁了，还是个“光棍”。

在当地，男性29岁还未成婚，往往会成为周围人的议论对象。小吴的父母很着急，天天催小吴去相亲。

缘分说来就来了。在一位朋友的介绍下，小吴认识了22岁的董心涟。这位姑娘不仅名字动听，还有着姣好的容颜和甜美的声音。小吴一下就动心了。

通过了解，他知道心涟家里还有三个姐妹和一个弟弟，生活条件比较艰苦。对此，小吴并不在意。他被心涟的美貌和性格吸引，确信自己能给她好的生活。就这样，两位年轻人接触了一段时间，很快确立了恋爱关系。

小吴的父母急切地想促成两人的婚事。为了表示他们家的诚意和对心涟的欢迎，初次见面，他们就包了1万元红包给心涟。随后，他们积极与心涟的父母商谈婚事，想让两个孩子尽快举办婚礼，赶紧领证。心涟的父母提出要28.8万元彩礼作为多年来养育女儿的补偿。小吴的父母经济条件本就不错，再加上对儿子婚事的期盼，毫不犹豫地答应了。

但在筹备婚礼的过程中，小吴逐渐发现自己与心涟在性格上有很大差异。心涟的控制欲比较强，她会过问小吴的一切，要求小吴遵从她的所有决定。这让习惯了独立生活的小吴感到不适，他与心涟的争吵也越来越频繁。

经过一番思考，小吴回家跟父母坦白，表示自己要悔婚。起初，小吴的父母试图劝解儿子，希望能够挽救这段关系，但随着小吴把自己和心涟的矛盾一一讲明，他们也意识到两个孩子确实不合适，最终同意悔婚。

第二天，小吴的父母约见心涟的父母，提出了悔婚的想法，并请心涟的父母退还之前收到的 28.8 万元彩礼，以前送给心涟的礼物和红包就算了。心涟的父母则说："悔婚是你们家单方决定的。如果你们家想结婚，我们随时欢迎；如果不结婚，彩礼也不退！"

小吴的父母有些不知所措。按照他们本地的习俗，给女方家彩礼是应该的，但如今婚结不成了，彩礼也不能要回来吗？

案例分析

1. 在哪些情况下，可以要求收受彩礼一方返还彩礼？

根据《最高人民法院关于适用〈中华人民共和国民法典〉婚姻家庭编的解释（一）》（以下简称《民法典婚姻家庭编司法解释（一）》）第五条的规定，在下列情形中，可以要求收受彩礼一方返还彩礼：

（1）双方未办理结婚登记手续。在这种情况下，尽管男女双方可能已经举行了一定形式的婚礼或者婚约仪式，但由于没有完成法律规定的结婚登记手续，双方仍不具有婚姻关系，不能被视为合法夫妻。这是因为中国婚姻关系的合法性和有效性是基于办理了结婚登记手续的。如果一方给付彩礼后，双方未办理结婚登记手续，那么收受彩礼一方应当返还彩礼。

（2）双方办理结婚登记手续但确未共同生活。这种情况指的是男女双方虽然完成了法律规定的结婚登记手续，成为法律意义上的合法夫妻，但实际上没有开始共同生活。共同生活是婚姻生活的一个重要方面，包括共同居住、共同承担家庭责任等。如果名义上是夫妻，但并未实质性地开始夫妻生活，离婚时要求收受彩礼一方返还彩礼的，法院可能支持其请求。

（3）婚前给付彩礼并导致给付人生活困难。这种情况关注的是给付彩礼对于给付方或者其家庭造成的经济影响。如果婚前给付的彩礼数额巨大，以至于给付方或者其家庭因此陷入经济困难，那么即使双方已经办理结婚登记手续，也共同生活了，离婚时收受彩礼一方也应当返还彩礼。这里的“生活困难”，指的是彩礼给付方依靠个人财产和离婚时分得的财产无法维持当地基本生活水平。

2. 在哪些情况下，无法要求收受彩礼一方返还彩礼？

根据《中华人民共和国民法典》（以下简称《民法典》）、相关司法解释的规定以及司法实践案例，在下列情形中，彩礼不予返还：

（1）双方已经办理结婚登记手续且共同生活。当男女双方不仅完成了结婚登记手续，而且实质性地开始了共同生活，离婚时给付方请求返还彩礼的，法院一般不予支持。但如果共同生活时间较短且彩礼数额过高，给给付方或者其家庭造成了重大经济负担，法院会根据彩礼实际使用及嫁妆情况，综合考虑彩礼数额、共同生活等事实，确定是否返还以及返还的具体比例。

（2）双方未办理结婚登记手续且同居生活两年以上，或者虽然同居时间不满两年，但生育了子女。此时，彩礼通常被视为共同生活的一部分，不会被返还。

（3）所接受的彩礼确已用于共同生活。比如，彩礼已经用于支付一方或者双方的医疗费用等。此时，彩礼通常不会被返还。

需要说明的是，虽然《民法典》及相关司法解释提供了上述彩礼是否返还的依据，但由于每个案件的具体情况不同，法院在审理时会综合考虑各种因素，比如婚姻的实际情况、双方的经济状况、当地的风俗习惯等，酌情确定是否返还以及返还的具体比例。因此，不同的案件的判决结果可能有所不同。实践中，大家在遇到彩礼返还问题时，可以咨询律师，以获取具体的法律意见。

由上述分析可知，因为此时小吴和心涟并未办理结婚登记手续，也未曾共同生活，所以小吴的父母是可以索回28.8万元彩礼的。

科学建议

以小吴的父母为例，他们想要索回彩礼，可以参考以下建议。

1. 收集证据

小吴的父母需要收集所有与彩礼支付相关的证据，包括银行转账记录或者现金支付的收据，以及见证人的证词，以证明彩礼的支付事实和具体金额。此外，他们还需要收集证明小吴和心涟未办理结婚登记手续的证据，比如从当地民政部门获取的小吴的未婚证明，以及双方的户籍信息，以表明两人不曾存在婚姻关系。

2. 协商解决

在走上法律诉讼这一更为复杂和耗时的道路之前，小吴的父母可以先尝试与心涟及其父母进行协商。这种协商可以通过直接对话或者在第三方的调解下进行，目的是探讨是否存在一种双方都能够接受的解决方案，以友好的方式解决彩礼返还问题。在协商过程中，双方可以就彩礼金额、返还方式及时间表等内容进行讨论，适当考虑各方的经济状况和感情因素。

3. 准备诉讼材料

如果协商未能解决问题，小吴的父母就需要准备向法院提起诉讼的相关材料和证据。诉讼材料应当详细阐述彩礼的支付情况、双方的婚姻状况以及返还彩礼的法律依据，且最好在律师的指导下进行，以确保所有文件符合法律要求，能够有效支持诉讼目的。

法律依据

《民法典婚姻家庭编司法解释（一）》

第五条 当事人请求返还按照习俗给付的彩礼的，如果查明属于以下情形，人民法院应当予以支持：

（一）双方未办理结婚登记手续；

（二）双方办理结婚登记手续但确未共同生活；

（三）婚前给付并导致给付人生活困难。

适用前款第二项、第三项的规定，应当以双方离婚为条件。

《最高人民法院关于审理涉彩礼纠纷案件适用法律若干问题的规定》（法释〔2024〕1号）

第三条 人民法院在审理涉彩礼纠纷案件中，可以根据一方给付财物的目的，综合考虑双方当地习俗、给付的时间和方式、财物价值、给付人及接收人等事实，认定彩礼范围。

下列情形给付的财物，不属于彩礼：

（一）一方在节日、生日等有特殊纪念意义时点给付的价值不大的礼物、礼金；

（二）一方为表达或者增进感情的日常消费性支出；

（三）其他价值不大的财物。

第四条 婚约财产纠纷中，婚约一方及其实际给付彩礼的父母可以作为共同原告；婚约另一方及其实际接收彩礼的父母可以作为共同被告。

离婚纠纷中，一方提出返还彩礼诉讼请求的，当事人仍为夫妻双方。

第五条 双方已办理结婚登记且共同生活，离婚时一方请求返还按照习俗给付的彩礼的，人民法院一般不予支持。但是，如果共同生活时间较短且彩礼数额过高的，人民法院可以根据彩礼实际使用及嫁妆情况，综合考虑彩礼数额、共同生活及孕育情况、双方过错等事实，结合当地习俗，确定是否返还以及返还的具体比例。

人民法院认定彩礼数额是否过高，应当综合考虑彩礼给付方所在地居民人均可支配收入、给付方家庭经济情况以及当地习俗等因素。

第六条 双方未办理结婚登记但已共同生活，一方请求返还按照习俗给付的彩礼的，人民法院应当根据彩礼实际使用及嫁妆情况，综合考虑共同生活及孕育情况、双方过错等事实，结合当地习俗，确定是否返还以及返还的具体比例。

给嫁妆也是一门学问

案例背景

老周的独生女小俞要结婚了，男方备好了婚房和婚车。为了让女儿在婆家“有地位”，老周夫妇在婚礼上拿出66万元现金作为嫁妆送给女儿。

没想到，刚结婚时的新鲜劲儿一过，小俞和丈夫在生活习惯和生活态度上的不合越来越明显。偶尔的小摩擦最终演变为频繁的争吵。老周夫妇本着“劝和不劝分”的原则，试图引导小夫妻多多沟通、互相包容。但两个同样在家里被宠着长大的人，谁也不肯向对方妥协，坚持要离婚。

见此，老周夫妇也不再反对，想着年轻人的事就让他们自己看着办吧。然而，女儿离婚的过程并不顺利，两家人因为财产分割问题陷入纠纷，法院的判决更是让老周夫妇憋闷不已——婚房和婚车是女婿一家在婚前全款购买的，所有权登记在女婿的名下，小俞无权分割；老周夫妇在婚礼上给女儿的66万元嫁妆，在法律上视为对女儿和女婿双方的赠与，最终被女婿分走一半。

这让老周夫妇感到既后悔又无奈。他们的本意是用这笔钱帮助女儿获得更幸福的婚姻生活，却未料到结局竟然是这样的。

案例分析

1. 为什么小俞无权分割男方婚前购买的婚房、婚车?

根据《民法典》第一千零六十三条的规定，一方的婚前财产为夫妻一方的个人财产。婚房和婚车是男方在婚前全款购买的，所有权也登记在男方的名下，属于其个人财产。因此，在离婚分割财产时，小俞无权要求分割。

2. 为什么 66 万元的嫁妆，男方可以分走一半？

根据《民法典》第一千零六十二条的规定，夫妻在婚姻关系存续期间受赠的财产，为夫妻的共同财产，归夫妻共同所有，但赠与合同中确定只归一方的财产除外。虽然 66 万元嫁妆是老周夫妇赠与小俞的，但因为该赠与行为发生在小俞已经领取结婚证，与男方正式成为夫妻之后，所以这笔钱成了小俞与男方的夫妻共同财产。除非老周夫妇在赠与时明确指出这笔钱是对小俞个人的赠与（如通过书面合同明确表示），否则在法律上这笔钱会被视为夫妻双方的共同财产，离婚时男方有权分得一半。

科学建议

千百年来，嫁妆作为一项传统婚俗文化一直延续至今。它一般被视为新娘的财产，新娘对嫁妆有充分的处置权。现在的很多父母为了女儿婚姻生活的安全和稳定，也为了女儿在婆家能够受到尊重，会不惜钱财为女儿置办嫁妆。

老周夫妇为女儿小俞添嫁妆，无疑是出于对女儿深深的爱，但由于他们不了解法律，导致这笔原本可以完全属于女儿的钱被离婚分割。所以说，对父母而言，如何给嫁妆也是一门学问。那么，父母到底怎么做，才能保证嫁妆只属于女儿一个人呢？

1. 与女儿签订单独赠与合同

如案例分析所述，夫妻在婚姻关系存续期间受赠的财产，为夫妻的共同财产，归夫妻共同所有，但赠与合同中确定只归一方的财产除外。因此，为保证赠与的财产属于女儿一人，父母应当与女儿签订资金单独赠与合同，写明财产归女儿个人所有。

当然，更好的方式是父母在子女领取结婚证之前就完成赠与。需要注意的是，子女婚前受赠的资金不能与婚后的资金频繁转账，避免婚前婚后财产混同。

2. 为女儿配置年金保险

以老周夫妇为例，他们可以通过为女儿投保终身年金保险，帮助女儿富裕一生。具体的保单架构为：

老周夫妇的保单架构

投保人	被保险人	身故受益人
老周或者妻子	女儿小俞	老周或者妻子

这样设计保单架构的好处在于：

（1）女儿作为被保险人，能够持续享受终身年金保险所提供的生存年金，而且此生存年金与女儿的生命等长。相当于老周夫妇通过保单为女儿提供持续、稳定且确定的资金支持，从让女儿富裕一阵子，变成让女儿富裕一辈子。

（2）终身年金保险的所有权在投保人名下，也就是说，保单由老周夫妇掌控，即使女儿的婚姻出现问题，保单也不会被分割。

（3）未来女儿有了孩子，老周夫妇可以通过变更身故受益人为孙子女，实现财产的跨代传承。

（4）如果女儿的婚姻稳定，老周夫妇可以变更投保人为女儿，让女儿完全拥有这份保险资产。与此同时，老周夫妇可以与女儿签订保险单独赠与合同，约定保单现金价值与未来收益是对女儿一人的赠与，保障保险资产属于女儿的婚后个人财产。

（5）如果老周夫妇对女儿的婚姻或者对女儿和女婿的财富管理能力缺乏信心，也可以不变更投保人，把女儿设置为第二投保人（原投保人身故后，第二投保人自动成为新投保人），这样即使作为投保人的老周夫妇身故，也不会让这份保险陷于投保人先于被保险人去世，保单现金价值被视为投保人的遗产进行分配的困境。

法律依据

《民法典》

第一千零六十二条　夫妻在婚姻关系存续期间所得的下列财产，为夫妻的共同财产，归夫妻共同所有：

（一）工资、奖金、劳务报酬；

（二）生产、经营、投资的收益；

（三）知识产权的收益；

（四）继承或者受赠的财产，但是本法第一千零六十三条第三项规定的除外；

（五）其他应当归共同所有的财产。

夫妻对共同财产，有平等的处理权。

第一千零六十三条　下列财产为夫妻一方的个人财产：

（一）一方的婚前财产；

（二）一方因受到人身损害获得的赔偿或者补偿；

（三）遗嘱或者赠与合同中确定只归一方的财产；

（四）一方专用的生活用品；

（五）其他应当归一方的财产。

《第八次全国法院民事商事审判工作会议（民事部分）纪要》

（二）关于夫妻共同财产认定问题

5. 婚姻关系存续期间，夫妻一方作为被保险人依据意外伤害保险合同、健康保险合同获得的具有人身性质的保险金，或者夫妻一方作为受益人依据以死亡为给付条件的人寿保险合同获得的保险金，宜认定为个人财产，但双方另有约定的除外。

婚姻关系存续期间，夫妻一方依据以生存到一定年龄为给付条件的具有现金价值的保险合同获得的保险金，宜认定为夫妻共同财产，但双方另有约定的除外。

没领结婚证就不算夫妻？——我国不承认事实婚姻

案例背景

2010年，陈芸和赵聪在广州的一家工厂打工时相识。赵聪帅气大方，陈芸温柔体贴，两人的交往成了他们枯燥生活中的一抹亮色。相处一年后，陈芸意外怀孕，两个年轻人决定结束打工的日子，回到赵聪的老家结婚。

婚礼办得十分隆重，但由于两人是“奉子成婚”的，即将到来的新生命和家里的一系列琐事，让他们无暇顾及其他事情，因此一直没有去领结婚证。

陈芸婚后的生活非常辛苦。除了要照顾孩子，操心柴米油盐，还要照顾赵聪因病瘫痪在床的父亲。对此，陈芸没有丝毫怨言，用心照顾公公整整八年。周围人都对她称赞不已。陈芸的青春也在这没日没夜的付出中悄然流逝。

谁也没想到，一场拆迁改变了这个家庭的命运。赵聪获得了多套房产和巨额补偿款，他的生活也因此而改变。财富的涌入，没有带给赵聪预期的幸福和满足，反而点燃了他内心深处的欲望。他染上了赌博的恶习，眼中不再有妻子、孩子和瘫痪在床的父亲，取而代之的是堆积成山的筹码，以及那个悄然出现的第三者。

第三者的出现，给赵聪的狂放生活又添了一把火。她年轻，充满诱惑力，完全不同于陈芸的平凡与质朴。当第三者生下一名男婴时，赵聪的心完全偏向了这个新的家庭。

再次回到家时，赵聪向陈芸提出分手。对于陈芸希望分得一半家产，以保障她和两个女儿生活的请求，赵聪嗤之以鼻，并告诉她，法律上他们是同居关系，并不构成婚姻，陈芸无权分割他因拆迁获得的巨额财产。他只愿意给陈芸和两个女儿每个月几千元钱，并提供一套小房子居住，但房子的所有权归他。为了孩子，陈芸无奈地接受了这个条件。

面对未来，陈芸感到前所未有的无助和迷茫。她曾经是家庭最忠实的守护者，现在却成了被丈夫抛弃的弱者。

案例分析

1994 年 2 月民政部《婚姻登记管理条例》公布实施以后，我国法律不再承认事实婚姻。

所谓事实婚姻，是指没有配偶的男女，未进行结婚登记，便以夫妻关系同居生活，群众也认为是夫妻关系的两性结合。[①] 而不承认事实婚姻，就是指无论男女双方同居多长时间，只要未办理结婚登记，法律上就不视为合法的婚姻关系。《民法典》也明确规定，要求结婚的男女双方应当亲自到婚姻登记机关申请结婚登记。完成结婚登记，即确立婚姻关系。

由于陈芸和赵聪在婚礼前后都没有领结婚证（办理结婚登记），所以两人不是婚姻关系，而是不受法律保护的同居关系。在财产分割、继承等法律事务上，双方自然也不具有夫妻间的权利和义务。不过，虽然解不解除同居关系全凭双方的自觉自愿，但对于同居期间的财产分割和子女抚养纠纷，人民法院应当受理。

根据《最高人民法院关于适用〈中华人民共和国民法典〉婚姻家庭编的解释（二）》（法释〔2025〕1 号，以下简称《民法典婚姻家庭编司法解释（二）》）的规定，男女双方对同居期间所得财产没有约定且协商不成的，各自所得的工资、奖金、劳务报酬、知识产权收益，各自继承或者受赠的财产以及单独生产、经营、投资的收益等，归各自所有；共同出资购置的财产或者共同生产、经营、投资的收益以及其他无法区分的财产，以各自出资比例为基础，综合考虑共同生活情况、有无共同子女、对财产的贡献大小等因素进行分割。

① 黄薇. 中华人民共和国民法典释义及适用指南[M]. 北京：中国民主法制出版社，2020.

科学建议

鉴于法律不保护同居关系，为避免更多人重蹈覆辙，我有以下两点建议。

1. 确立合法的婚姻关系

在我国，合法婚姻的认定基础是结婚登记。只有办理了结婚登记，才能受到相关法律的保护。因此，如果男女双方认真考虑后决定共同生活，应尽早完成结婚登记。

此外，结婚不仅是人的结合，也是财富的结合。在结婚之前，男女双方应当学习一下《民法典》婚姻家庭编、继承编及相关司法解释，将夫妻的权利和义务、离婚财产分割、子女抚养、遗产继承等问题了解清楚，以便在婚姻关系中保护自己的合法权益。

2. 通过财产协议保护相关权利

如果由于特殊原因暂时无法办理结婚登记，建议男女双方签订财产协议。这种协议可以明确双方在财产（如房产、共同投资等）上的权利和义务，为未来可能出现的纠纷提供法律依据。对于财产协议的拟定，应当咨询律师，以确保协议内容公平、合理且具有法律效力。与此同时，建议同居关系的男女详细记录各自在同居期间对共同财产的贡献，包括金钱投入、劳动投入等。这些记录在处理财产分割纠纷时可能会起到关键作用。

上述两点建议，是有意愿迈入婚姻的男女维护自身权益的有效途径。陈芸因为过于相信感情，且缺乏基本的法律知识，错失了在法律上获得婚姻保护的机会，导致自己在面临赵聪的背叛时，不得不打落牙齿往肚子里吞。因此，我们每个人在选择组建家庭之前，都应该冷静地设想一下，当最坏的情况发生时，自己的权利能不能得到保障。

法律依据

《民法典》

第一千零四十九条　要求结婚的男女双方应当亲自到婚姻登记机关申请结婚登记。符合本法规定的，予以登记，发给结婚证。完成结婚登记，即确立婚姻关系。未办理结婚登记的，应当补办登记。

《民法典婚姻家庭编司法解释（一）》

第三条　当事人提起诉讼仅请求解除同居关系的，人民法院不予受理；已经受理的，裁定驳回起诉。

当事人因同居期间财产分割或者子女抚养纠纷提起诉讼的，人民法院应当受理。

第七条　未依据民法典第一千零四十九条规定办理结婚登记而以夫妻名义共同生活的男女，提起诉讼要求离婚的，应当区别对待：

（一）1994 年 2 月 1 日民政部《婚姻登记管理条例》公布实施以前，男女双方已经符合结婚实质要件的，按事实婚姻处理。

（二）1994 年 2 月 1 日民政部《婚姻登记管理条例》公布实施以后，男女双方符合结婚实质要件的，人民法院应当告知其补办结婚登记。未补办结婚登记的，依据本解释第三条规定处理。

《民法典婚姻家庭编司法解释（二）》

第四条　双方均无配偶的同居关系析产纠纷案件中，对同居期间所得的财产，有约定的，按照约定处理；没有约定且协商不成的，人民法院按照以下情形分别处理：

（一）各自所得的工资、奖金、劳务报酬、知识产权收益，各自继承或者受赠的财产以及单独生产、经营、投资的收益等，归各自所有；

（二）共同出资购置的财产或者共同生产、经营、投资的收益以及其他无法区分的财产，以各自出资比例为基础，综合考虑共同生活情况、有无共同子女、对财产的贡献大小等因素进行分割。

同居期间共同购买的房子，分手时如何分割？

案例背景

在一次朋友聚会上，周明和莉莉一见钟情。两颗年轻的心迅速靠近，爱情的甜蜜促使他们决定同居。在确定恋爱关系的第二年，两人共同出资购买了一处位于广州市中心的二手房。周明和他父亲出资 70 万元，莉莉出资 73.8 万元。双方并未对房产的产权归属作出明确的约定。

岁月如梭，周明和莉莉在新家共同度过了十年时光。可惜的是，十年的爱情长跑没能让两人步入婚姻殿堂，双方最终不欢而散。

分手后不久，莉莉决定出售他们共同的房产。在房地产市场价格急剧上涨的背景下，这处房产最终以 530 万元的高价售出。面对这笔财产，莉莉仅愿意返还周明当初的出资额——70 万元。周明则认为，这笔财产应当按照出资比例分割。

两人为此告上法庭。莉莉称这处房产属于她个人所有，周明则称这是两人共同的财产。法庭上的辩论激烈而复杂，双方律师各执一词，试图为自己的当事人争取最大利益。

法院经审理，最终判定该房产为周明与莉莉的按份共有财产。考虑到双方没有对房产份额作出具体约定，法院判决按照双方的出资比例进行分割。莉莉需要将房屋出售所得 530 万元中的 48.68%，即约 258 万元支付给周明。

案例分析

周明和莉莉共有的房产，为什么被法院判定按照出资比例进行分割呢？这主要基于以下三个法律原则。

1. 按份共有的确定

《民法典》第三百零八条规定："共有人对共有的不动产或者动产没有约定为按份共有或者共同共有，或者约定不明确的，除共有人具有家庭关系等外，视为按份共有。"由于周明和莉莉不具有家庭关系，且在购房时并未明确约定房产的共有形式，所以法院将这处房产视为按份共有，即两人各自对房产拥有一定的份额。

2. 出资比例的计算

《民法典》第三百零九条规定："按份共有人对共有的不动产或者动产享有的份额，没有约定或者约定不明确的，按照出资额确定；不能确定出资额的，视为等额享有。"由于周明和莉莉未对房产的具体归属作出明确约定，他们的财产份额应当按照出资额确定。周明出资 70 万元，莉莉出资 73.8 万元，两人的出资比例分别为 48.68% 和 51.32%。

3. 增值部分的考虑

在分割房产时，不仅要考虑原始出资额，还要考虑房产增值部分。周明和莉莉共有的房产在出售时，其价值已增至 530 万元。两人享有的财产份额是基于房产的当前价值计算的，而不是基于原始出资额计算的。所以周明应当获得 530 万元的 48.68%，即约 258 万元。

科学建议

对于在同居期间共同出资购买房产的朋友，我有以下五点建议。

1. 签订书面协议

在协议中明确双方对房产的出资比例、所有权、使用权、维护责任，以及可能的分割方式等。

2. 明确财产权属

在办理购房手续时，确保将双方的名字都登记在不动产权证书上。这有助于明确各自的所有权，为日后的财产处理提供法律依据。

3. 保持财务透明

在购房过程中，清晰记录各自的出资额、按揭贷款分担情况、日常维护费用等，确保所有支出都有银行转账记录或者其他形式的书面记录。

4. 考虑房产增值或者减值情况

在协议中考虑未来房产可能出现的增值或者减值情况，以及相应的处理办法。例如，房产价值上涨时双方如何分享增值部分，房产价值下跌时双方如何承担损失。

5. 制订应对计划

提前讨论并制订双方关系发生变化时的应对计划，包括如何分割房产，是否允许一方买断另一方的份额，如何处理按揭贷款，等等。

以上建议，能够帮助同居伴侣更好地保护自己的权益，避免可能出现的法律纠纷，同时也可以为双方的关系提供更多的安全感和稳定性。

法律依据

《民法典婚姻家庭编司法解释（二）》

第四条 双方均无配偶的同居关系析产纠纷案件中，对同居期间所得的财产，有约定的，按照约定处理；没有约定且协商不成的，人民法院按照以下情形分别处理：

（一）各自所得的工资、奖金、劳务报酬、知识产权收益，各自继承或者受赠的财产以及单独生产、经营、投资的收益等，归各自所有；

（二）共同出资购置的财产或者共同生产、经营、投资的收益以及其他无法区分的财产，以各自出资比例为基础，综合考虑共同生活情况、有无共同子女、对财产的贡献大小等因素进行分割。

延伸阅读

不同时期男女购买的房产的分割情形

我们来具体看一看在对房产没有特别约定的前提下，男女在恋爱期间、婚前和婚后购买的房产在双方分手、离婚时的分割情形。需要说明的是，以下所述的房产分割情形均指典型情况，旨在提供参考。对于具体问题的处理，建议咨询专业律师，以获得针对性的法律指导。

1. 恋爱期间购买的房产在双方分手时的分割情形

恋爱期间购买的房产在双方分手时的分割情形

序号	出资及所有权登记情况	分手时的分割情形
1	一方全额出资，所有权登记在出资方名下	房产属于登记方的个人财产。分手时，未登记方通常没有权利要求分割房产，因为没有证据表明房产为双方的共同财产
2	一方付首付并贷款购房，所有权登记在出资方名下	房产属于登记方的个人财产。分手时，即便未登记方在生活中有所贡献（如进行家务劳动或者为登记方的事业提供支持等），通常也无权要求分割房产
3	一方全额出资，所有权登记在双方名下	这通常意味着出资方愿意与另一方共享财产。分手时，房产应当按照共有份额进行分割；没有明确约定共有份额的，可能需要通过法律程序确定各自的份额
4	一方全额出资，所有权登记在另一方名下	这通常被视为出资方附结婚条件的赠与。分手时，出资方有权要求另一方返还房产。实践中，此情形需要法院介入，由法院结合相关证据和案件具体情况作出判决
5	双方共同出资，所有权登记在双方名下	双方对房产拥有共同所有权。分手时，房产应当按照各自的出资比例进行分割。如果双方无法就分割比例达成一致，可能需要通过法律途径解决

续表

序号	出资及所有权登记情况	分手时的分割情形
6	双方共同出资，所有权登记在一方名下	分手时，未登记方想要分割房产，需要拿出充分的证据（如银行转账记录、共同贷款合同等）证明自己的出资情况。证明成功后，房产应当按照实际的出资比例进行分割
7	因收支混同导致出资模糊，所有权登记在双方名下	出资模糊，意味着无法确定各自的出资比例。分手时，一方通常可以根据财务记录、银行流水等来估算双方的出资比例，并据此分割房产
8	因收支混同导致出资模糊，所有权登记在一方名下	分手时，未登记方想要分割房产，需要提供足够的证据（如银行转账记录、共同还款证明等）证明其出资比例，再进行分割
9	一方父母全额出资，所有权登记在己方子女名下	法律上通常将此视为父母对己方子女的赠与。即使分手，房产仍归登记在册的己方子女所有
10	一方父母全额出资，所有权登记在对方名下	这通常被视为以结婚为条件的赠与。婚姻未实现，出资的父母通常可以撤销赠与，要求对方返还其出资额
11	一方父母全额出资，所有权登记在双方名下	这通常意味着出资的父母同意将房产视为双方的共有财产。分手时，若没有明确的分割协议，房产应当按照公平原则分割（通常会为出资方多分一定的比例）
12	一方父母付首付，所有权登记在己方子女名下	这通常被视为父母对己方子女的支持或者赠与，而非对双方关系的投资。分手时，房产通常归登记在册的己方子女所有
13	一方父母付首付，所有权登记在对方名下	这通常被视为以结婚为条件的赠与。婚姻未实现，出资的父母通常有权要求对方返还其出资部分，或者要求按共有财产分割房产
14	一方父母付首付，所有权登记在双方名下	这通常被视为对双方共同生活的支持，也就是对情侣两人的赠与。分手时，除非有其他明确的约定，否则房产应当按照按份共有原则进行分割，即根据双方在购买房产时的财务贡献来确定分割比例（如果父母是出资方，可能会获得较大比例的房产份额）
15	双方父母共同出资，所有权登记在一方或者双方名下	在这种情况下，房产通常被视为双方共有的财产。无论房产是登记在一方还是双方名下，分手时房产通常根据各自父母的出资比例进行分割

2. 婚前购买的房产在双方离婚时的分割情形

婚前购买的房产在双方离婚时的分割情形

序号	出资及所有权登记情况	离婚时的分割情形
1	一方付首付并申请银行贷款，所有权登记在出资方名下	离婚时，出资方保留房产所有权。但如果夫妻双方在婚后共同还贷，那么未登记方有权获得婚后共同还贷部分及其对应的房产增值的补偿
2	一方全额出资，所有权登记在双方名下	这通常意味着出资方同意与另一方共享房产。离婚时，房产通常被视为夫妻共同财产进行分割，但在分割时会考虑出资方的财务贡献
3	一方全额出资，所有权登记在另一方名下	离婚时，房产通常被视为夫妻共同财产进行分割
4	双方共同出资，所有权登记在双方名下	离婚时，房产通常被视为夫妻共同财产进行分割。分割时，会考虑双方的出资比例，确保分割结果公平合理
5	双方共同出资，所有权登记在一方名下	离婚时，未登记方想要分割房产，需要有充分的证据（如银行转账记录、共同还款证明等）证明其参与了出资。如果能够证明这一点，房产应当按照夫妻共同财产进行分割
6	因收支混同导致出资模糊，所有权登记在双方名下	离婚时，房产通常被视为夫妻共同财产进行分割，但由于出资比例不明确，分割时会考虑更多的因素，比如双方对家庭的贡献等
7	因收支混同导致出资模糊，所有权登记在一方名下	基于对婚后共同生活的综合考虑，即便不动产权证书上仅有一人的名字，离婚时，房产通常也会被视为夫妻共同财产进行分割
8	一方父母全额出资，所有权登记在对方名下	离婚时，房产通常被视为夫妻共同财产进行分割，除非有明确证据表明这是一种对对方的无条件赠与
9	一方父母全额出资，所有权登记在双方名下	这通常意味着一方父母对双方共同生活的支持，即便房产由一方父母全额出资购买，离婚时房产也会被视为夫妻共同财产进行分割
10	一方父母付首付，所有权登记在己方子女名下	离婚时，房产通常归登记方所有。但如果夫妻双方在婚后共同还贷，那么未登记方有权获得婚后共同还贷部分及其对应的房产增值的补偿

续表

序号	出资及所有权登记情况	离婚时的分割情形
11	一方父母付首付，所有权登记在双方或者对方名下	离婚时，房产通常被视为夫妻共同财产进行分割
12	双方父母共同出资，所有权登记在一方或者双方名下	离婚时，房产通常被视为夫妻共同财产进行分割。分割时，会考虑双方父母的出资比例、婚姻中的过错等因素

3. 婚后购买的房产在双方离婚时的分割情形

婚后购买的房产在双方离婚时的分割情形

序号	出资及所有权登记情况	离婚时的分割情形
1	一方用婚前个人财产全额出资，所有权登记在出资方名下	离婚时，房产通常被视为出资方的个人财产。房产不参与夫妻共同财产的分割，完全归出资方所有
2	一方用婚前个人财产全额出资，所有权登记在双方或者另一方名下	离婚时，房产通常被视为夫妻共同财产进行分割。这反映了出资方对共同生活的承诺和对另一方的信任
3	双方共同出资，所有权登记在一方或者双方名下	在夫妻双方共同出资购买房产的情况下，无论所有权是登记在一方还是双方名下，离婚时，房产通常被视为夫妻共同财产，基于双方的出资比例进行分割
4	双方共同出资，所有权登记在未成年子女名下	房产通常被视为夫妻共同财产进行分割，除非有明确证据表明房产是赠与未成年子女的
5	双方共同出资，所有权登记在夫妻双方与子女/夫妻一方与子女名下	离婚时，房产通常被视为夫妻与子女的共同财产。分割时，需要考虑到子女，尤其是未成年子女的权益，但子女的份额可能会被适当减少，以反映子女未参与出资的事实
6	一方父母全额出资，所有权登记在己方子女/双方名下	离婚时，房产通常被视为夫妻共同财产进行分割。法院可以判决房产归出资方子女所有，并综合考虑共同生活及孕育共同子女情况、离婚过错等因素确定是否给予另一方补偿
7	一方父母付首付，夫妻双方共同还贷，所有权登记在出资方子女名下	离婚时，房产通常被视为夫妻共同财产进行分割。未取得房产的一方有权获得婚后共同还贷部分及其对应的房产增值的补偿

忠诚协议有效吗？

案例背景

将两个孩子送到幼儿园后，小梁回到家，一个人沉默地坐在客厅里。她的面容苍白、平静，内心却翻江倒海。昨天夜里，她第一次翻看丈夫的手机，发现了他不堪的秘密——嫖娼、出轨，且与多名女性保持着不正当关系。看着那些可疑的消费记录和露骨的聊天记录，小梁的心冷了个彻底。

小梁和丈夫阿源是从校园恋人走进婚姻的。阿源虽然家境一般，但既努力又上进，对小梁也很好。大学一毕业，小梁就和阿源结了婚，并将自己丰厚的嫁妆全部投到阿源的创业项目中。幸运的是，在经历一段艰难时期后，阿源的生意越做越好。家庭财富的增长，两个健康宝宝的降生，以及丈夫无微不至的关怀和时不时的浪漫示爱，都让小梁感到幸福和满足。

然而，现实击碎了小梁的美好生活。通过手机记录，她看到了阿源的不忠，也明白了所谓的关怀和示爱，不过是为了蒙蔽她而作出的表演。

小梁提出了离婚。阿源对此恐慌不已，跪下来向小梁发誓会改过自新。想到两个年幼的孩子，小梁心软了。于是，她提出签订忠诚协议，约定若阿源再次出轨，必须净身出户，且失去孩子的抚养权。阿源连连点头表示同意，并在忠诚协议上签了字。就这样，一切似乎又回到了正轨。

签完协议的头几个月，阿源为了证明自己已经悔改，一下班就早早回家，即使出差也会向小梁报备行程。但是渐渐地，他又故态复萌，外遇不断，甚至还有第三者找上门来。也许是为了躲避小梁和孩子，阿源开始频繁地夜不归宿。

这一次，小梁不再容忍。她到法院起诉离婚，并要求按照忠诚协议分割夫妻共同财产，没承想却遭到了法官的拒绝。法官告诉她，忠诚协议虽然具有一定的约束力，但并不能完全按照其内容执行。因此，尽管阿源作为过错方，财产分割的份额受到了一定比例的缩减，但他们的家产还是几乎被平分。而且，法官明确表示，小梁不能剥夺阿源对两个孩子的抚养权，子女抚养费也只能按照相关规定支付。

庭审结束后，小梁独自坐在法院大厅。她回想起和阿源的点点滴滴，从校园里共同度过的青涩时光，到婚后的甜蜜生活，再到如今破碎的家庭。曾经的知心爱人已经面目全非，变得陌生而可憎。那份忠诚协议则像一纸空文，没能让背叛她的丈夫付出应有的代价……

案例分析

在我国的法律体系中，夫妻之间签订的忠诚协议并非完全无效，只不过它的法律效力和执行存在一定的限制。因为夫妻忠实属于道德义务，并非法律义务。小梁和阿源签订的忠诚协议可能是因为以下原因而无效或者执行受限的。

1. 违背夫妻共同财产分割原则

《民法典》第一千零八十七条第一款规定："离婚时，夫妻的共同财产由双方协议处理；协议不成的，由人民法院根据财产的具体情况，按照照顾子女、女方和无过错方权益的原则判决。"也就是说，法院只会在分割夫妻共同财产时适当倾斜，照顾无过错方的权益，而不会完全剥夺过错方对夫妻共同财产的权利。因此，忠诚协议中"净身出户"的条款是不会被法院接受的。

2. 违背抚养权归属原则

《民法典》第一千零八十四条第三款规定："离婚后，不满两周岁的子女，以由母亲直接抚养为原则。已满两周岁的子女，父母双方对抚养问题协议不成的，由人民法院根据双方的具体情况，按照最有利于未成年子女的原则判决。子女已满八周岁的，应当尊重其真实意愿。"因此，在夫妻就抚养权问题无法达成一致的情况下，法院会综合考虑多种因素，比如双方的抚养能力、抚养条件，未成年子女的意愿（要求子女已满八周岁）、健康和安全等，确定未成年子女的抚养权归属。小梁在忠诚协议中约定阿源再出轨就“失去孩子的抚养权”，实际上违背了法律规定的抚养权归属原则。

除了上述原因，忠诚协议还可能因为其他原因而无效或者执行受限，比如夫妻一方是在受胁迫或者违背真实意愿的情况下签订的忠诚协议，或者忠诚协议中约定的条款侵害了一方的人身自由等。

实务中，忠诚协议通常都会约定当夫妻一方存在不忠行为时，另一方可以得到多少经济补偿，或者像小梁一样约定另一方直接“净身出户”、丧失对子女的抚养权。这些条款有的合法，有的无效，有的甚至违法，法院自然无法完全按照协议内容执行。

科学建议

既然忠诚协议的效力和执行受到很大的限制，那处于婚姻中的人，该如何保护自己和子女的权益呢？签订婚内财产协议是一个比较合适的选择。根据《民法典》的相关规定，夫妻双方可以通过协议对婚内财产进行重新划分。

我们以小梁的情况为例。小梁可以与阿源协商，明确表示愿意接受他回归家庭的条件是签订一份婚内财产协议，并在这份协议中明确双方对婚内财产的认识和分配方式。比如，针对房产，小梁可以在协议中约定将夫妻共同所有的房产过户到自己的名下并明确完全归自己个人所有；针对共同存款，小梁可以在协议中明确约定自己应当获得的比例，并要求这部分资金转移至她个人名下的银行账户。

虽然这份婚内财产协议主要处理的是财产问题，但小梁也可以考虑在其中约定子女抚养的相关事宜，比如抚养费的支付等。

需要提醒的是，婚内财产协议的确可以在一定程度上保护小梁和孩子的权益，但在实际执行中可能会遇到各种挑战。因此，协议最好在律师的帮助下书写，确保其内容的合法性和可执行性。如果协议是自己拟定的，那么在签订协议之前，有必要咨询律师，对协议的内容进行审查，确保自己的利益得到最大限度的保护。

此外，根据《民法典》第一千零九十一条的规定，有配偶者与他人同居导致离婚的，无过错方有权请求损害赔偿（包括物质损害赔偿和精神损害赔偿）。这就是《民法典》规定的离婚损害赔偿制度。离婚损害赔偿制度，是在保障离婚自由的情况下，通过国家公权力救济手段，保护无过错方的利益，使无过错方得到经济上的救济和恢复，同时也起到惩罚过错方，对违法行为进行预防的作用。[①]

法律依据

《民法典》

第五条　民事主体从事民事活动，应当遵循自愿原则，按照自己的意思设立、变更、终止民事法律关系。

第一百四十三条　具备下列条件的民事法律行为有效：

（一）行为人具有相应的民事行为能力；

（二）意思表示真实；

（三）不违反法律、行政法规的强制性规定，不违背公序良俗。

第四百六十九条　当事人订立合同，可以采用书面形式、口头形式或者其他形式。

书面形式是合同书、信件、电报、电传、传真等可以有形地表现所载内容的形式。

以电子数据交换、电子邮件等方式能够有形地表现所载内容，并可以随时调

① 国家法官学院，最高人民法院司法案例研究院.中国法院2022年度案例：婚姻家庭与继承纠纷[M].北京：中国法制出版社，2022.

取查用的数据电文，视为书面形式。

第一千零四十三条 家庭应当树立优良家风，弘扬家庭美德，重视家庭文明建设。

夫妻应当互相忠实，互相尊重，互相关爱；家庭成员应当敬老爱幼，互相帮助，维护平等、和睦、文明的婚姻家庭关系。

第一千零六十五条 男女双方可以约定婚姻关系存续期间所得的财产以及婚前财产归各自所有、共同所有或者部分各自所有、部分共同所有。约定应当采用书面形式。没有约定或者约定不明确的，适用本法第一千零六十二条、第一千零六十三条的规定。

夫妻对婚姻关系存续期间所得的财产以及婚前财产的约定，对双方具有法律约束力。

夫妻对婚姻关系存续期间所得的财产约定归各自所有，夫或者妻一方对外所负的债务，相对人知道该约定的，以夫或者妻一方的个人财产清偿。

第一千零九十一条 有下列情形之一，导致离婚的，无过错方有权请求损害赔偿：

（一）重婚；

（二）与他人同居；

（三）实施家庭暴力；

（四）虐待、遗弃家庭成员；

（五）有其他重大过错。

《民法典婚姻家庭编司法解释（一）》

第二条 民法典第一千零四十二条、第一千零七十九条、第一千零九十一条规定的“与他人同居”的情形，是指有配偶者与婚外异性，不以夫妻名义，持续、稳定地共同居住。

第八十六条 民法典第一千零九十一条规定的“损害赔偿”，包括物质损害赔偿和精神损害赔偿。涉及精神损害赔偿的，适用《最高人民法院关于确定民事侵权精神损害赔偿责任若干问题的解释》的有关规定。

第八十九条 当事人在婚姻登记机关办理离婚登记手续后，以民法典第一千零九十一条规定为由向人民法院提出损害赔偿请求的，人民法院应当受理。但当事人在协议离婚时已经明确表示放弃该项请求的，人民法院不予支持。

延伸阅读

导致夫妻财产协议[①]无效的常见原因

1. 干涉婚姻自由

未经专业人士指导的夫妻财产协议中经常会出现这样的表述："谁提出离婚，谁净身出户""谁提出离婚，谁放弃家庭财产"……如果当事人选择诉讼离婚，那么法官会以该条款限制离婚自由，与《民法典》相悖为由，不予支持。

2. 债务约定对债权人无效

在婚姻关系存续期间，夫妻共同债务包括三类：①基于双方共同意思所负的债务，比如夫妻双方都在借款合同上签了名，或者仅有一方签名，但事后配偶对借款予以确认；②基于家庭日常生活需要所负的债务，比如为抚养教育子女欠下的债务；③债权人能够证明债务被用于夫妻共同生活或者共同生产经营，比如为购买共同居住的房屋欠下的债务。

一旦某笔债务的性质被认定为夫妻共同债务，即便夫妻双方私下在财产协议中约定各自承担债务，只要债权人不知情，这样的约定就对债权人不具有约束力。

3. 子女抚养约定无效

我国法律强调保护未成年子女的利益。任何在财产协议中尝试免除父母对子女的抚养义务，或者在抚养权上作出不符合子女最大利益的约定的条款，都会被

① 夫妻财产协议包括两种：婚前财产协议和婚内财产协议。

认定为无效。

4. 赠与任意撤销

理论上，夫妻间赠与的财产只要没有完成所有权的转移，另一方都可以任意撤销赠与。比如，一方承诺将房产或者其他高价值资产赠与另一方，但从法律的角度来说，大部分赠与在完成所有权转移前都是可以任意撤销的，并不具有强制性。

5. 净身出户约定无效

夫妻财产协议中有时会约定“若一方出现……情况，便净身出户”。法官一般会认为这样的约定可能导致一方生活困难，从而认定该条款无效。

6. 忠诚约定无效

“如果一方出轨，则……”，这也是夫妻财产协议中常见的无效条款。夫妻间的忠实义务，属于道德范围的约束，并没有明确的法律强制力。虽然婚外情可能会作为当事人离婚的依据之一，但是关于忠诚的具体约定，比如因出轨导致的财产分配或者其他后果，通常不会被法院接受。另外，当事人对于出轨方的取证也是难上加难。

7. 变成离婚协议

不要在夫妻财产协议中加入“离婚时按此协议进行财产分割”的条款，这样会把婚内财产协议定义为离婚协议。婚内财产协议和离婚协议是两个不同的概念。婚内财产协议关注的是婚姻关系存续期间的财产管理和分割原则，而离婚协议关注的是婚姻关系终止时的财产分配和其他相关事宜。将两者混为一谈，可能导致法律效力上的混淆。

8. 无法律保护

订立夫妻财产协议，必须采用书面形式。如果采用口头形式，可能因缺乏证据证实口头协议的存在，导致难以在法律上得到有效的支持和执行。书面形式具备更强的法律效力，能够提供明确的证据来证明双方的意思表示和约定内容。

迈入婚姻前，股东该如何保护自己的股权？

案例背景

30 岁出头的杜刚，已经被家中父母催婚催了好几年。幸好，他因为工作结识了一位十分聪慧，且与他思想同频的优秀女性。对方不仅把自己的事业做得有声有色，还跟杜刚有着相同的兴趣爱好。杜刚能感觉到，她就是可以跟自己共度余生的人。于是，他用心安排了一场告白，成功与女方建立了恋爱关系。

恋爱期间的生活快乐而幸福，杜刚也多次想过求婚，但有一件事始终让他无法付诸行动。

这还要从他刚创业时说起。大学毕业后，杜刚牵头和同专业的几位同学创办了一家游戏制作公司，几位干劲满满的年轻人靠着对共同梦想的追求，慢慢把公司做起来了。如今，公司已经历几轮融资，未来成功上市的概率很大。刘兵是杜刚的几位同学中最早成家的，一毕业就结了婚，但他的婚后生活并不幸福，坚持多年还是以离婚收场。离婚不仅让刘兵失去了一半的股权，还让刘兵的前妻成了公司有话语权的股东，直接影响到公司的经营。即便最后问题妥善解决了，投资人的不满和抱怨还是让杜刚心有余悸。

刘兵的婚姻经历，始终提醒着杜刚踏入婚姻可能带来的复杂后果。杜刚真的不希望，自己的婚姻会给个人财产安全与公司经营带来不稳定因素。

案例分析

根据《民法典》的规定，夫妻在婚姻关系存续期间所得的工资、奖金、劳务报酬，生产、经营、投资的收益等，均为夫妻共同财产，除非双方明确以书面协议的方式作出不同的安排。《民法典婚姻家庭编司法解释（一）》还规定，夫妻一方个人财产在婚后产生的收益，除孳息和自然增值外，应当认定为夫妻共同财产。因此，杜刚婚姻状况的变化，的确可能对其个人财产及企业经营产生重大影响，具体分析如下。

1. 分红的分割

假设杜刚婚前持有公司 20% 的股权，婚后，公司在某一年实现了巨额利润，并决定分红 1000 万元。根据持股比例，杜刚将获得 200 万元的分红收入。这笔分红收入属于“生产、经营、投资的收益”，在没有财产协议的情况下，将被视为夫妻共同财产。如果杜刚离婚，其配偶有权要求分得一半，即 100 万元。

2. 股权增值的分割

假设杜刚婚前持有的公司股权价值 100 万元，婚后，公司发展迅速，股权价值飙升至 500 万元。这 400 万元的增值部分，也属于“生产、经营、投资的收益”，在没有财产协议的情况下，同样将被认定为夫妻共同财产。如果杜刚离婚，其配偶有权要求分得一半，即 200 万元。需要说明的是，这并不仅限于现金补偿，可能还涉及股权的实际转让——如果杜刚没有足够的现金来补偿这 200 万元，他可能需要转让部分股权给配偶。

3. 婚后所获得股权的分割

在未签订财产协议的情况下，杜刚婚后利用婚后收入购买的公司股权，以及公司奖励给他的股权，都将被视为夫妻共同财产。如果杜刚离婚，这些股权也需要进行分割，其配偶有权分得一半。此时，不仅杜刚的个人财产会减少，他在公司的持股比例和控制权也可能受到影响。如果杜刚必须将一部分股权转让给配偶，那么配偶将成为公司的新股东，直接参与公司的经营管理和决策。这可能会导致公司内部权力结构的变化，甚至引发其他股东的不满和公司治理的混乱。

科学建议

杜刚和刘兵的故事，说明了股东需要在婚姻和股权保护之间作出平衡。具体来说，股东可以在结婚前采取以下方法。

1. 签订婚前财产协议

这是最为直接的方法。股东可以在婚前财产协议中明确约定哪些财产是一方的个人财产，哪些是将来的夫妻共同财产。比如，在协议中约定股权归股东个人所有，或者约定股权增值属于股东的个人财产。只要是双方自愿签订的，且内容不违反法律法规和公序良俗，婚前财产协议就对双方都具有法律效力。

2. 设立家族信托

股东可以考虑将股权置入家族信托。这种安排可以在一定程度上将股权与股东的个人财产相隔离，从而减少股东离婚对股权的直接影响。

3. 与其他股东协商股权安排

如果公司的其他股东也关心这个问题，股东与其他股东可以共同探讨并制定一套股权安排。例如，通过签订股东协议来规定在特定情况下（如股东离婚）股权的处理方式，包括股权回购、第一优先购买权等条款。

法律依据

《民法典》

第一千零六十二条 夫妻在婚姻关系存续期间所得的下列财产，为夫妻的共同财产，归夫妻共同所有：

（一）工资、奖金、劳务报酬；

（二）生产、经营、投资的收益；

（三）知识产权的收益；

（四）继承或者受赠的财产，但是本法第一千零六十三条第三项规定的除外；

（五）其他应当归共同所有的财产。

夫妻对共同财产，有平等的处理权。

《民法典婚姻家庭编司法解释（一）》

第二十五条　婚姻关系存续期间，下列财产属于民法典第一千零六十二条规定的“其他应当归共同所有的财产”：

（一）一方以个人财产投资取得的收益；

（二）男女双方实际取得或者应当取得的住房补贴、住房公积金；

（三）男女双方实际取得或者应当取得的基本养老金、破产安置补偿费。

第二十六条　夫妻一方个人财产在婚后产生的收益，除孳息和自然增值外，应认定为夫妻共同财产。

配偶婚内单方赠与财产，赠与行为无效

案例背景

35 岁的小婷，无疑是一位让人羡慕的女性。她的美貌与才华令人向往，而她的职业更叫人称羡——一家知名企业的部门负责人。这份工作不仅给她带来了可观的收入，还赋予了她很高的社会地位。在其他人看来，小婷的生活已经无可挑剔。但实际上，她的生活并非如别人所想的那样完美。

小婷的压力主要来源于她的家庭。虽然她在事业上取得了不小的成就，但父母始终忧心于她的个人生活，因为他们认为，小婷缺失了生活中最重要的一环——组建家庭。

对于组建家庭这件事，小婷自己并不强求。但她明白父母的担忧，所以对于“找对象”表现得还算积极。终于，在一位朋友举办的单身派对上，小婷邂逅了邱先生——一个温文尔雅、才华横溢的男人。对邱先生了解得越多，小婷就越觉得他们的相遇是命中注定的。没多久，两人坠入爱河，开始了甜蜜的同居生活。至此，小婷仿佛找到了生命中缺少的那块拼图。与邱先生在一起生活，让她觉得人生真正圆满了。

同居半年后，小婷怀孕了。她表示希望和邱先生结婚，组建一个家庭，让他们的孩子好好成长。这一刻，邱先生才露出真正的面目。他告诉小婷，自己其实已经有了家庭，而且他事业的成功，在很大程度上依赖于妻子家的支持。

小婷难以置信，她完全没想到邱先生会这样欺骗她。邱先生则不断安抚小婷，承诺先把自己名下的一套房产给小婷，然后在半年内和妻子离婚，跟她结婚，到时候办一场盛大的婚礼。小婷不情愿地同意了，并在一个月内得到了邱先生赠与的一套建筑面积 140 平方米、价值千万元的房产。

邱先生回到家，以感情不和为由与妻子协商离婚。但妻子为了孩子，坚决反对离婚，并找来家里几位长辈做说客。一来二去，邱先生便不再提离婚一事。他不但没有像对小婷承诺的那样跟妻子离婚，而且开始慢慢疏远小婷，最后彻底从小婷的生活中消失。这对小婷来说无疑是双重打击——她不仅失去了爱人，还失去了盼望已久的家庭。

更糟糕的是，邱先生的妻子发现了他们的关系，带着亲友到小婷的工作单位大闹了一场。小婷因此尊严尽失，主动辞去了工作。此外，邱先生赠与她的房产成了另一个引爆点——她被告知必须返还这套房产，因为房产是邱先生用夫妻共同财产购买的，而他并没有单独处置夫妻共同财产的权利。至此，小婷几乎彻底崩溃。

在严峻的现实面前，小婷彻底认输了。她归还了房产，又在家人的陪同下去医院做了人流手术。

回到家后，小婷把自己关在房间里，盯着窗外的风景久久未动。她原以为自己找到了真爱，现实却给她上了残酷的一课。现在，她不得不面对失去工作、失去爱人、失去孩子的惨痛现实。小婷的泪水不受控制地往下淌，她心中茫然：自己明明没有做错什么，为什么要承受这样的痛苦？

案例分析

小婷为什么要返还受赠的房产呢？我们从以下四点进行分析。

1. 夫妻共同财产的界定

夫妻在婚姻关系存续期间所得的财产，原则上属于夫妻共同财产。根据《民法典》第一千零六十二条的规定，夫妻共同财产包括：

（1）工资、奖金、劳务报酬。即婚姻关系存续期间夫妻一方或者双方从事脑力或者体力劳动所获得的工资报酬、奖金报酬以及劳务报酬（如咨询费、讲课费等）。

（2）生产、经营、投资的收益。即婚姻关系存续期间夫妻一方或者双方因从事生产和商业活动所取得的收益。

（3）知识产权的收益。即作品在出版、上演或者播映后而取得的报酬，或者允许他人使用而获得的报酬，专利权人转让专利权或者许可他人使用其专利所取得的报酬等。①

（4）继承或者受赠的财产，但是遗嘱或者赠与合同中确定只归一方的财产除外。

（5）其他应当归共同所有的财产。比如，夫妻一方的个人财产在婚后产生的投资收益，除孳息和自然增值外，应认定为夫妻共同财产；夫妻双方在婚姻关系存续期间实际取得或者应当取得的住房补贴、住房公积金，应认定为夫妻共同财产。

2. 对夫妻共同财产的处理

《民法典》第一千零六十二条第二款规定："夫妻对共同财产，有平等的处理权。"但这种处理权要分情况来看，如果是因日常生活需要而处理共同财产，任何一方有单独的处理权；如果非因日常生活需要而处理共同财产，夫妻双方应当协商一致，任何一方无权单独处理共同财产，其中自然包括了将夫妻共同财产赠与第三人。

3. 配偶婚内的单方赠与行为无效

《民法典》第一百五十三条规定："违反法律、行政法规的强制性规定的民事法律行为无效。但是，该强制性规定不导致该民事法律行为无效的除外。违背公序良俗的民事法律行为无效。"

邱先生在婚姻关系存续期间，将使用夫妻共同财产购买的房产赠与第三人小婷，其对夫妻共同财产的处理已经超出日常生活需要，且未经妻子同意，构成了对妻子财产权益的侵犯。这样的赠与行为因违反法律和公序良俗而无效。而小婷

---

① 最高人民法院民法典贯彻实施工作领导小组.中华人民共和国民法典婚姻家庭编继承编理解与适用[M].北京：人民法院出版社，2020.

在已经知道邱先生有妻子的情况下，仍与之同居并接受房产赠与，显然不属于善意第三人。因此，邱先生的妻子有权要求小婷返还房产。

4.“所获赠财产有一半为夫妻一方的份额”的观点能否成立

在夫妻双方未选择其他夫妻财产制的情况下，适用法定夫妻共有财产制，即夫妻双方对共同财产形成共同共有关系，对全部共同财产不分份额地共同享有所有权。直到双方离婚、一方去世或者双方共同约定实行其他夫妻财产制时，这种共同共有关系才会消灭。因此，第三人“所获赠财产有一半为夫妻一方的份额”的观点不能成立，小婷需要完整地返还房产。

科学建议

小婷的故事，反映了当代女性在社会中可能遇到的恋爱陷阱。为避免陷入类似的困境，建议单身的女性朋友注意以下三点。

1. 谨慎进入恋爱关系

如果女性有意与某位男性进入恋爱关系，最好主动了解对方的过去、家庭背景、过往的关系和职业生涯，借此判断对方是否适合成为长期伴侣，同时与对方保持开放、诚实的沟通。如果对方在关键问题上态度模糊或者逃避回复，则要作出谨慎的判断。

2. 保持相对的独立

这里的“独立”有两层含义。第一，经济上的独立，也就是在经济上实现自给自足。经济独立能够给女性提供较强的安全感。不在经济上依附伴侣，有助于女性在恋爱关系中保持平等及自主地位。第二，人格上的独立，也就是拥有强大的内心，不过分依赖伴侣的情感支持。保持自己的兴趣爱好和社交圈子，让自己的个人生活更加丰富多彩，能够避免在感情上过度沉溺于伴侣关系。

3. 增强法律意识

积极了解婚姻家庭、财产、继承等方面的法律规定，保护自身利益，规避法律风险，必要时可以咨询律师。需要提醒大家的是，对于恋爱期间与财产相关的行为，比如共同购置房产、共同投资、一方向另一方借款等，建议签订书面合同来明确双方的权利和责任。为了避免未来发生经济纠纷，女性朋友有必要采取预防措施，比如在平时注意保留证据，或者积极咨询律师，明确自己可能面临的风险问题以及对应的解决方案。

法律依据

《民法典》

第一百五十三条 违反法律、行政法规的强制性规定的民事法律行为无效。但是，该强制性规定不导致该民事法律行为无效的除外。

违背公序良俗的民事法律行为无效。

第一千零六十二条 夫妻在婚姻关系存续期间所得的下列财产，为夫妻的共同财产，归夫妻共同所有：

（一）工资、奖金、劳务报酬；

（二）生产、经营、投资的收益；

（三）知识产权的收益；

（四）继承或者受赠的财产，但是本法第一千零六十三条第三项规定的除外；

（五）其他应当归共同所有的财产。

夫妻对共同财产，有平等的处理权。

《民法典婚姻家庭编司法解释（一）》

第二十六条 夫妻一方个人财产在婚后产生的收益，除孳息和自然增值外，应认定为夫妻共同财产。

《民法典婚姻家庭编司法解释（二）》

第七条 夫妻一方为重婚、与他人同居以及其他违反夫妻忠实义务等目的，将夫妻共同财产赠与他人或者以明显不合理的价格处分夫妻共同财产，另一方主张该民事法律行为违背公序良俗无效的，人民法院应予支持并依照民法典第一百五十七条规定处理。

夫妻一方存在前款规定情形，另一方以该方存在转移、变卖夫妻共同财产行为，严重损害夫妻共同财产利益为由，依据民法典第一千零六十六条规定请求在婚姻关系存续期间分割夫妻共同财产，或者依据民法典第一千零九十二条规定请求在离婚分割夫妻共同财产时对该方少分或者不分的，人民法院应予支持。

丈夫打赏女主播的钱，妻子有权索回吗?

案例背景

美琳和老乔是相伴多年的夫妻。两人共同的目标就是培养好下一代，让孩子有出息，不再像自己这样辛苦地生活。为此，他们决定将老房出售，转而购买一套位于优质学区的房子。两个月后，100多万元的售房款打进了老乔的银行账户。

美琳热切地寻找着理想中的房子，与她相比，老乔的态度则冷淡许多。等到美琳选好房子，商议付款时，老乔开始闪烁其词，一个劲儿地说这个房子不好，拖着不肯掏钱。在美琳的逼问下，老乔终于坦白——他迷恋上一位女主播，买房的钱大部分都通过直播平台打赏给她了。

得知真相的美琳大脑一片空白，她既震惊又愤怒。但她知道，现在不是和老乔算账的时候，当务之急是想办法把钱要回来。看着焦急的妻子，老乔逐渐醒悟，明白了他的冲动之举给家庭带来的危机。

他们一同找到了那位女主播。老乔哀求女主播，希望能够拿回这笔钱。然而，这位镜头里表现得温柔娇媚的女主播，面对金钱上的争执，露出了冷酷无情的真实面目。她拒绝返还老乔的打赏，并毫不犹豫地把夫妻俩都拉黑了。

美琳感到无比绝望。如果没有这笔钱，她怎么让孩子上好学校，接受好的教育？新房子没着落，老房子也卖了，以后她和孩子该怎么生活？……种种未知，都让美琳焦虑不已。现在，她只能寄希望于法律，期盼通过法律途径将钱要回来。

案例分析

1. 美琳和老乔到底能不能向女主播要回打赏的钱?

司法实践对于网络直播打赏能否追回存在法律关系和责任认定上的争议。

如果老乔的打赏行为被认定为赠与，那么他就是在单方面处置夫妻共同财产，违反了夫妻共同财产的管理规则。在这种情况下，美琳有权请求返还已打赏款项或者要求相应的赔偿。如果老乔的打赏行为被认定为消费，意味着他是在为获取某种服务或者权利（如观看直播、互动等）而支付款项。在这种情况下，打赏通常被视为正常的市场交易行为，是一种合法的财产流转。即便这笔款项来自夫妻共同财产，老乔的消费行为也可能被视为个人的消费选择，而非违反夫妻共同财产管理规则的行为。此时，美琳无权要求返还已打赏款项。

如果美琳能够提供证据证明老乔和女主播存在不正当男女关系，就能够为追回款项提供更有力的理由。在这种情况下，老乔的打赏行为可能因违背公序良俗而无效——尤其是在打赏行为导致了夫妻共同财产的损失时。

2. 如果打赏的钱要不回来了，美琳该怎么办?

《民法典婚姻家庭编司法解释（二）》第六条规定："夫妻一方未经另一方同意，在网络直播平台用夫妻共同财产打赏，数额明显超出其家庭一般消费水平，严重损害夫妻共同财产利益的，可以认定为民法典第一千零六十六条和第一千零九十二条规定的'挥霍'。另一方请求在婚姻关系存续期间分割夫妻共同财产，或者在离婚分割夫妻共同财产时请求对打赏一方少分或者不分的，人民法院应予支持。"

老乔将大部分购房款用于打赏女主播的行为，显然超出了家庭一般消费水平，严重损害了夫妻共同财产利益，可以被认定为"挥霍"夫妻共同财产。对此，美琳一是可以主张婚内析产，二是可以在离婚时主张多分财产。

科学建议

我们该如何防范家庭成员的不理性消费，保护家庭财务的安全呢？

1. 由财富控制能力强的一方管理夫妻共同财产

将夫妻共同财产交由财富控制能力强、挥霍风险小的一方管理，以确保家庭财务的安全。夫妻双方可以评估各自的财务管理记录、消费习惯和理财知识等，让财富控制能力更强的一方，掌握主要的财务管理权，负责制定家庭日常的财务规划、支出控制和重大投资决策，确保家庭财务得到合理和安全的管理。

2. 做好家庭财务记录

做好详细的家庭财务记录，包括收入（如工资、奖金、投资收益等）、支出（日常开销、大额消费、房贷车贷等）和投资（金额、类型、预期收益等），确保财务透明。另外，可以考虑使用电子表格或者专业的财务管理软件，定期更新并备份，确保数据的完整性和安全性。

3. 定期审查家庭财务状况

每月定期审查家庭财务状况，通过对比当月收入与支出、预算与实际的差异，分析家庭财务的盈亏情况，重点审查大额支出和异常交易。一旦发现财务异常，夫妻双方应当及时沟通处理，必要时还应当调整财务管理策略，并制作月度财务报告总结财务情况，制订下一步计划，确保家庭财务的健康和稳定。

法律依据

《民法典》

第一百五十三条　违反法律、行政法规的强制性规定的民事法律行为无效。但是，该强制性规定不导致该民事法律行为无效的除外。

违背公序良俗的民事法律行为无效。

第一百五十七条 民事法律行为无效、被撤销或者确定不发生效力后，行为人因该行为取得的财产，应当予以返还；不能返还或者没有必要返还的，应当折价补偿。有过错的一方应当赔偿对方由此所受到的损失；各方都有过错的，应当各自承担相应的责任。法律另有规定的，依照其规定。

恋爱时赠与对方的财物，分手时可以索回吗?

案例背景

小智在朋友聚会上遇到莹莹，对她一见钟情。在聚会快要结束时，他鼓起勇气向莹莹索要了联系方式。随后，他开始执行自己的“感动计划”，时不时还会转个大额红包，试图用昂贵的礼物来向莹莹证明自己的爱。

莹莹对小智总是报以微笑和感谢，但她的心并未完全被打动。每次小智以为自己的追求接近成功时，莹莹总会提出新的要求。从餐厅的奢华晚宴到度假村的周末旅行，小智不断满足着莹莹的物质欲望。他渐渐陷入一个花钱的无底洞，但为了赢得对方的心，他告诉自己这一切都值得。

长此以往，小智的财务状况越来越紧张。他的存款几乎被花完，网贷记录却在不断增加。每当夜深人静时，小智都会感到一种无形的压力。但在莹莹的面前，他装作一切尚好，维持着他富有且慷慨的假象。为了让莹莹相信他是一个富有实力的人，小智甚至购买了一辆昂贵的汽车送给她，最终抱得美人归。

然而，在筹备婚礼的过程中，莹莹意外发现了小智的网贷记录。她震惊不已，并深深地感觉自己被欺骗了。愤怒和失望让她决定悔婚。无论小智如何挽留，莹莹都不予理睬。她认为，这段建立在谎言之上的感情是无法继续的。面对莹莹坚定的态度，小智只能无奈地接受这个事实。

人财两空的小智试图向莹莹索回那辆昂贵的汽车，以及礼物与红包，但莹莹断然拒绝。她认为，那些财物都是自己青春的代价，自己不欠小智任何东西。此时的小智既痛苦又困惑，自己赠与莹莹的财物真的拿不回来了吗?

案例分析

小智与莹莹的故事，涉及“无条件赠与”和“附条件赠与”。

1. 无条件赠与

无条件赠与，是指赠与人无偿、无附加条件地将财产转移给受赠人的行为。小智送给莹莹的礼物、红包、汽车等，都属于无条件赠与。这种赠与行为是基于小智个人意愿的，而没有附加任何特定条件（如完成婚姻）。

根据《民法典》的规定，一旦无条件赠与完成，赠与人（小智）通常无法撤销赠与，除非存在特殊情况（如重大误解、欺诈、胁迫等）。

2. 附条件赠与

附条件赠与，是指赠与行为的生效取决于某个特定条件的实现。小智为了与莹莹结婚而购买的婚纱和钻戒等，可能被视为附条件赠与，因为它们通常是以完成婚姻为目的赠送的。小智可以在有明确证据的前提下要求莹莹返还这些物品。

需要注意的是，在司法实践中，不同案例的判决结果会存在一定差异，特别是对于所赠与车辆的定性。

科学建议

在谈论恋爱时，人们常常会提到“真情”这个词。真情，是一种来自内心深处的情感。它不是华丽的表象，不是短暂的激情，也不是靠物质堆砌出的假象。

在恋爱中，用真情去打动对方，意味着你要展现自己最真实的一面，包括你的情感、思想以及对生活的态度。这种真实性，比任何物质都更具有吸引力和持久价值。而提升个人能力，无疑是在恋爱中给予对方安全感的最佳方式。个人能力不仅包括经济能力，还包括情感、人际交往、生活等多方面的能力。提升这些能力，你可以成为一个更加成熟、可靠的伴侣，从而给予对方更多的安全感和信任感。

从小智与莹莹的恋爱故事中可以窥见，一段稳固、长久的恋爱关系，需要两个人在恋爱中互相支持、共同成长。单纯依赖物质去打动另一方，往往只能得到表面的回应，毕竟真正的感情是无法用物质来衡量的。

法律依据

《民法典》

第六百五十七条 赠与合同是赠与人将自己的财产无偿给予受赠人，受赠人表示接受赠与的合同。

第六百五十九条 赠与的财产依法需要办理登记或者其他手续的，应当办理有关手续。

第六百六十一条 赠与可以附义务。

赠与附义务的，受赠人应当按照约定履行义务。

《最高人民法院关于审理涉彩礼纠纷案件适用法律若干问题的规定》

第三条 人民法院在审理涉彩礼纠纷案件中，可以根据一方给付财物的目的，综合考虑双方当地习俗、给付的时间和方式、财物价值、给付人及接收人等事实，认定彩礼范围。

下列情形给付的财物，不属于彩礼：

（一）一方在节日、生日等有特殊纪念意义时点给付的价值不大的礼物、礼金；

（二）一方为表达或者增进感情的日常消费性支出；

（三）其他价值不大的财物。

第六条 双方未办理结婚登记但已共同生活，一方请求返还按照习俗给付的彩礼的，人民法院应当根据彩礼实际使用及嫁妆情况，综合考虑共同生活及孕育情况、双方过错等事实，结合当地习俗，确定是否返还以及返还的具体比例。

人财两失的小艾——赠与合同可以任意撤销

案例背景

一次偶然的机会，小艾在某品牌晚会上遇到了刘先生——一位年轻英俊的企业家。刘先生非常欣赏小艾，于是，他向小艾提出了一个交易：如果小艾愿意陪伴他一年，他便把自己名下一套价值不菲的别墅赠与小艾。对此，小艾将信将疑，但在验明刘先生确实非常富有，名下有多套别墅后，她的心中泛起了波澜。小艾认为，这是她改变生活的唯一机会。为了那套别墅，她选择背离自己的道德和原则。

在这一年的时间里，小艾尽心尽力地履行她的承诺。她总是提醒自己，所做的一切都是为了获得别墅，所以她没有让自己对刘先生产生任何感情。

然而，当一年的期限结束时，刘先生却告诉小艾“这不过是个玩笑”，并迅速从她的生活中消失了。小艾几乎崩溃。

为了讨回公道，她带着与刘先生签订的赠与合同去找律师咨询，向律师详细陈述了自己的遭遇：一年的陪伴，无尽的期待，以及最终残酷的背叛。律师在认真听了小艾的陈述后，深深地叹了口气，告诉她：“根据法律的规定，私人之间未经公证的赠与合同是不具备法律约束力的，可以随时撤销。”律师的话像一把利刃，刺破了小艾最后的希望。

此时此刻，小艾的心中充满了悔恨和痛苦——对自己的选择，对那段不平等关系的承受，对未能看清现实的天真。她开始意识到，无论生活多么艰难，一个人的尊严和自我价值是无法用任何物质来衡量的。

案例分析

小艾为什么不能得到刘先生承诺赠与的别墅呢?

这涉及赠与人的任意撤销权，即赠与人在赠与财产的权利转移之前享有撤销赠与的权利。赠与财产为动产（如现金、股票、债券等）的，撤销赠与的时间在动产交付之前；赠与财产为不动产（土地、房屋、林木等）的，撤销赠与的时间在办理权利转移登记手续之前。

根据《民法典》的规定，赠与人在赠与财产的权利转移之前可以撤销赠与，但经过公证的赠与合同或者依法不得撤销的具有救灾、扶贫、助残等公益、道德义务性质的赠与合同，不可以撤销。因此，小艾虽然有书面的赠与合同，但由于该赠与合同并未进行公证，别墅的所有权也并未转移给小艾，所以刘先生有权撤销赠与。

此外，由于刘先生在承诺赠与别墅时附带了条件——要求小艾陪伴他一年，这可能会影响法院对合同性质的判断，即该赠与合同可能因违背公序良俗而被认定为无效。

科学建议

结合案例分析可知，赠与合同在以下三种情形下通常无法被撤销。

1. 已履行的赠与合同

当赠与合同已经履行，即赠与的财产已经部分或者全部转移给受赠人时，赠与人通常无法撤销赠与。这是因为赠与合同的履行已经导致受赠人获得了部分或者全部的财产权利，除非存在法律规定的特殊情况，否则已履行的赠与合同是不可撤销的。

2. 经过公证的赠与合同

公证是依照法定程序对赠与合同的真实性和合法性予以证明的活动。经过公证机关公证的赠与合同具有更强的严肃性和法律证明力，除非出现法律规定或者合同约定的特殊情况，否则赠与人不可撤销赠与。

3. 公益、道德义务性质的赠与合同

如果赠与是出于促进公共利益的发展或者为了社会公益事业，比如将财产赠与慈善机构、学校、医院等，这种赠与通常是不可撤销的。因为赠与人的撤销可能会给社会带来负面影响，还可能会影响公共利益或者公益事业的正常运行。除非出现法律规定或者合同约定的特殊情况，否则赠与人不可撤销赠与。

上述三种情形中所说的“法律规定的特殊情况”，包括：

（1）根据《民法典》第六百六十三条的规定，当受赠人严重侵害赠与人或者赠与人近亲属的合法权益，或者对赠与人有扶养义务而不履行，抑或不履行赠与合同约定的义务时，赠与人可以自知道或者应当知道撤销事由之日起一年内撤销赠与。

（2）根据《民法典》第六百六十四条的规定，因受赠人的违法行为致使赠与人死亡或者丧失民事行为能力的，赠与人的继承人或者法定代理人可以自知道或者应当知道撤销事由之日起六个月内撤销赠与。

（3）根据《民法典》第六百六十六条的规定，赠与人的经济状况显著恶化，严重影响其生产经营或者家庭生活的，可以不再履行赠与义务。

在以上三种特殊情况下，即便赠与财产的权利已经转移，或者赠与合同已经进行公证，赠与人仍可在规定时间内撤销赠与或者不再履行赠与义务。实务中，建议大家在处理赠与合同相关事务时仔细阅读合同条款，并在必要时咨询律师，以保障自己的合法权益。

法律依据

《民法典》

第一百一十五条 物包括不动产和动产。法律规定权利作为物权客体的，依照其规定。

第一百五十三条 违反法律、行政法规的强制性规定的民事法律行为无效。但是，该强制性规定不导致该民事法律行为无效的除外。

违背公序良俗的民事法律行为无效。

第六百五十八条 赠与人在赠与财产的权利转移之前可以撤销赠与。

经过公证的赠与合同或者依法不得撤销的具有救灾、扶贫、助残等公益、道德义务性质的赠与合同，不适用前款规定。

第六百六十三条 受赠人有下列情形之一的，赠与人可以撤销赠与：

（一）严重侵害赠与人或者赠与人近亲属的合法权益；

（二）对赠与人有扶养义务而不履行；

（三）不履行赠与合同约定的义务。

赠与人的撤销权，自知道或者应当知道撤销事由之日起一年内行使。

第六百六十四条 因受赠人的违法行为致使赠与人死亡或者丧失民事行为能力的，赠与人的继承人或者法定代理人可以撤销赠与。

赠与人的继承人或者法定代理人的撤销权，自知道或者应当知道撤销事由之日起六个月内行使。

第六百六十五条 撤销权人撤销赠与的，可以向受赠人请求返还赠与的财产。

第六百六十六条 赠与人的经济状况显著恶化，严重影响其生产经营或者家庭生活的，可以不再履行赠与义务。

一段婚姻的经济角力——婚前财产及其收益在婚后的归属

案例背景

李先生结婚前拥有两套房产：一套在婚前就租给了同事，租期十年，现已过八年；另一套一直作为民宿经营，从婚前延续至今。除了房产，李先生还投资股票。他在好友的建议下购买了2000股某公司股票，自婚前至今一直未进行任何交易，已经增值数倍。同时，他还有100万元的婚前资金在股市中用于高频交易。

李先生的妻子萧女士在婚前贷款购买了一套房产。婚后，这套房产成了夫妇二人的共同住所，双方共同承担还款责任。

现李先生与萧女士决定协议离婚，但在协商财产分割事宜时，两人的想法却大相径庭。李先生认为自己的财产都是婚前所得，与萧女士无关，财产收益自然也属于他个人。他还主张，由于萧女士婚后未继续工作，成了全职太太，家中的房贷均是用他的工资支付的，所以他应该得到相应的经济补偿。萧女士则认为，结婚六年，李先生名下的所有财产都应当视为夫妻共同财产，她有权拥有其中的一半。

案例分析

根据《民法典》第一千零六十二条，《民法典婚姻家庭编司法解释（一）》第二十五条、第二十六条的规定，以下收益为夫妻共同财产，归夫妻共同所有：

（1）夫妻在婚内所得的生产、经营、投资的收益；

（2）除孳息和自然增值外，夫妻一方个人财产在婚内所产生的收益。

什么是孳息和自然增值？孳息，是指由原物或者权利所产生的额外收益，比如银行存款得到的利息、出租房屋得到的租金等。增值根据发生原因的不同，可以分为自然增值和主动增值两类。自然增值，是指增值的发生是因市场行情变化引起的，与夫妻一方或者双方是否为该财产投入劳动、投资、管理等无关，比如个人婚前拥有的古董随着收藏市场的繁荣而价格上涨；主动增值，是指增值的发生与市场行情变化无关，而与夫妻一方或者双方对该财产付出的劳动、投资、管理等相关，比如一方的婚前个人所有的房屋因另一方在婚姻关系存续期间对它的装修而产生的增值部分。[①]

司法实践中，法官通常会考虑收益是否与夫妻双方的劳动、投资、管理有直接的关联性，以判断收益的性质是投资收益、自然增值还是主动增值，从而确定其归属于个人财产还是夫妻共同财产。

我们以股票投资为例做一个说明。

如果夫妻一方在婚前就持有股票，并且在婚内未对股票进行任何买卖操作，则股票的增值完全是因市场行情变化引起的，除非夫妻双方有其他约定，否则这种增值通常被视为自然增值，属于股票持有方的个人财产。

如果夫妻一方在婚前就持有股票，并且在婚后进行了多次买卖操作，则由此产生的收益通常被视为主动增值或者投资收益。这类收益一般被认为是双方共同努力的结果，因此原则上会被认定为夫妻共同财产。

结合以上分析，我们来具体看一看李先生和萧女士的财产归属。

1. 李先生的某公司股票及增值

李先生婚前持有的某公司股票属于其个人财产。由于他在婚后没有对股票进行任何买卖操作，所以股票的增值仅因市场行情变化引起，为自然增值，同样属

① 最高人民法院民事审判第一庭.最高人民法院民法典婚姻家庭编司法解释（一）理解与适用[M].北京：人民法院出版社，2021.

于李先生的个人财产，不参与离婚分割。

2. 李先生婚前出租房屋的租金

考虑到李先生的房屋是在婚前出租的，且租约在婚后未涉及夫妻双方的共同努力，因此这部分租金可以视为李先生的个人财产（房产）的孳息，同样属于其个人财产，不参与离婚分割。但李先生用于民宿经营的房屋在婚姻关系存续期间所产生的收益，属于夫妻共同财产。

3. 李先生婚前 100 万元股市交易资金

由于婚后李先生在股市中对这 100 万元资金进行了高频交易，所以由此产生的收益一般被认定为夫妻共同财产，参与离婚分割。

4. 萧女士婚前购买的房产及婚后共同还款

萧女士的房产本身是她的个人财产，但婚后夫妻共同还款部分，以及婚后房产的增值部分，应当被视为夫妻共同财产，参与离婚分割。

科学建议

希望个人婚前财产及其收益在婚后仍归个人所有的人士，可以采取以下方法保护个人财产。

1. 记录婚前财产归属

详细记录婚前各类财产（包括房产、银行存款、股票、债券、艺术品等）的获取时间、来源、价值等信息。

2. 保存与婚前财产相关的证明

保存所有与婚前财产相关的法律文件（如购房合同、不动产权证书等）和财务记录（如银行流水账单、股票购买记录等），并定期更新财产记录，特别是价值波动较大的财产。

3. 签订婚前财产协议

签订婚前财产协议，一是可以约定哪些财产属于婚前个人财产，以及婚后对这些财产的管理和使用方式；二是可以约定婚后财产的分配方式，包括在离婚时的具体财产分割方法。比如，婚前个人投资的股票在婚后的收益，以及婚前房产在婚后的租金收入，都可以约定为个人所有。需要注意的是，婚前财产协议应当遵循公正、自愿原则，且内容不得违反法律规定。为避免效力不被认可，最好由律师起草或者审核。

4. 独立管理婚前财产

首先，要保持婚前财产账户的独立性，避免与婚后收入混同；其次，要定期对婚前财产进行独立评估，以追踪其价值变化；最后，对于婚前财产的投资或者处置，应当作详细记录，明确这些行为是个人决策。

5. 咨询律师

在进行婚前财产管理和婚前财产协议的拟定时，建议咨询律师，以确保所有行为合法有效。此外，个人应当积极关注、学习法律知识，特别是与婚姻财产相关的法律变化。

法律依据

《民法典》

第一千零六十二条　夫妻在婚姻关系存续期间所得的下列财产，为夫妻的共同财产，归夫妻共同所有：

（一）工资、奖金、劳务报酬；

（二）生产、经营、投资的收益；

（三）知识产权的收益；

（四）继承或者受赠的财产，但是本法第一千零六十三条第三项规定的除外；

（五）其他应当归共同所有的财产。

夫妻对共同财产，有平等的处理权。

第一千零六十三条　下列财产为夫妻一方的个人财产：

（一）一方的婚前财产；

（二）一方因受到人身损害获得的赔偿或者补偿；

（三）遗嘱或者赠与合同中确定只归一方的财产；

（四）一方专用的生活用品；

（五）其他应当归一方的财产。

第一千零六十五条 男女双方可以约定婚姻关系存续期间所得的财产以及婚前财产归各自所有、共同所有或者部分各自所有、部分共同所有。约定应当采用书面形式。没有约定或者约定不明确的，适用本法第一千零六十二条、第一千零六十三条的规定。

夫妻对婚姻关系存续期间所得的财产以及婚前财产的约定，对双方具有法律约束力。

夫妻对婚姻关系存续期间所得的财产约定归各自所有，夫或者妻一方对外所负的债务，相对人知道该约定的，以夫或者妻一方的个人财产清偿。

《民法典婚姻家庭编司法解释（一）》

第二十五条 婚姻关系存续期间，下列财产属于民法典第一千零六十二条规定的“其他应当归共同所有的财产”：

（一）一方以个人财产投资取得的收益；

（二）男女双方实际取得或者应当取得的住房补贴、住房公积金；

（三）男女双方实际取得或者应当取得的基本养老金、破产安置补偿费。

第二十六条 夫妻一方个人财产在婚后产生的收益，除孳息和自然增值外，应认定为夫妻共同财产。

警惕婚前财产的婚后混同——婚前财产的“隔离制度”

案例背景

乔昉独自经营着一家小型设计工作室。她的生活简单而充实，大部分时间都是家和工作室两点一线的，偶尔会独自外出旅行给自己充充电。几年下来，乔昉拥有了一套自己的房子和一笔数额不小的存款。

2018年，在一次徒步旅行中，乔昉结识了赵江，并被他英俊的外表和迷人的气质吸引。哪怕逐渐了解到赵江的工作不稳定、恋爱经历颇多，乔昉也义无反顾地选择与他在一起。爱情的甜蜜和孩子的到来，让她越发渴望和赵江建立家庭。于是，两人到民政局领取了结婚证。

婚后，乔昉决定把自己的房子卖了，再另外购买一套学区房，为未来的家庭生活做准备。在换房的过程中，她利用售房款和自己的积蓄进行了多次投资，以获得高额收益。

然而，随着时间的推移，乔昉发现赵江的“不稳定”不仅局限于工作，他对待婚姻的态度也很“不稳定”，甚至有时候会一连消失几天。乔昉的不安和失望越积越多，两人的婚姻开始出现裂痕。

在结婚五年后的一次激烈争吵中，赵江提出了离婚，乔昉在痛苦和迷茫中同意了。但直到这时她才意识到，根据法律的规定，她不得不将婚前财产的一部分分给赵江……

案例分析

为什么乔昉不得不将其婚前财产的一部分分给赵江呢?

一般情况下，夫妻一方的个人财产，不会因婚姻关系的延续而转化为夫妻共同财产，但在某些特殊情况下，个人财产的确会变成夫妻共同财产。乔昉的情况就是一种典型。她在婚前拥有的房产和存款，原本都属于其个人财产，但由于她没有对变卖房产的售房款和婚前存款进行账户隔离，使资金在频繁地使用和流动中与婚后收入混同，变成了夫妻共同财产，所以无论是用它进行投资获得的收益，还是用它购买的学区房，都属于夫妻共同财产，离婚时赵江有权要求分割。

对此，乔昉可以提供证据证明她购买学区房和投资的钱完全来源于其婚前个人财产，而没有使用婚后的夫妻共同财产。如果能够成功证明这一点，她就可以保留更多的财产，但这往往需要她有详细的财务记录和专业的法律支持，难度非常大。

科学建议

对乔昉来说，她应该如何建立“隔离制度”，才能保全自己的婚前财产呢?

方案一：签订夫妻财产协议

1. 签订夫妻财产协议，约定财产归属

乔昉可以与赵江协商签订夫妻财产协议，在协议中明确列出其婚前所有的财产，包括房产、存款、金融资产等，并约定这些财产在婚后仍属于其个人财产。夫妻财产协议最好由律师起草，确保协议内容符合法律规定和双方意愿。乔昉还可以到公证机构对协议进行公证，以提高其法律效力。

2. 保持财产独立，避免与婚后财产混同

乔昉应当将房产登记在其个人名下，避免登记在夫妻双方的名下。对于婚前存款，乔昉应当将其保留在个人银行账户中，不与婚后的收入放在一起。如果需要投资，乔昉应当使用婚后的共同财产，而非婚前个人存款。对于婚后的日常生活开销，乔昉也应当尽量用婚后的共同收入支付，避免使用婚前个人存款。

3. 设立单独账户，保留相关记录和文件

乔昉应当设立一个单独的银行账户来管理其婚前财产，不要将其中的资金用于家庭支出。所有涉及婚前财产的交易，都应当通过此单独账户进行，并保留详细的银行交易记录。此外，乔昉还需要保留好房产交易文件、购房合同、投资证明等。

除了上述三点，乔昉最好在婚前和婚后的关键时刻，尤其是在涉及大额财产的处置时，寻求律师的建议，确保个人财产得到有效的管理和保护。

方案二：投保增额终身寿险

1. 了解增额终身寿险

增额终身寿险是一种保险产品，除了具有基本的人身保障功能，还具有投资增值功能，即保额会随着时间的推移而增加。乔昉可以为自己投保增额终身寿险，在需要用钱时灵活领取保单现金价值。

2. 增额终身寿险的购买要点

（1）选择合适的产品。乔昉应当与理财顾问或者保险代理人仔细沟通，明确增额终身寿险的具体条款、保障内容和增值功能，深入了解保单的细节，包括保额增长机制、现金价值领取方式等。

（2）设立单独的银行账户。在购买增额终身寿险之前，乔昉需要将婚前财产（售房款和存款）转入单独的银行账户，并确保该账户不与婚后收入或者其他资金混用，用于购买增额终身寿险的保费要从该独立账户中提取。

（3）保留财务记录。在购买增额终身寿险的过程中，乔昉需要保留所有的资金流动记录，包括从独立账户转出资金的银行转账记录、保险合同的原件和复印件、每次支付保费的凭证、保单的年度报表和现金价值增长记录。这些记录和文件可以作为重要的证据，证明保费来源于乔昉的婚前个人财产，从而避免保单在她发生婚变时被离婚分割。

3. 增额终身寿险的保护机制

（1）人身保障。增额终身寿险既能够提供人身保障，又能够实现资金的稳健增值。如果乔昉所购买保单的身故受益人是她的父母，那么在乔昉去世后，她的父母可以获得一笔保险金。这不光为乔昉的家人提供了一层额外的财务保护，使其在经济上能够得到缓冲，还可以帮助其负担乔昉去世后的一些必要开支，比如子女的教育费用、房贷等。

（2）抵御风险。增额终身寿险搭配重疾险、意外险等附加险，可以在乔昉发生健康问题或者意外事故时，为其提供必要的经济支持，减轻医疗费用负担和生活压力。

（3）锁定利率。增额终身寿险通常提供一个锁定的利率，这使得其成为一种相对稳定的投资工具，能够在市场波动中提供一定的收益保障。在金融市场不确定性增加的情况下，增额终身寿险可以成为乔昉的一个重要的财务保障。

（4）隐私保护。增额终身寿险的财务信息仅会在特定情况下（如保险事故发生）由身故受益人或者法律机构知晓，一般不会公开披露。这使得乔昉的财务状况和财产规划能够保持一定的隐私，不被外人干涉，从而避免因财务信息泄露带来的潜在风险（如被诈骗等）。

（5）法律保护。结合相关法律规定，乔昉在婚前使用自己的资金购买增额终身寿险并在婚前完成交费，保单在法律上明确归属于她个人，不会因为婚姻关系而转变为夫妻共同财产。

乔昉通过投保增额终身寿险，可以保护自己的婚前财产，实现资金的长期增值和灵活管理，同时享受保险带来的终身保障。

以上两个方案对于乔昉在婚姻中保持自己的财务独立性，并在可能的离婚情况下保护自己的经济利益有很大作用。

法律依据

《民法典》

第一千零六十五条 男女双方可以约定婚姻关系存续期间所得的财产以及婚前财产归各自所有、共同所有或者部分各自所有、部分共同所有。约定应当采用书面形式。没有约定或者约定不明确的，适用本法第一千零六十二条、第一千零六十三条的规定。

夫妻对婚姻关系存续期间所得的财产以及婚前财产的约定，对双方具有法律约束力。

夫妻对婚姻关系存续期间所得的财产约定归各自所有，夫或者妻一方对外所负的债务，相对人知道该约定的，以夫或者妻一方的个人财产清偿。

《民法典婚姻家庭编司法解释（一）》

第三十一条 民法典第一千零六十三条规定为夫妻一方的个人财产，不因婚姻关系的延续而转化为夫妻共同财产。但当事人另有约定的除外。

利用股权的优先购买权保护婚姻财富

案例背景

周荣和孙倩的故事，用简单的一句话就可以概括——“负心汉”抛弃“糟糠妻”。夫妻二人来自农村，怀揣着改善生活的梦想，千里迢迢来到大城市打工。

孙倩在小饭馆当服务员，每天早出晚归，回到家还要收拾屋子，给丈夫做饭。她总是把好吃的留给丈夫，自己则吃一些剩菜剩饭。尽管生活艰辛，但她从不抱怨，始终坚信丈夫能有所作为。

周荣来到大城市后便做了建筑工人，因为能力出众，他慢慢地开始带领同行接手一些小型工程。随着经验和人脉的积累，周荣计划自己开一家主营建筑工程的有限责任公司，以便承接更大规模的项目。孙倩自然全力支持他的决定，不仅投入了他们的全部积蓄，还从娘家借了一大笔钱。

靠着这些资金，工程公司成立了。短短几年，公司的业务收入不断增长，周荣也从一个农村娃变成了大老板。如今的周荣频繁出入高档餐厅和会所，身边来往的也都是各界名流。他越来越瞧不上那个陪他一路走来的农村妻子，转而被一位年轻貌美的姑娘小雅深深吸引。

周荣出手阔绰，成功追求到小雅后不久，小雅便怀孕了。这让周荣下定决心要跟妻子离婚。

孙倩听到周荣的离婚要求，深感震惊和痛心。一开始，她还试图挽回这段婚姻，忍着委屈，希望丈夫能够回心转意。然而，周荣对她的态度越来越冷漠，甚至公然在亲戚、朋友面前提出离婚。面对周荣强硬的态度和不再掩饰的背叛，她的心逐渐失去了温度。

现实已经无法改变，孙倩同意了离婚。但在处理离婚相关事宜的过程中，她惊讶地发现，周荣已经将公司的股权秘密转移到了他弟弟的名下。这意味着孙倩最终分得的财产将大大缩水，因为公司最重要的资产——应收账款和工程设备，现在已经与她无关了。

虽然公司成立时孙倩出了不少力，但这么多年她没有参与过公司经营，也未持有任何股权，对公司的内部情况和财务状况更是了解甚少。事到如今，难道她只能吃下这个哑巴亏吗?

案例分析

有限责任公司的注册资本来源于夫妻共同财产，公司股权自然也属于夫妻共同财产。周荣将股权转移到他弟弟名下的行为，有转移夫妻共同财产之嫌。现在孙倩想要讨回属于她的股权，需要承担举证责任。但由于她不是公司股东且不了解公司的经营情况，所以这一举证任务会非常艰巨。具体来说，孙倩需要收集证据证明以下三点。

1. 时间点的证明

孙倩需要收集证据证明周荣在离婚期间转移股权。这可能需要获取公司的股权变更记录、股东会议记录等。若证据显示周荣转移股权是在双方离婚期间，则表明他有意减少夫妻共同财产。

2. 转移方式的证明

孙倩还需要证明周荣转移股权的具体方式。这可能需要获得股权转让合同、付款记录等。若证据显示股权转让价格远低于市场价值或者没有实际的资金交换，则表明这是一种形式转移。

3. 动机的证明

这可能是整个举证任务中最具挑战性的部分。孙倩需要收集证据证明周荣转移股权的目的是减少自己在财产分割中的份额。要想有效举证，可能需要获得证人证言、相关书面证据，甚至需要对比分析周荣过去的行为模式。

科学建议

在周荣已经完成股权转让的情况下，孙倩处于一个十分被动的局面。她只有努力收集证据，证明周荣转移股权的行为是出于逃避财产分割的恶意目的，才能要回属于她的股权。

如果她能够早早行动，成为公司股东（哪怕仅持有一小部分股权），拥有股东对股权的优先购买权，就能够避免周荣恶意转移股权的情况发生。

根据《中华人民共和国公司法》（以下简称《公司法》）的规定，有限责任公司的股东向股东以外的人转让股权的，应当将股权转让的数量、价格、支付方式和期限等事项书面通知其他股东，其他股东在同等条件下有优先购买权。股东自接到书面通知之日起三十日内未答复的，视为放弃优先购买权。两个以上股东行使优先购买权的，协商确定各自的购买比例；协商不成的，按照转让时各自的出资比例行使优先购买权。这一规定是为了保护有限责任公司的人合性，避免股权被外部人员随意控制。

当孙倩也是公司股东时，如果周荣试图向股东以外的人转让股权，孙倩有权行使优先购买权；如果周荣没有履行《公司法》规定的通知义务就直接转让股权给第三人，则该转让行为可能会因违反《公司法》的规定而被认定为无效；如果周荣以明显不合理的价格向公司其他股东转让股权，此时孙倩作为股东更容易获得证据证明周荣有意减少夫妻共同财产，同时可以以周荣的行为损害了她的优先购买权为由，要求法院认定股权转让无效。

法律依据

《民法典》

第一千零九十二条　夫妻一方隐藏、转移、变卖、毁损、挥霍夫妻共同财产，或者伪造夫妻共同债务企图侵占另一方财产的，在离婚分割夫妻共同财产时，对该方可以少分或者不分。离婚后，另一方发现有上述行为的，可以向人民法院提起诉讼，请求再次分割夫妻共同财产。

《民法典婚姻家庭编司法解释（二）》

第七条　夫妻一方为重婚、与他人同居以及其他违反夫妻忠实义务等目的，将夫妻共同财产赠与他人或者以明显不合理的价格处分夫妻共同财产，另一方主张该民事法律行为违背公序良俗无效的，人民法院应予支持并依照民法典第一百五十七条规定处理。

夫妻一方存在前款规定情形，另一方以该方存在转移、变卖夫妻共同财产行为，严重损害夫妻共同财产利益为由，依据民法典第一千零六十六条规定请求在婚姻关系存续期间分割夫妻共同财产，或者依据民法典第一千零九十二条规定请求在离婚分割夫妻共同财产时对该方少分或者不分的，人民法院应予支持。

第九条　夫妻一方转让用夫妻共同财产出资但登记在自己名下的有限责任公司股权，另一方以未经其同意侵害夫妻共同财产利益为由请求确认股权转让合同无效的，人民法院不予支持，但有证据证明转让人与受让人恶意串通损害另一方合法权益的除外。

《公司法》

第八十四条　有限责任公司的股东之间可以相互转让其全部或者部分股权。

股东向股东以外的人转让股权的，应当将股权转让的数量、价格、支付方式和期限等事项书面通知其他股东，其他股东在同等条件下有优先购买权。股东自接到书面通知之日起三十日内未答复的，视为放弃优先购买权。两个以上股东行使优先购买权的，协商确定各自的购买比例；协商不成的，按照转让时各自的出资比例行使优先购买权。

公司章程对股权转让另有规定的，从其规定。

婚姻关系存续期间，夫妻能不能分家产？

案例背景

邱杰和李梦在大学相识相恋，感情甜蜜。毕业后，两人携手步入职场。经过几年的打拼，邱杰在一家知名公司担任销售经理，收入颇丰；李梦也在一家大型企业担任部门经理，工作得心应手。事业稳定后，邱杰和李梦在周围人的祝福中举办了婚礼。婚后不久，李梦生下了一对双胞胎儿女，并辞职在家照顾孩子。

孩子的诞生给了邱杰更大的责任与压力，他辞掉高薪工作，开始自己创业。凭借敏锐的商业头脑和辛勤的努力，邱杰的事业越做越大，他每月都会给李梦2万元作为生活费。看到家庭经济越来越好，李梦安心留在家全心全意陪伴孩子成长。因为信任邱杰，所以她几乎不过问家里的财务状况。

一天，李梦无意中看到邱杰手机里的几条短信，内容是邱杰和一位女性的暧昧对话。她心头一紧，随即开始搜寻更多的蛛丝马迹。李梦发现，邱杰最近频繁外出，花销也变得异常，特别是她发现邱杰将公司股权低价转让给了他的好兄弟，还把家庭的巨额存款赠与了他的母亲。

李梦的心渐渐被恐惧和疑虑填满。她继续秘密调查，终于找到了邱杰与朋友的聊天记录。在对话框里，邱杰毫不掩饰地谈论李梦这些年只在家里带孩子，对创造家庭财富一点贡献都没有，还抱怨自己回家感受不到温暖和尊重。他甚至说，要先将家庭财产转移，再与李梦离婚。

看着这些刺眼的文字，李梦心如刀割。她无法相信，那个曾经深爱她、与她共同度过甜蜜校园时光的邱杰，竟然变得如此冷酷……

案例分析

从法律和生活智慧的角度来看，李梦陷入如此境地的原因有以下四点。

1. 过度信任邱杰

在婚姻中，李梦毫无保留地信任邱杰。她相信邱杰会为家庭作出最好的决定，所以不介意家庭财务的管理权由邱杰掌握，每月只安心拿着丈夫给予的生活费。这种过度信任，使她对邱杰的财务行为缺乏应有的关注和监督。虽然信任是婚姻的基础，但如果缺乏适当的监督和沟通，很容易让一方在财务管理中失去约束，从而带来风险。

2. 缺乏经济独立性

有了孩子后，李梦放弃了自己的事业，一应花销完全依赖邱杰的收入，失去了经济上的独立性。这种选择虽然能在短期内让她专注于家庭，但从长期来看，经济上的依赖使她在婚姻中处于被动地位，在家庭内的话语权下降。当邱杰开始对婚姻感到不满并秘密转移财产时，李梦因为缺乏经济独立性，难以有效地采取措施保护自己的权益。此外，经济上的依赖也使李梦在面对邱杰的不忠和离婚威胁时，感到无助和被动，难以作出独立的决策和行动。

3. 缺乏财产管理意识

婚后李梦将全部精力投入到照顾孩子和家庭事务中，对邱杰完全信任，认为他能够妥善管理家庭的经济事务，因此她没有定期了解或者参与家庭财产的管理和分配。由于缺乏财产管理意识，导致她对家庭财产的变动、投资和使用情况一无所知，以至于当邱杰秘密转移财产时，她无法及时发现并阻止，最终给自己和孩子的未来带来巨大的经济风险。

4. 缺乏法律保障

李梦没有和邱杰签订婚内财产协议，这使得婚内的财产归属和管理方式不明确。如果她与邱杰签订了婚内财产协议，明确了夫妻双方在婚内各自财产的归属和管理方式，就可以防止对方擅自处分夫妻共同财产，在法律上保障自己的权益。有这样一份协议，李梦在发现邱杰转移财产时，就可以以此为法律依据，要求对方停止不当行为并追回已转移的财产。

科学建议

面对邱杰的背叛，李梦该怎么做，才能维护自己的财产权益呢？婚内析产是一个明智的方法。婚内析产，即在婚姻关系存续期间完成夫妻共同财产的分割。

一般情况下，为维护婚姻关系，法律禁止婚内析产，但《民法典》第一千零六十六条作出了例外性规定，即在婚姻关系存续期间，有以下情形之一的，夫妻一方可以向法院请求分割夫妻共同财产：①一方有隐藏、转移、变卖、毁损、挥霍夫妻共同财产或者伪造夫妻共同债务等严重损害夫妻共同财产利益的行为；②一方负有法定扶养义务的人患重大疾病需要医治，另一方不同意支付相关医疗费用。

邱杰在婚内将属于夫妻共同财产的股权和存款秘密转移，属于严重损害夫妻共同财产利益的行为，符合婚内析产的条件。对此，李梦可以按照以下流程进行婚内析产。

1. 收集证据与准备材料

李梦需要准备并收集以下材料和证据：

（1）财产清单。包括家庭的所有财产，比如银行账户明细、不动产权证书、机动车登记证书、股票和公司股权证明等。这些文件能够全面展示夫妻共同财产的构成和价值。

（2）财产转移记录。包括银行转账记录、房产交易记录等，尤其是近期大额资金的流动记录。这些记录可以证明邱杰可能存在转移夫妻共同财产的行为。

（3）电子证据。包括邱杰与他人的聊天记录、短信、邮件等。这些证据能够直接表明邱杰有转移夫妻共同财产的意图或者行为。

2. 咨询律师

收集、准备好证据和材料后，李梦应当选择一位有经验的婚姻家庭律师进行咨询。律师可以帮助李梦了解婚内析产的具体法律程序、所需文件以及法律策略。此外，律师能够提供专业意见，帮助李梦评估她的法律地位和潜在的法律风险。如果李梦在经济上有困难，可以申请法律援助。法律援助机构可以提供免费的法律咨询和服务，给予李梦法律支持。

3. 申请财产保全

为防止邱杰进一步转移夫妻共同财产，李梦可以向法院申请财产保全。财产保全是法律赋予当事人的权利，能够帮助李梦冻结邱杰名下的银行账户、房产、车辆等资产，确保夫妻共同财产在分割过程中不会被转移或者隐藏。当然，在提交财产保全申请时，李梦需要提供相关证据证明邱杰有转移夫妻共同财产的嫌疑，法院将根据证据决定是否采取保全措施。

4. 提出婚内析产申请

李梦需要向法院提交婚内析产申请，书面说明申请婚内析产的理由，列明所有夫妻共同财产，并附上相应的证据（如财产清单、财产转移记录和电子证据等）。申请书应当清晰、简明扼要，突出邱杰可能存在的不当行为以及李梦保护自己权益的必要性。通常情况下，李梦应当向夫妻共同生活地或者主要财产所在地的法院提交申请。提交申请后，法院将审核材料，决定是否立案。

5. 法院调解与裁定

法院在受理申请后，会先尝试调解，帮助当事人达成财产分割协议。在调解过程中，法官会听取双方的陈述，审查提交的证据，尽量促成双方在自愿的基础上达成协议。如果双方同意并达成一致，法院会记录协议内容并确认。如果调解不成，法官将依照法律规定，综合考虑财产的来源、双方的贡献以及家庭的实际情况，作出公平合理的财产分割裁定。

6. 执行裁定

根据法院的裁定进行实际财产分割。法院的裁定具有法律效力，双方必须遵照裁定结果，将属于李梦的财产进行转移或者确认。在财产分割完成后，法院将根据实际情况解除对冻结财产的保全措施，确保财产分割后各自名下的财产可以正常使用。

总结来看，婚内析产的流程如下：

（1）收集证据与准备材料。准备财产清单、财产转移记录和电子证据。

（2）咨询律师。向律师咨询，了解法律程序、所需文件以及法律策略，或者申请法律援助。

（3）申请财产保全。向法院申请冻结相关财产，防止转移。

（4）提出婚内析产申请。准备并提交申请书和证据材料，向法院申请婚内析产。

（5）法院调解与裁定。法院进行调解，如调解不成，法院裁定分割财产。

（6）执行裁定。按照裁定结果实际分割财产，并解除保全措施。

李梦在离婚前进行婚内析产，有以下五个好处。

1. 防止夫妻共同财产继续被转移

婚内析产可以有效防止邱杰进一步转移或者隐藏夫妻共同财产。在婚姻关系存续期间，李梦有权了解并查明家庭财产的具体情况，包括银行账户、房产、车辆、公司股权等。在发现财产有继续被转移或者隐藏的迹象时，她可以通过法律手段，比如申请财产保全、冻结相关财产予以阻止，确保夫妻共同财产在分割前不被擅自处理或者消失。

2. 保护个人财产权益

通过婚内析产，李梦可以明确自己在夫妻共同财产中所占有的份额，保护自己的财产权益。这样等到离婚时，已经分割好的财产不会受到邱杰进一步的干涉，可以确保她的经济利益不受损失，并且可以避免她因财产争议而不得不经历复杂且漫长的法律程序。李梦可以更有保障地进行下一步的生活规划，无须担心在离婚过程中因财产问题而陷入困境。

3. 提高家庭财产透明度

婚内析产可以提高家庭财产的透明度，使李梦能够清晰地了解家庭财产的构成和分布情况。通过这一过程，她可以掌握家庭的全部财务信息，包括收入、支出、投资等细节，减少信息不对称性，增强对家庭财产状况的掌控力。这既有助于当前的财产分割，又为未来的财务决策提供了坚实的基础。

4. 减少离婚纠纷

婚内析产可以减少离婚时的财产纠纷。离婚时，双方已经明确了各自的财产份额，避免了因财产分割而产生的争议和诉讼，这有助于双方更快速、和平地解决离婚问题。而且，提前解决好财产分割问题，离婚时双方就可以将注意力集中在其他重要事项上，比如子女抚养和监护权安排等。

5. 增强经济独立性

通过婚内析产，李梦可以获得自己应得的财产，增强经济独立性。这不仅让她在家庭中有更高的地位和话语权，还能让她更好地规划自己的未来，提升自身的生活质量和自我价值。

因此，婚内析产是帮助李梦在保护自身财产权益的同时，为未来的生活打下坚实基础的一种方案，值得尝试。

从李梦和邱杰的故事中，我们得到了这样一个启示：夫妻双方应当共同管理家庭财务，定期沟通、审查财务状况，共同参与重大财务决策，以防夫妻共同财产被一方不合理地处理或者转移，损害另一方的财产权益。实务中，夫妻双方还可以通过签订夫妻财产协议，明确财产归属，保护自己的合法权益。

法律依据

《民法典》

第一千零六十六条　婚姻关系存续期间，有下列情形之一的，夫妻一方可以向人民法院请求分割共同财产：

（一）一方有隐藏、转移、变卖、毁损、挥霍夫妻共同财产或者伪造夫妻共同债务等严重损害夫妻共同财产利益的行为；

（二）一方负有法定扶养义务的人患重大疾病需要医治，另一方不同意支付相关医疗费用。

第一千零九十二条 夫妻一方隐藏、转移、变卖、毁损、挥霍夫妻共同财产，或者伪造夫妻共同债务企图侵占另一方财产的，在离婚分割夫妻共同财产时，对该方可以少分或者不分。离婚后，另一方发现有上述行为的，可以向人民法院提起诉讼，请求再次分割夫妻共同财产。

《民法典婚姻家庭编司法解释（一）》

第三十八条 婚姻关系存续期间，除民法典第一千零六十六条规定情形以外，夫妻一方请求分割共同财产的，人民法院不予支持。

《民法典婚姻家庭编司法解释（二）》

第七条 夫妻一方为重婚、与他人同居以及其他违反夫妻忠实义务等目的，将夫妻共同财产赠与他人或者以明显不合理的价格处分夫妻共同财产，另一方主张该民事法律行为违背公序良俗无效的，人民法院应予支持并依照民法典第一百五十七条规定处理。

夫妻一方存在前款规定情形，另一方以该方存在转移、变卖夫妻共同财产行为，严重损害夫妻共同财产利益为由，依据民法典第一千零六十六条规定请求在婚姻关系存续期间分割夫妻共同财产，或者依据民法典第一千零九十二条规定请求在离婚分割夫妻共同财产时对该方少分或者不分的，人民法院应予支持。

恶意转移夫妻共同财产的后果

案例背景

相恋两年后，小敏和志明步入了婚姻的殿堂。次年，小敏生下一对双胞胎女儿。为了照顾孩子，小敏成了全职太太，丈夫志明则全力投入事业，创办了一家颇具规模的家居公司。日子逐渐好起来，一家人从居民楼搬到了大别墅，吃穿用度的档次也直线上升。在小敏看来，丈夫事业有成，女儿漂亮可爱，保姆代劳家务，自己一身轻松，生活既平静又幸福。

然而，一个女人的突然到访，彻底打破了这份平静。这个女人告诉小敏，自己是志明的情人，他们已经在一起三年了，随后从包里拿出一沓照片，每张照片都记录着志明和她的亲密时刻。女人自信的语调和散落在桌子上一张张刺目的照片，像一把锋利的刀扎进小敏的心里。

就在小敏还没有完全消化这些信息时，女人笑着说："志明早就不爱你了。我现在怀了他的孩子，你识相点，自己退出吧。"

小敏蒙了，她的世界在这一刻彻底崩塌。原来在她看不到的地方，他们的婚姻早已千疮百孔。当晚，小敏把照片拿给志明看，志明坦白了他出轨的事实。但面对小敏的质问，他选择了逃避。从这天起，他不再回家，也不接小敏的电话。

冷静过后，小敏找律师咨询，决定向法院起诉离婚。上法庭前，法院召集两人进行庭前调解。起初，志明似乎对夫妻财产分割问题持开放态度，但当真正签订调解协议时，他突然变卦，声称夫妻共同财产中有800万元是借款，而非公司的经营收入，应该从共同财产中扣除。随后他提供了银行流水记录和借据作为证明。小敏对此表示怀疑，不理解为什么之前不提这件事，所以她拒绝签订调解协议，要求法院依法判决。

法院经过调查取证后发现，这笔所谓的借款并非真实债务。面对不容反驳的证据，志明最终承认了自己的欺骗行为。法院鉴于志明在婚姻中的出轨行为和对夫妻共同财产的恶意转移，决定在追回800万元后，酌情判定志明分得夫妻共同财产的少部分，小敏则分得夫妻共同财产的大部分，并判定志明需要另外向小敏支付精神损害赔偿金。

案例分析

小敏能够在离婚时获得更多的夫妻共同财产，并获得精神损害赔偿，原因主要与志明的两个严重过错有关。

1. 婚内出轨并致他人怀孕

在许多法律体系中，配偶的不忠被视为婚姻破裂的重要原因。法院在判决离婚时，往往会考虑这种行为对无过错方的情感和心理造成的伤害，在离婚财产分割时照顾无过错方。除此以外，法院还会判定对无过错方进行离婚损害赔偿，以弥补其因过错方的不忠所受到的精神损害。

志明在婚姻关系存续期间与他人发生婚外情，并且导致对方怀孕，这严重违背了夫妻忠实义务。小敏作为无过错方，可以在离婚财产分割中得到照顾，获得更多的份额，也有权要求志明承担损害赔偿责任。

2. 虚构债务和恶意转移夫妻共同财产

志明在离婚期间虚构800万元的债务并将资金转给他人，这种行为属于恶意转移夫妻共同财产，不仅违反了夫妻财产共同所有的原则，还违反了诚实信用的原则。在离婚案件中，如果一方试图通过虚构债务、转移资产等手段来减少应当分配给对方的财产，法院通常会采取措施予以纠正。这可能包括追回被转移的资产，并在财产分割中对作出这种行为的一方进行惩罚性的财产划分。因此，志明的这一行为使他在离婚财产分割中获得的份额减少。

总的来说，在离婚案件中，法院会尽力保护无过错方的权益，对过错方进行相应的惩罚，以确保财产分割的公正性和合理性。

科学建议

处于离婚期间的夫妻，尤其是在财产掌控权上处于弱势的一方，该如何应对配偶恶意转移夫妻共同财产的行为呢？具体可以参考以下步骤。

1. 详细收集证据

包括获取和详细记录所有相关的财务记录，比如银行账户流水、各类转账记录、不动产权证书、机动车登记证书、股票和其他形式的投资记录等，以确保这些证据能够全面且清晰地展示财产被转移的具体时间、地点，以及转移的方式和途径。此外，如果条件允许，还应当努力收集与配偶转移财产相关的沟通记录，比如电子邮件、短信或者其他可能的书面文件，这些记录也许能够提供额外的证据支持，或者揭露配偶转移财产的意图和过程，从而为接下来的法律行动提供坚实的证据基础。

2. 咨询律师

咨询并聘请一位经验丰富且擅长处理财产纠纷的家事律师，与其深入讨论案件的各个方面，并提供所有收集到的证据，以便律师能够全面了解案件的具体情况，再结合律师的专业意见和建议，制定出一个既合法又高效的应对策略。这个策略可以确保在法律框架内最大限度地保护己方的权益，并有效应对对方的不当行为。

3. 向法院申请财产保全

向法院申请财产保全，比如冻结银行账户或者限制财产交易等，以防止财产进一步流失或者受损。

4. 启动法律程序

向法院提起诉讼，要求恢复被转移的财产或者得到相应的损失赔偿。在诉讼过程中，要充分利用事先收集的各种证据来支持自己的主张，并在法庭上做好充分准备，以便在需要时清晰、有力地阐述自己的立场和要求。

5. 探索协商解决的可能性

在律师的指导和帮助下与配偶进行协商，努力尝试达成一个双方都能接受的和解协议。需要注意的是，在协商过程中，应当明确自己的需求和底线，无论达成什么样的和解协议，都要确保所有条款被详细记录下来，并具有法律效力，避免未来可能出现的误解或者纠纷。

6. 签订具有法律效力的离婚协议

如果不诉诸法律，双方协议离婚，那么应当在离婚协议中详细记录关于财产分割的所有决定，包括对那些被恶意转移的财产的处理方式，并确保离婚协议中包含所有相关财产的详细信息。离婚协议须由双方签字，最好有律师的见证，以保证协议的法律效力和执行的准确性。

7. 做好心理和情感准备

面对配偶恶意转移财产的行为，必须做好心理和情感上的准备。比如，寻求心理咨询师的帮助，更好地处理情绪压力和心理负担；保持与家人、朋友以及其他专业人士的紧密联系，获得必要的情感支持和指导。这样的支持系统对于维持个人情绪稳定、保持思维清晰并顺利应对法律和情感上的挑战非常有帮助。

8. 长期规划

为了未来的经济安全和稳定，在诉讼的过程中，有必要为自己做长期的财务规划和生活规划。比如，重新评估和调整投资策略、制订紧急资金储备计划等。这有助于在诉讼结束后，更好地开启新生活，拥有一个稳定、有保障的未来。

法律依据

《民法典》

第一千零四十三条第二款 夫妻应当互相忠实，互相尊重，互相关爱；家庭成员应当敬老爱幼，互相帮助，维护平等、和睦、文明的婚姻家庭关系。

第一千零八十七条第一款 离婚时，夫妻的共同财产由双方协议处理；协议不成的，由人民法院根据财产的具体情况，按照照顾子女、女方和无过错方权益的原则判决。

第一千零九十一条 有下列情形之一，导致离婚的，无过错方有权请求损害赔偿：

（一）重婚；

（二）与他人同居；

（三）实施家庭暴力；

（四）虐待、遗弃家庭成员；

（五）有其他重大过错。

第一千零九十二条 夫妻一方隐藏、转移、变卖、毁损、挥霍夫妻共同财产，或者伪造夫妻共同债务企图侵占另一方财产的，在离婚分割夫妻共同财产时，对该方可以少分或者不分。离婚后，另一方发现有上述行为的，可以向人民法院提起诉讼，请求再次分割夫妻共同财产。

《民法典婚姻家庭编司法解释（一）》

第八十六条 民法典第一千零九十一条规定的“损害赔偿”，包括物质损害赔偿和精神损害赔偿。涉及精神损害赔偿的，适用《最高人民法院关于确定民事侵权精神损害赔偿责任若干问题的解释》的有关规定。

《民法典婚姻家庭编司法解释（二）》

第七条 夫妻一方为重婚、与他人同居以及其他违反夫妻忠实义务等目的，将夫妻共同财产赠与他人或者以明显不合理的价格处分夫妻共同财产，另一方主张该民事法律行为违背公序良俗无效的，人民法院应予支持并依照民法典第一百五十七条规定处理。

夫妻一方存在前款规定情形，另一方以该方存在转移、变卖夫妻共同财产行为，严重损害夫妻共同财产利益为由，依据民法典第一千零六十六条规定请求在婚姻关系存续期间分割夫妻共同财产，或者依据民法典第一千零九十二条规定请求在离婚分割夫妻共同财产时对该方少分或者不分的，人民法院应予支持。

延伸阅读

恶意转移婚内夫妻共同财产的常见情形

1. 利用代持隐匿财产

夫妻一方通过将共同财产在名义上转让给第三方（通常是亲友或者信任的人），来隐藏或者规避共同财产的真实归属。尽管表面上财产已经转移到他人的名下，但实际的控制权和使用权仍然掌握在转让方手中。

举例来说，张先生即将和妻子离婚，为防止一套价值百万元的房产（夫妻共同财产）被分割，张先生将不动产权证书上的房屋所有权人变更为他的哥哥。尽管名义上房子归哥哥所有，但张先生仍然保留房屋钥匙，继续在该房屋中居住，并支付相关的费用。

2. 隐藏或者隐瞒财产

夫妻一方故意不向另一方披露自己的全部财产，包括但不限于银行存款、股票、珠宝首饰、艺术品等。隐瞒的方式可能是设置秘密账户、私下买卖物品或者隐藏实物资产等。

举例来说，李女士在婚姻关系存续期间秘密地将一部分工资和奖金存入仅自己知道的银行账户中。当她和丈夫分割离婚财产时，隐瞒了这个秘密账户，以便将账户中的资金完全留给自己。

3. 虚构债务

夫妻一方编造虚假的债权人和债务关系，伪造书面的债务证据（如借款合同、借条等），虚增自己的债务，从而在离婚财产分割时减少可供分割的共同财产。

举例来说，王先生在离婚前夕，与一位好友合谋，伪造了一份借款合同，合同显示他欠该好友 50 万元。王先生打算在离婚财产分割时，利用这份合同，以必须偿还这笔虚构债务为由，减少可供分割的共同财产。

4. 虚构交易

夫妻一方通过编造不存在的交易，比如伪造购买或者销售记录、使用虚假买卖合同等，来转移共同财产。

举例来说，陈先生在离婚期间伪造了一份股权转让合同，声称自己以低价将他持有的公司股权卖给了一位商业伙伴，但实际上此股权转让交易并非真实存在，陈先生的目的是让这部分股权由他的这位商业伙伴代持，使得这部分股权在法律上不显示为陈先生的财产，从而避免股权被认定为夫妻共同财产。虽然从表面来看股权已经不在陈先生的名下，但他仍通过其他方式控制着这些股权，未来还会回购股权。

5. 快速消耗共同财产

夫妻一方通过购买昂贵的个人物品、进行高风险投资或者以其他形式消耗共同财产，故意减少共同财产。

举例来说，赵先生知道自己即将离婚，为了减少可供分割的共同财产，他故意购买了一系列高价值的艺术品，并声称这是个人兴趣。

6. 变更财产所有权

夫妻一方私自改变共同财产的所有权结构，比如将共同财产转移至个人、公司的名下，或者装入信托，从而规避离婚分割。

举例来说，李先生在离婚前将一辆属于共同财产的汽车过户到自己的名下，以减少离婚时可供分割的共同财产。

7. 篡改财产记录

夫妻一方伪造或者修改与共同财产相关的文件和记录，比如银行账户流水、不动产权证书、机动车登记证书、股权证明等，通过改变财产记录的真实内容，掩盖、夸大或者缩小共同财产的真实价值。

举例来说，陈先生在离婚前篡改了他和妻子共同所有的公司的财务报表，故意低报公司的利润和总资产，伪造银行账户的流水，以谎报公司的现金流。这样做的目的是在离婚财产分割时降低公司的估值，从而减少他需要分割给妻子的财产份额。

8. 剥离公司优质资产

这种情形通常发生在夫妻共同所有或者经营的公司中。夫妻一方可能通过各种手段将公司的优质资产（如客户资源、技术专利、品牌权益等）转移到自己控制的另一家公司或者个人的名下，以降低共同所有的公司的价值和盈利能力。

举例来说，丁女士和丈夫共同拥有一家科技公司。在他们离婚的前夕，丁女士成立了另一家公司，并将原公司的关键技术专利和主要客户资源转移到她个人控制的新公司中，以削弱原公司的市场竞争力和财务价值，从而在离婚时减少需要分割的财产。

一方的赌债是否属于夫妻共同债务？

案例背景

老林和李静在一座景色优美、十分宜居的城市定居。两人十多年来共同经营着一家大型商贸公司，生活稳定而富足。

但这样平静的日子终究还是被打破了，因为老林迷上了赌博。一开始，他只是偶尔跟朋友玩玩，但很快，以小博大的刺激感、赌友的吹捧和呼唤，让他越陷越深。随着时间的推移，老林在赌桌上失利的次数越来越多，赌注越来越大。就这样，为了填补不断扩大的财务黑洞，老林开始秘密借款。李静忙于公司的日常运营，一直未能察觉丈夫的异常。

直到某天夜晚，老林在一场赌局中输掉了数百万元。面对这无法弥补的巨大窟窿，懊悔、绝望、迷茫……种种情绪堆积在一起，最后归于一片死寂——他选择了结束自己的生命。

老林离世后，真相逐渐浮出水面。李静这才知道，原来丈夫早就沉迷于赌博，如今还因为无法面对欠下的巨额赌债，选择了自杀。留给她的，是一位每天在家门口高声催债，恐吓、威胁她和家人还债的债主，以及多位朋友的质问。这不但给李静带来了极大的心理压力，而且让两个正值青春期的孩子感到不安，行事越来越叛逆。

屋漏偏逢连夜雨。债务纠纷不断，使得李静这段时间无法集中精力处理公司事务，导致公司内部管理混乱，公司收入急剧下降，员工们的不满和不安情绪逐渐增加，整个公司的氛围变得极为沉重。

该如何渡过眼前的难关？老林的巨额赌债、一笔又一笔的大额欠款、两个处于叛逆期的孩子，以及岌岌可危的公司，让李静疲惫不堪。李静已经无暇去怨恨老林，为了孩子、为了公司，她知道自己必须挺住。

案例分析

根据《民法典》的规定，夫妻双方对婚姻关系存续期间产生的夫妻共同债务承担连带责任。然而，要判断某笔债务是否属于夫妻共同债务，需要考虑两个因素：①夫妻双方是否有举债的合意；②所负的债务是否用于家庭日常生活。

我们来对老林的负债做个具体的分析。

1. 赌债

赌债不属于夫妻共同债务。一方面，我国法律禁止赌博，因赌博产生的债务关系是不受法律保护的；另一方面，赌债的产生很明显与家庭日常生活无关，应当认定为个人债务，由债务人自己负责清偿。《民法典婚姻家庭编司法解释（一）》第三十四条第二款规定："夫妻一方在从事赌博、吸毒等违法犯罪活动中所负债务，第三人主张该债务为夫妻共同债务的，人民法院不予支持。"因此，老林欠下的赌债不属于夫妻共同债务，李静无须承担偿还责任。

2. 秘密借款

首先，秘密借款意味着李静对此并不知情，不具有举债的合意；其次，该借款的用途是参与赌博，而非用于家庭日常生活。因此，这些秘密借款属于老林的个人债务，李静无须承担偿还责任。

科学建议

李静可以通过下述步骤，更加有效地处理老林留下的债务问题，同时保护自己的合法权益。

1. 咨询律师

（1）选择合适的律师。寻找擅长处理债务纠纷，熟悉婚姻家庭法和公司法且经验丰富的律师。

（2）准备相关材料。在咨询律师前，整理和准备所有相关文件材料，比如婚姻证明、财务记录、公司文件等，以便律师能够更好地了解情况。

（3）详细咨询。在咨询过程中，向律师详细说明情况，包括老林的赌博问题、债务的产生和发展、已知债权人的信息等。

（4）遵循法律建议。根据律师的建议采取行动，进行债务谈判或者提起法律诉讼。

2. 澄清债务性质

（1）分析债务用途。分析每一笔债务的用途，区分哪些用于家庭日常生活和公司运营，哪些用于赌博。

（2）确定债务责任。在律师的帮助下，确定每笔债务是老林的个人债务还是夫妻共同债务。

（3）寻找法律依据。律师会依据《民法典》等法律法规，为李静提供法律依据，指导她如何处理这些债务。

3. 审查债务和收集证据

（1）审查记录。仔细审查老林留下的债务记录，包括借贷金额、债权人信息、还款期限等。

（2）收集证据。收集所有可能的证据，比如银行转账记录、借贷合同、赌博活动的证据等。

（3）分析合法性。分析每笔债务的合法性，特别是那些可能涉及非法活动（如赌博）的债务。

4. 处理债权人的威胁

（1）保持冷静。在面对债权人的威胁时，要保持冷静，不要作出冲动的决定。

（2）不作出承诺。在没有律师指导的情况下，不要对债权人作出任何承诺或者支付行为。

（3）报警。如果债权人的行为构成非法行为（如威胁、恐吓、暴力），应立即报警。

（4）采取法律行动。在律师的指导下，对于债权人非法或者不合理的索赔要求，采取适当的法律行动。

法律依据

《民法典》

第一千零六十四条 夫妻双方共同签名或者夫妻一方事后追认等共同意思表示所负的债务，以及夫妻一方在婚姻关系存续期间以个人名义为家庭日常生活需要所负的债务，属于夫妻共同债务。

夫妻一方在婚姻关系存续期间以个人名义超出家庭日常生活需要所负的债务，不属于夫妻共同债务；但是，债权人能够证明该债务用于夫妻共同生活、共同生产经营或者基于夫妻双方共同意思表示的除外。

《民法典婚姻家庭编司法解释（一）》

第三十四条 夫妻一方与第三人串通，虚构债务，第三人主张该债务为夫妻共同债务的，人民法院不予支持。

夫妻一方在从事赌博、吸毒等违法犯罪活动中所负债务，第三人主张该债务为夫妻共同债务的，人民法院不予支持。

《公司法》

第二十一条 公司股东应当遵守法律、行政法规和公司章程，依法行使股东权利，不得滥用股东权利损害公司或者其他股东的利益。

公司股东滥用股东权利给公司或者其他股东造成损失的，应当承担赔偿责任。

“假离婚”具有“真效力”

案例背景

佳敏是一位超市收银员，她的丈夫伟强是某机械厂的销售员。两人生活在城中村的一隅，日子过得平淡而安稳。

两个月前，佳敏和伟强在当地政府发布的公告中确认了折迁的消息。最近，村委会又发通知，让居民在规定期限内搬离。佳敏便和伟强商量去看看合适的房子。当晚，伟强提出“假离婚”的计划，说这样做可以在拆迁时获得更多的拆迁补偿。佳敏担心“假离婚”会影响两人的感情，并不赞同，但伟强一再保证自己绝不会因此而改变，并承诺获得拆迁补偿后立马跟佳敏复婚。没思考多久，佳敏便同意了“假离婚”。

按照离婚协议的约定，房产和存款都转移到了伟强的名下。虽然佳敏心里有些不安，但她还是选择相信相伴已久的枕边人。

不久后，拆迁的事宜尘埃落定。伟强名下的房产获得了丰厚的补偿，包括三套新房和80万元现金，佳敏也因为离婚分得了一套一室一厅的房子。

正在佳敏要跟伟强提出复婚时，伟强却突然消失了。联系不到人的佳敏十分着急，接连找了几天也不见他的踪影。直到某个周五，佳敏请了半天假到医院看病，却在医院附近的街头看到了伟强的身影。对方正和一位年轻女子牵手走在街头，手提袋里还装着几个小玩偶。佳敏悄悄跟随在两人身后，听见伟强说：“你放心，我跟她都断干净了。我就想跟你过一辈子。”

佳敏这才明白，一切都是伟强的圈套。她先通知这段时间帮自己寻找伟强的亲朋，说自己已经找到伟强，然后平静地去医院看了病。回到空荡荡的屋子，佳敏只觉得自己的付出是如此愚蠢。随后，她咨询律师，想要讨回应当分得的拆迁补偿和其他婚内财产，但律师的话让她如雷击顶。律师告诉她，由于她和伟强只是口头商议“假离婚”，没有任何实质性的证据，所以在法律上她几乎没有胜算。

案例分析

为什么与伟强“假离婚”后，佳敏想要讨回应当分得的拆迁补偿和其他婚内财产几乎无望呢？我们来看一看“假离婚”带来的风险问题。

1.“假离婚”具有“真效力”，无法恢复原本的夫妻关系

“假离婚”是指当事人表面上虽然申请并办理了离婚登记，终止法律上的婚姻关系，但是双方之间的感情、婚姻关系并未破裂，其真正的目的也并不在于结束婚姻这种生活方式。[①]“假离婚”当真是假的吗？从法律角度看，无论是协议离婚还是诉讼离婚，也无论离婚的初衷是什么，只要完成了离婚登记，夫妻之间的婚姻关系即告解除，不存在“假离婚”的概念。也就是说，除非佳敏和伟强双方都同意复婚，否则两人是无法恢复原本的夫妻关系的。

2.“假离婚”时一方转移给另一方的财产难以索回

离婚协议中有关财产分割条款具有法律效力，不得随意变更或者撤销。如果一方想以“假离婚”为由反悔，要求法院认定离婚协议中的财产分割条款无效，一般情况下法院不予支持，除非当事人在订立协议时受到欺诈或者胁迫。然而，在司法实践中，想要证明另一方存在欺诈或者胁迫行为，存在较大的举证困难。一方面，民事诉讼中受制于“谁主张，谁举证”的原则，举证方可能拿不出足够的证据；另一方面，对于欺诈或者胁迫事实的证明，法律规定了需要达到“排除合理怀疑”的标准，对举证方的举证要求相当严苛。

佳敏在与伟强“假离婚”时，签订了对她来说极不公平的离婚协议，但出于

① 蔡立东，刘国栋. 司法逻辑下的“假离婚”[J]. 国家检察官学院学报，2017，25（05）：129.

对伟强的信任，她并没有留下足够的证据来证明自己当初受到了胁迫或者欺诈，所以她很难主张离婚协议中的财产分割条款无效。

3. 骗取拆迁补偿的行为可能被认定为诈骗罪

通过“假离婚”骗取拆迁款是违法行为，可能会被法院以诈骗罪追究刑事责任。

实践中，有个别夫妻为了购房资格、拆迁款或者逃避债务等选择“假离婚”，如果双方就“假离婚”发生争议，遭受损失的一方又不能做到有效举证，就很可能会落得人财两空的下场。

科学建议

佳敏的遭遇给我们敲响了警钟，提醒我们应当坚持一个重要的底线原则：遵纪守法。法律并非儿戏，遵纪守法是家庭文明建设的重要组成部分。

“假离婚”具有“真效力”，我们必须对“假离婚”保持谨慎的态度。通过“假离婚”来规避国家管控政策，获取经济利益的行为，一方面会受到道德上的谴责；另一方面存在很大的法律风险，可能带来人财两空的严重后果，给别有用心的人以可乘之机。

婚姻制度通过法律保护严肃、自由、神圣的婚姻关系。但在金钱与利益面前，个别人失去理性，妄图不劳而获，将结婚或者离婚作为牟取暴利的手段。这是对自我和家人的一种情感伤害，也是对国家利益、社会利益的损害。我们应当对法律持有敬畏之心，尊重婚姻，严守底线，不投机取巧，对自己负责，也对家庭负责。

法律依据

《民法典》

第一千零七十六条 夫妻双方自愿离婚的，应当签订书面离婚协议，并亲自到婚姻登记机关申请离婚登记。

离婚协议应当载明双方自愿离婚的意思表示和对子女抚养、财产以及债务处理等事项协商一致的意见。

第一千零八十条 完成离婚登记，或者离婚判决书、调解书生效，即解除婚姻关系。

第一千零八十七条第一款 离婚时，夫妻的共同财产由双方协议处理；协议不成的，由人民法院根据财产的具体情况，按照照顾子女、女方和无过错方权益的原则判决。

《最高人民法院关于民事诉讼证据的若干规定》（法释〔2019〕19号）

第八十六条第一款 当事人对于欺诈、胁迫、恶意串通事实的证明，以及对于口头遗嘱或赠与事实的证明，人民法院确信该待证事实存在的可能性能够排除合理怀疑的，应当认定该事实存在。

《民法典婚姻家庭编司法解释（二）》

第二条 夫妻登记离婚后，一方以双方意思表示虚假为由请求确认离婚无效的，人民法院不予支持。

离婚后发现对方隐匿的财产，可以要求再次分割吗?

案例背景

林晓芳在一家大公司上班，工作前景很不错。她只要再在目前的岗位磨炼两年，就有望升任高层。陈伟业自己开公司当老板，已经与林晓芳结婚三年。这三年中，陈伟业的父母多次催促儿子不要光顾着事业，要赶紧跟林晓芳生孩子。渐渐地，陈伟业也开始在妻子面前频繁提到孩子。

然而，对林晓芳来说，晋升是她目前最大的追求，她不希望因为生孩子而错过这个机会。陈伟业对此感到不满。在他看来，自己完全养得起林晓芳，这个时候林晓芳应该多关注家庭，生个孩子，然后在家相夫教子。

一边是父母的抱怨，一边是林晓芳毫不动摇的态度——陈伟业起了离婚的心思。他开始频繁外出应酬，回家的时间越来越少。

林晓芳为了顺利晋升，一直承担着很大的工作压力。丈夫的漠视，不可避免地让她感到孤独和难过。她下定决心，等过两年，无论自己能不能成功升职，她都会跟丈夫好好商量，要一个孩子。

可没过多久，她就发现自己的想法是多么可笑。原来，陈伟业早就开始听从公婆的话，跟不同的女人相亲了。

林晓芳果断提出离婚，陈伟业没有挽留。他声称，虽然公司因为主要生产化工产品，受国内产业升级与环保治理的影响，目前处于亏损状态，但是他愿意自己承担公司债务，并把两人共同居住的别墅和大部分存款都留给她。林晓芳当时情绪混乱，没有多想便同意了。

离婚后，林晓芳通过朋友得知，陈伟业其实早在离婚之前就拥有巨额的隐秘财产，根本不像他说的那样负有债务。这个发现让她感到极度愤怒——当初陈伟业要创业，一半以上的资金都是她和她的父母支援的。林晓芳想，自己是否有可能追回这些被隐瞒的财产。

案例分析

《民法典》第一千零九十二条规定：“夫妻一方隐藏、转移、变卖、毁损、挥霍夫妻共同财产，或者伪造夫妻共同债务企图侵占另一方财产的，在离婚分割夫妻共同财产时，对该方可以少分或者不分。离婚后，另一方发现有上述行为的，可以向人民法院提起诉讼，请求再次分割夫妻共同财产。”因此，如果陈伟业的确隐瞒了夫妻共同财产，那么林晓芳有权向法院起诉要求重新分割。

但林晓芳需要注意以下两点：

第一，起诉时间。根据《民法典》第一百八十八条的规定，向法院请求保护民事权利的诉讼时效期间为三年。诉讼时效期间自权利人知道或者应当知道权利受到损害以及义务人之日起计算。因此，林晓芳需要在自己知道或者应当知道隐瞒行为之日起三年内，提出重新分割夫妻共同财产的请求。超过这个时限，其权利可能不再受法律保护。

第二，证据。林晓芳需要提供足够的证据，比如财产证明、银行账单、交易记录等，来证明陈伟业在离婚过程中确实隐瞒了夫妻共同财产。

科学建议

林晓芳应当如何避免陈伟业在离婚过程中隐瞒夫妻共同财产呢？

1. 咨询律师

在离婚前，林晓芳应当咨询律师，了解自己的法律权益和可能遇到的风险。律师可以为她提供具体的、个性化的建议和策略。

2. 详细了解家庭财务状况

林晓芳应当尽可能详细地了解和掌握家庭的财务状况，包括银行存款、投资、房产、车辆、公司股权等各种资产，收集相关的账户信息、财务报表、产权证明等重要文件。

3. 制作财产清单

林晓芳应当制作全面的财产清单，必要时可以请专业人士进行财产评估。财产清单应当包括所有已知的夫妻共同财产和个人财产。

4. 防止财产被隐匿或者转移

如果林晓芳怀疑陈伟业有隐匿或者转移财产的意图，应当及时通知律师，并寻求法律途径进行干预。必要时，林晓芳可以向法院申请采取财产保全措施。

5. 签订详尽的离婚协议

在律师的协助下，林晓芳应当与陈伟业签订一份详尽的离婚协议，明确双方的权利和义务，包括财产分割、债务处理、子女抚养等内容。

6. 确保财产分割的公平性

林晓芳应当确保离婚协议或者法院判决对财产分割作出的处理公平公正。

7. 保留沟通记录

在与陈伟业沟通时，林晓芳应当保留书面记录，尤其是关于财产和离婚协议的讨论。

8. 关注执行情况

离婚后，林晓芳应当关注协议或者判决的执行情况，确保所有条款得到妥善执行。

法律依据

《民法典》

第一百八十八条 向人民法院请求保护民事权利的诉讼时效期间为三年。法律另有规定的，依照其规定。

诉讼时效期间自权利人知道或者应当知道权利受到损害以及义务人之日起计算。法律另有规定的，依照其规定。但是，自权利受到损害之日起超过二十年的，人民法院不予保护，有特殊情况的，人民法院可以根据权利人的申请决定延长。

第一千零九十二条 夫妻一方隐藏、转移、变卖、毁损、挥霍夫妻共同财产，或者伪造夫妻共同债务企图侵占另一方财产的，在离婚分割夫妻共同财产时，对该方可以少分或者不分。离婚后，另一方发现有上述行为的，可以向人民法院提起诉讼，请求再次分割夫妻共同财产。

家庭主妇可以要求离婚经济补偿吗？

案例背景

阿月出生在一个小县城，身边的朋友无论是男还是女，几乎都早早地结婚、生子。阿月也不例外。她21岁便嫁了人，此后第一胎、第二胎、第三胎的降临，让她的生活跟三个孩子和家庭琐事紧紧地捆绑在一起。

阿月的丈夫郑军靠着父母做生意攒下的积蓄，在市里开了几家餐饮店，事业蒸蒸日上。他用赚来的钱在市里买了房子后，把阿月和孩子们从小县城接过来，并将孩子们送进了当地一所不错的小学。但正欣喜于一家人团聚的阿月发现，丈夫对她的态度越来越冷淡。除了与孩子有关的事，郑军几乎不与她主动说话，还经常以生意忙为由外出。

对此，阿月感到手足无措。她每天的时间几乎被各种家务和三个孩子填满，当她腾出时间想要和丈夫谈一谈时，又不知道该怎么开口。

某天深夜，阿月被郑军的手机提示音吵醒，她微微睁开困倦的眼睛，模模糊糊地看到郑军在笑着回复消息。阿月没作声，她闭上眼睛，听到郑军拿起衣服轻声往屋外走。关门声响起，阿月起身跟随郑军，来到了小区的另一栋楼前。她震惊地看着郑军熟门熟路地敲开三楼一户的门，门内传来女人和郑军的谈话声。

阿月呆站着，浑身止不住地发抖。她回到家里，枯坐了一夜。清晨五点半，她与悄悄进门的郑军视线相对。

郑军怔愣片刻，随即平静地坐到阿月对面，说："离婚吧。我和她在一起两年了，以后也准备和她结婚。这些年你一直没收入，家里的钱都是我辛苦挣的，这一点你承认吧？不过你天天带孩子也不容易，我可以分给你三分之一的财产。咱们俩好聚好散。"

听着郑军的话，阿月只觉得荒谬。她不禁在心底默默发问：多年来自己对家庭的付出，难道只值家庭财产的三分之一吗？

案例分析

1. 阿月可以拒绝郑军的财产分割提议吗？

《民法典》第一千零八十七条第一款规定："离婚时，夫妻的共同财产由双方协议处理；协议不成的，由人民法院根据财产的具体情况，按照照顾子女、女方和无过错方权益的原则判决。"由此可见，如果夫妻双方不能就共同财产的分割达成协议，那么共同财产将由法院以均等分割为前提，按照照顾子女、女方和无过错方权益的原则判决。阿月作为女方和无过错方，很有可能多分得夫妻共同财产。

因此，阿月完全可以拒绝郑军的财产分割提议，向法院提起离婚诉讼，请求法院作出公正的判决。

2. 离婚时，阿月能否要求经济补偿？

《民法典》第一千零八十八条规定："夫妻一方因抚育子女、照料老年人、协助另一方工作等负担较多义务的，离婚时有权向另一方请求补偿，另一方应当给予补偿。具体办法由双方协议；协议不成的，由人民法院判决。"阿月作为主要负责照顾子女和付出家务劳动的一方，承担了更多的家庭义务。她对家庭的非经济贡献，与郑军对家庭的经济贡献同等重要。因此，除了离婚时多分得夫妻共同财产，阿月还有权获得相应的经济补偿，以弥补她因投入家庭而失去的自我发展机会。实践中，法院一般会综合考虑负担相应义务投入的时间、精力和对双方的影响以及给付方负担能力、当地居民人均可支配收入等因素，确定补偿数额。

科学建议

面对郑军的强势离婚态度，阿月该如何行动，才能更好地维护自己的权益呢？

1. 聘请律师

律师能够针对阿月的情况进行具体的指导，帮助她了解自己的权利和义务，并在离婚过程中提供法律支持。

2. 收集财产证据

阿月需要收集所有夫妻共同财产的相关证据，包括但不限于不动产权证书、银行账户信息、家庭支出记录等，以确保在财产分割时能全面呈现家庭财产状况。如果她自己无法收集，可以请求法院调查。

3. 考虑子女抚养权问题

阿月应当认真思考，自己是否愿意并且有能力承担孩子的抚养责任，并在律师的帮助下制定相应的法律策略。

4. 与郑军进行协商或者诉讼

在律师的协助下，阿月可以尝试重新与郑军协商，达成关于财产分割、子女抚养等方面的协议；若协商不成，则可以通过律师向法院提起离婚诉讼。

5. 寻求情感和心理支持

离婚时，夫妻双方无论是在情感上还是在财产上，都免不了要“伤筋动骨”。而阿月作为遭受丈夫背叛，同时在财产掌控权上处于弱势的一方，有必要在这个过程中寻求亲友或者专业心理咨询师的支持，以便更好地处理情感和心理上的压力。

6. 规划未来生活

阿月需要规划离婚后的生活。比如，未来是否就业；如果得到孩子的抚养权，如何抚养孩子；准备在哪里定居；是否有意愿再婚等。

法律依据

《民法典》

第一千零八十七条 离婚时，夫妻的共同财产由双方协议处理；协议不成的，由人民法院根据财产的具体情况，按照照顾子女、女方和无过错方权益的原则判决。

对夫或者妻在家庭土地承包经营中享有的权益等，应当依法予以保护。

第一千零八十八条 夫妻一方因抚育子女、照料老年人、协助另一方工作等负担较多义务的，离婚时有权向另一方请求补偿，另一方应当给予补偿。具体办法由双方协议；协议不成的，由人民法院判决。

《民法典婚姻家庭编司法解释（二）》

第二十一条 离婚诉讼中，夫妻一方有证据证明在婚姻关系存续期间因抚育子女、照料老年人、协助另一方工作等负担较多义务，依据民法典第一千零八十八条规定请求另一方给予补偿的，人民法院可以综合考虑负担相应义务投入的时间、精力和对双方的影响以及给付方负担能力、当地居民人均可支配收入等因素，确定补偿数额。

离婚后的子女权益保护

案例背景

闻丽出生在一个知识分子家庭，父母均是大学教授。自小便聪慧的她，考上了国内一所知名大学，并在学校邂逅了男友黄有为。黄有为的家庭与闻丽的家庭不太一样，他一步步从农村考出来，连首年的大学学费都是找亲戚东拼西凑的。但他为人十分要强，没有钱就自己赚，知识记不住就反复学。闻丽被他身上的拼搏精神吸引，看到他一路走来吃了那么多的苦，十分心疼。

对黄有为来说，闻丽是他从来没有见过的女孩子——漂亮、温柔、聪慧、善良，不在意他家境贫困，而且极有分寸地守护着他的自尊心。在他心里，闻丽配得上一切美好的词语。

这段美好的爱情，在两人毕业时遇到了挫折。闻丽的父母觉得两人的家庭背景差异太大，不同意她和黄有为继续在一起。闻丽没有和父母争吵，但她照常和黄有为约会，用自己的行动来表明她不会分手的态度。哪怕父母被气得要和她断绝关系，她也毫不动摇。

毕业一年后，闻丽发现自己怀孕了，随后她和黄有为领证结了婚。闻丽的父母不得不认下这个女婿。

婚后的生活并不容易。闻丽做了全职妈妈，家庭的经济压力都落在黄有为一人身上。渐渐地，他的抱怨多了，夫妻关系紧张起来。闻丽考虑到自己的父母跟丈夫可能合不来，便提议让公婆帮忙照看女儿，自己出去上班，分担经济压力。没想到，公婆的到来让这个家产生了更多的矛盾。他们传统甚至有些落后的育儿观念，以及三天两头暗示她和黄有为再生个儿子的行为，都让闻丽难以忍受。家里时不时便因此发生争吵。

黄有为的父母见闻丽不愿意再生孩子，便怂恿儿子和闻丽离婚。不想夹在父母和妻子中间的黄有为最终同意离婚。

离婚后，闻丽处境十分艰难，但她并不气馁。借助互联网平台，她开始直播售卖美妆产品。由于形象佳、气质好、谈吐不俗，又对化妆品了解较深，直播间的生意越发红火起来。

这份直播事业给闻丽带来了意想不到的丰厚收入，唯一的缺点就是需要长期日夜颠倒。为了给女儿高品质的生活，闻丽没有歇下脚步。她的事业越做越大，但也越来越劳累。她隐隐感到自己的身体出现了问题——先是难以入睡，后是小病不断，但考虑到如日中天的事业，又想到自己是孩子唯一的依靠，她选择了忽视。随着时间的推移，闻丽的身体状况越发糟糕，但她依旧咬牙坚持，直到有一天，她的身体彻底崩溃，被诊断出癌症晚期。

死亡与她咫尺之遥。闻丽先冷静地安排了自己的后事，然后将房子过户给了女儿，并将存款一分为二：一半给了父母，另一半存入女儿的账户。最后，她将女儿托付给父母，并拜托朋友看顾一二。安排妥当后，闻丽安心地离开了这个世界。

黄有为在得知闻丽去世后，多次上门要把女儿带走抚养。这让闻丽的父母和朋友感到不安。大家清楚，如果黄有为真的爱孩子，就不会为了生儿子跟闻丽离婚。他现在表现得这么积极，很可能是为了孩子名下的财产，而不是真心关爱孩子。闻丽的父母和朋友担心，生活在这样一个父亲身边，孩子的未来会好吗?

案例分析

闻丽在生前虽然有意识地通过财产过户的方式，为女儿的未来做了一些安排，但这样的安排过于简单，仍存在以下漏洞。

1. 只考虑了财产的传承，而没有考虑财产的使用

闻丽的确将财产精准地传承给了女儿，但她没有解决一个重要的问题，即黄有为作为女儿的法定监护人，有权管理和处分未成年女儿名下的财产。这意味着，财产存在被黄有为挪用或者侵占的可能性。如果闻丽的父母认为黄有为不适合担任监护人，需要向法院起诉撤销黄有为的监护人资格。这需要提供充分的证据证明黄有为存在法律规定的撤销监护人资格的情形，比如存在虐待、遗弃或者严重侵害被监护人合法权益的其他行为，并且需要耗费大量的时间和金钱。

2. 财产传承不够规范

闻丽将房子和一半存款直接过户给未成年的女儿，而没有附带分阶段、按需发放的机制，实际上存在很大的安全隐患。她看上去对财产进行了分配，实则不能保护女儿的长期利益。而且，闻丽的父母作为年长者，其健康和寿命问题影响着他们能否长期照顾好外孙女，管理好外孙女的财产。

科学建议

那么，对闻丽来说，她可以通过哪些方法进行财产传承，保障女儿的长期利益呢？

方案一：订立公证遗嘱+签订资金监管协议

为了确保在自己去世后，女儿的生活和财产得到妥善管理和保护，闻丽可以通过以下方式，对财产的归属和未来使用进行明确约束。

1. 订立公证遗嘱

闻丽可以通过订立公证遗嘱，明确其遗产的具体归属。例如，将房产、存款信息分别列明，明确房产由女儿继承，存款由女儿和父母分别继承（如约定女儿继承 50%，父母继承 50%），以确保财产的法律归属清晰，避免日后因遗产分配问题引发争议。与此同时，闻丽应当在遗嘱中声明，女儿继承的遗产，仅能用于

女儿自身的生活、教育和医疗支出，不得挪作他用。

2. 提前提存资金

闻丽可以将留给女儿的那 50% 的存款提前转入公证机构的提存账户，用作女儿未来的生活和教育费用。此举可以避免闻丽身故后，其遗产可能因各种原因无法顺利进入提存账户的风险，确保女儿未来的基本生活保障资金已经到位。

3. 在资金监管协议中设定资金使用规则

闻丽可以与公证机构签订资金监管协议，并在协议中对提存账户的资金使用规则进行详细约定，具体包括：

（1）资金分期发放。闻丽可以在协议中约定，提存账户中的资金由公证机构按月汇入女儿的账户，在女儿未成年前每月发放 5000 元，专用于女儿的生活和教育支出。

（2）于指定年龄全额交付。闻丽可以在协议中约定，在女儿年满 22 周岁时，由公证机构将提存账户中剩余的资金一次性全部交付给女儿，由女儿自主管理和使用。

（3）特殊支出审核。闻丽可以在协议中约定，若监护人需要额外使用提存账户的资金（如用于支付大额医疗费用或者特殊教育费用），需要向公证机构提交相关证明材料，经审核通过后方可动用额外的资金。

这种方案的优势在于：

第一，明确财产的归属，确保财产被用于女儿的成长和发展。通过提前提存资金和签订资金监管协议，可以有效限制黄有为对女儿名下的财产随意支配，确保所有财产的使用都符合女儿的最大利益。

第二，保证财产安全，防止财产被挪用或者侵占。公证机构作为资金发放方，具备较高的安全性和可靠性。这是因为，公证机构是国家认可的公信机构，在资金管理和发放中有明确的法律责任。公证机构会严格按照资金监管协议的约定进行资金分配，确保发放流程规范透明。而且，公证机构的提存账户独立于个人和机构的其他资金账户，受到法律保护，可以有效保障资金不被挪用或者侵占。

总的来说，这样的安排既能够保障资金按时用于指定用途，为未成年人的生活和教育提供长期稳定的支持，也能够避免因监护人不当使用资金而产生的风险。

方案二：设立保险金信托

原中国银行保险监督管理委员会[①]发布的《信托公司信托业务具体分类要求》中，对保险金信托的定义是：

> 3. 保险金信托。信托公司接受单一自然人委托，或者接受单一自然人及其家庭成员共同委托，以人身保险合同的相关权利和对应利益以及后续支付保费所需资金作为信托财产设立信托。当保险合同约定的给付条件发生时，保险公司按照保险约定将对应资金划付至对应信托专户，由信托公司按照信托文件管理。

保险金信托是一种有效的财产管理和保护工具，尤其适合保障未成年子女的权益。闻丽可以借助它来保障女儿的权益，具体设立步骤如下。

1. 设计保险金信托方案

（1）联系保险公司或者代销保险的银行。闻丽需要联系保险公司或者代销保险的银行，由他们协助设计保险金信托方案。

（2）选择保险产品。闻丽可以选择增额寿险或者终身年金保险。

（3）确定保单架构。闻丽自己作为投保人和被保险人，信托公司作为身故受益人。

（4）设定受益条件。闻丽可以在信托合同中明确约定受益条件，比如女儿幼儿期的抚养费、未来各个阶段的学费等。

2. 购买保险产品

（1）签订保险合同。闻丽需要签订保险合同，确保保险产品的保障范围和受

① 中国银行保险监督管理委员会已撤销，其职能并入国家金融监督管理总局。

益条件符合她的预期。

（2）确保保险合同生效。闻丽需要确保保险合同生效，保单开始提供保障。

3. 变更身故受益人并签订信托合同

（1）变更身故受益人。保险合同生效后，闻丽需要将保单的身故受益人变更为信托公司。

（2）签订信托合同。闻丽需要与信托公司签订信托合同，指定女儿为信托受益人，明确信托财产的管理和分配方式，确保信托财产按照约定使用。

4. 控制与管理财产

（1）生前控制。闻丽生前可以控制这笔财产的管理和使用，确保财产的合理使用。

（2）身故管理。闻丽身故后，保险赔偿金进入信托账户，信托公司将根据信托合同管理这笔财产，并按约定分期分批地发放信托利益，用于女儿的抚养和教育等。

5. 指定信托监察人

（1）选择监察人。闻丽可以指定一个或者多个信托监察人（如父母或者亲友）。

（2）监督职责。信托监察人负责监督信托财产的使用，确保信托公司按照合同约定履行职责，定期审核信托公司出具的相关报告，确保财产的透明和安全。

总的来说，闻丽通过设立保险金信托，可以实现以下效果：

第一，保障未成年女儿的利益。保险金信托为女儿的生活提供了长期稳定的经济支持。信托合同中明确的财产用途和分配计划，可以保障女儿在不同成长阶段的教育和生活费用。此外，保险金信托可以有效防止财产被滥用，避免财产直接落入未成年女儿或者间接落入作为监护人的前夫手中。

第二，避免法律纠纷。根据《中华人民共和国信托法》（以下简称《信托法》）的规定，信托财产与委托人未设立信托的其他财产相区别。设立信托后，委托人死亡的，信托财产不作为其遗产或者清算财产。也就是说，闻丽去世后，已经设立信托的财产不属于其遗产或者清算财产，不会被继承人继承或者债权人追索，有效避免了可能出现的继承、债务等法律纠纷。

第三，实现对资金的高度控制。除了《信托法》第九条规定的信托合同的法定记载事项和可以约定的其他事项，委托人还可以在信托合同中设置详细的信托条款，包括资金的分配时间、分配金额和用途等，实现精准分配和传承。可以说，借助保险金信托，闻丽可以实现对资金的高度控制。她可以根据对女儿未来需求的预判，合理地安排财产的使用。哪怕她身故了，信托公司仍会按照信托合同行使权利、履行义务，执行闻丽的分配决定。需要注意的是，考虑到孩子未来的成长和需求变化，应当灵活设计信托条款，以适应不同的生活和教育需求。

第四，确保财产透明管理。信托公司有专业的资产管理团队，能够实现信托财产的保值增值，并向信托受益人（女儿）或者监护人（闻丽的父母）定期发送信托财产管理报告。这些信息可以帮助女儿或者其监护人了解信托财产的管理、运用、分配情况，及时发现和解决可能出现的问题。

法律依据

《民法典》

第二十七条　父母是未成年子女的监护人。

未成年人的父母已经死亡或者没有监护能力的，由下列有监护能力的人按顺序担任监护人：

（一）祖父母、外祖父母；

（二）兄、姐；

（三）其他愿意担任监护人的个人或者组织，但是须经未成年人住所地的居民委员会、村民委员会或者民政部门同意。

第三十六条第一款　监护人有下列情形之一的，人民法院根据有关个人或者组织的申请，撤销其监护人资格，安排必要的临时监护措施，并按照最有利于被监护人的原则依法指定监护人：

（一）实施严重损害被监护人身心健康的行为；

（二）怠于履行监护职责，或者无法履行监护职责且拒绝将监护职责部分或者全部委托给他人，导致被监护人处于危困状态；

（三）实施严重侵害被监护人合法权益的其他行为。

第一千零八十四条 父母与子女间的关系，不因父母离婚而消除。离婚后，子女无论由父或者母直接抚养，仍是父母双方的子女。

离婚后，父母对于子女仍有抚养、教育、保护的权利和义务。

离婚后，不满两周岁的子女，以由母亲直接抚养为原则。已满两周岁的子女，父母双方对抚养问题协议不成的，由人民法院根据双方的具体情况，按照最有利于未成年子女的原则判决。子女已满八周岁的，应当尊重其真实意愿。

《信托法》

第九条 设立信托，其书面文件应当载明下列事项：

（一）信托目的；

（二）委托人、受托人的姓名或者名称、住所；

（三）受益人或者受益人范围；

（四）信托财产的范围、种类及状况；

（五）受益人取得信托利益的形式、方法。

除前款所列事项外，可以载明信托期限、信托财产的管理方法、受托人的报酬、新受托人的选任方式、信托终止事由等事项。

第十五条 信托财产与委托人未设立信托的其他财产相区别。设立信托后，委托人死亡或者依法解散、被依法撤销、被宣告破产时，委托人是唯一受益人的，信托终止，信托财产作为其遗产或者清算财产；委托人不是唯一受益人的，信托存续，信托财产不作为其遗产或者清算财产；但作为共同受益人的委托人死亡或者依法解散、被依法撤销、被宣告破产时，其信托受益权作为其遗产或者清算财产。

离婚阶段的遗产继承

案例背景

舒婷和丈夫贾冰是大学同班同学。舒婷自小家境富裕，父亲是某大型企业的董事长；贾冰则家境普通，父母在老家租了个店铺卖早餐，赚的钱勉强够家庭开支。

大学毕业后，舒婷央求父亲把贾冰招进公司。见女儿如此喜爱贾冰，舒父同意了。

大企业的工作机会就像一块“香饽饽”，不少人想将其吃进肚里，但贾冰却有些食不下咽。同事们的眼神和议论，以及对他工作成果的格外关注，都叫他感到不适。他记忆最深刻的一幕是，在和舒婷结婚不久时，舒父在一次家庭聚会上半开玩笑地对他说：“你是名副其实的上门女婿。”贾冰尴尬不已，无可辩驳，想发怒却又不敢，毕竟自己现在确实住在舒家的别墅里，并且在舒家的企业里上班。

随着时间的流逝，贾冰习惯了在舒家的优渥生活。在外人面前，他可以完美扮演一个知进退的“豪门女婿”，但他隐藏于心底的自卑和不满并没有消失，而且越积越多。舒婷成了他情绪的发泄口。他开始频繁地与舒婷争吵，挑她的毛病，甚至通过贬低她来抬高自己。在这样的氛围中，舒婷变得越来越沉默。

不过，婚姻中的不愉快并未影响舒婷太久，因为更大的变故来了——舒父被诊断出癌症，病情恶化得很快。舒婷和母亲把所有精力都投入到照顾父亲上。此时的贾冰则彻底放飞自我，在外面尽情地享乐。

一个多月后，舒父离世了。这给舒婷带来了巨大的打击。想到贾冰在父亲病危期间冷漠的态度，以及在外拈花惹草的证据，舒婷心如死灰。现在，她面临的最大难题就是遗产的继承问题。虽然父亲的遗产继承人只有她和母亲两人，但由于父亲生前未订立遗嘱，按照法律规定，她继承的遗产有贾冰的一半，这是她无论如何也不能接受的。

案例分析

为什么贾冰可以得到舒婷所继承遗产的一半呢？

《民法典》第一千一百二十三条规定："继承开始后，按照法定继承办理；有遗嘱的，按照遗嘱继承或者遗赠办理；有遗赠扶养协议的，按照协议办理。"由于舒父生前没有订立遗嘱，其遗产将由法定继承人，即他的妻子和女儿舒婷继承。所以，舒父的遗产将在舒婷和她的母亲之间进行分配。

《民法典》第一千零六十二条中又规定，夫妻在婚姻关系存续期间继承或者受赠的财产，除非明确约定为只归一方所有，否则属于夫妻共同财产，归夫妻共同所有。这意味着，舒婷从父亲那里继承的遗产，如果没有证据可以证明只归舒婷一人所有，就是她和贾冰的夫妻共同财产。离婚时，贾冰有权分得一半。

科学建议

如果舒婷不希望丈夫分得父亲的遗产，那她应该怎么做呢？具体的操作建议如下。

1. 放弃遗产继承权

《民法典》第一千一百二十四条第一款规定："继承开始后，继承人放弃继承的，应当在遗产处理前，以书面形式作出放弃继承的表示；没有表示的，视为接受继承。"这意味着，舒婷作为继承人，有权选择不接受父亲遗留的遗产，但她需要在继承开始后、遗产分割前，以书面形式向遗产管理人或者其他继承人作出放弃继承的表示。这种放弃是单方面的法律行为，不需要征得其他继承人的同意。

2. 由母亲继承全部遗产

继承人放弃继承后，不再参与遗产分配，其放弃继承的部分将由其他继承人继承。舒婷放弃继承遗产后，其母亲将继承全部遗产。

3. 离婚后由母亲将遗产赠回

待舒婷离婚后，舒婷的母亲可以通过无偿赠与的方式，将属于舒婷的遗产赠回。这样一来，舒婷就可以百分之百地获得父亲给她的遗产，无须因为离婚而将其中一半分给贾冰。

上述操作建议，需要在律师的指导下进行，以确保合法性且避免潜在的法律风险与遗产流失风险。

法律依据

《民法典》

第一千一百二十三条 继承开始后，按照法定继承办理；有遗嘱的，按照遗嘱继承或者遗赠办理；有遗赠扶养协议的，按照协议办理。

第一千一百二十四条第一款 继承开始后，继承人放弃继承的，应当在遗产处理前，以书面形式作出放弃继承的表示；没有表示的，视为接受继承。

《最高人民法院关于适用〈中华人民共和国民法典〉继承编的解释（一）》（法释〔2020〕23号，以下简称《民法典继承编司法解释（一）》）

第三十三条 继承人放弃继承应当以书面形式向遗产管理人或者其他继承人表示。

第三十四条 在诉讼中，继承人向人民法院以口头方式表示放弃继承的，要制作笔录，由放弃继承的人签名。

第三十五条 继承人放弃继承的意思表示，应当在继承开始后、遗产分割前作出。遗产分割后表示放弃的不再是继承权，而是所有权。

《民法典婚姻家庭编司法解释（二）》

第十一条 夫妻一方以另一方可继承的财产为夫妻共同财产、放弃继承侵害夫妻共同财产利益为由主张另一方放弃继承无效的，人民法院不予支持，但有证据证明放弃继承导致放弃一方不能履行法定扶养义务的除外。

延伸阅读

财富传承中的法定继承与遗嘱继承

遗产继承在我国的财富管理体系中是一个重要方面，而法定继承与遗嘱继承是两种基本的遗产继承方式。

一、法定继承与遗嘱继承

1. 法定继承

法定继承是在没有有效遗嘱存在的情况下，遗产的分配按照法律规定进行的一种继承方式。当一个人去世且未留下遗嘱，或者遗嘱因各种原因而无效时，其遗产的分配将遵循法律明确规定的继承人范围、继承顺序和继承比例进行。

法定继承的核心在于保障遗产分配的公平与公正，确保每个有继承权的家庭成员能获得相对平均的遗产份额。法定继承规则通常基于家庭关系的远近，优先由与被继承人关系较近的家庭成员（配偶、子女、父母）作为第一顺序继承人。

法定继承的具体规则体现了对家庭成员合法权益的保护，它通过固定的继承顺序和比例来避免因个人偏好导致的不公平情况。这种方式不允许个人随意更改继承顺序，确保了继承过程的透明性和公正性。

尽管法定继承的目的是保证公平和公正，但它的“一刀切”方式有时并不能完全反映被继承人的个人意愿和家庭内部的复杂关系。在一些情况下，这可能导致家庭成员之间的不满和争议，尤其是在家庭成员对遗产的分配有不同意见时。

2. 遗嘱继承

与法定继承不同，遗嘱继承允许一个人通过遗嘱自由决定其遗产的去向。当一个人去世且留下了有效的遗嘱时，其遗产的分配将按照遗嘱中明确的指示进行。遗嘱继承在法律上优先于法定继承，使得遗嘱人能够根据个人意愿，指定遗产给予特定的人——可以是某个法定继承人，也可以是法定继承人以外的组织或者个人。

遗嘱继承的核心在于尊重遗嘱人的个人意愿，让遗嘱人在符合法律规定的情况下自由地处分自己的财产。这种方式在实践中有助于处理个性化的遗产分配需求，比如遗嘱人对特定财产有特殊安排，或者希望将遗产多分配给在晚年照顾自己较多的子女等。

然而，在选择遗嘱继承方式的同时，遗嘱人必须确保所订立的遗嘱不违反法律的基本要求。比如，遗嘱的内容和形式必须符合法律规定，遗嘱人必须具有完全民事行为能力等。

尽管遗嘱继承以个人意愿为核心，但在执行过程中仍需考虑家庭成员的基本权益，确保不会因个人偏好而导致某些合法继承人在遗产分配中被不公正地对待。因此，法院在审查遗嘱的内容和效力时，如果发现遗嘱中没有为缺乏劳动能力又没有生活来源的继承人保留必要的遗产份额，将会认定对应当保留的必要份额的处分无效。

二、法定继承的缺点

1. 缺乏灵活性

在法定继承中，法律直接规定了继承人的范围、继承的顺序、遗产分配的原则和继承的比例。按照法定继承规则分配遗产虽然保证了一定的公平性，但无法充分反映被继承人的个人意愿，也未能考虑家庭成员的特定需求和贡献。例如，家庭中一位子女在照顾老人一事上出力最多，如果没有合法有效的遗嘱或者其他安排，老人的遗产通常会被平均分配给所有继承人。这可能导致照顾老人最多的子女感到不公平，也可能与老人的真实意愿不符。

2. 遗产处理的效率低

法定继承的遗产处理过程可能会非常漫长和复杂，尤其是在财产数量庞大、继承人数量众多的情况下。这不仅会延迟遗产的分配，还可能增加继承成本。

3. 继承手续烦琐

法定继承的继承手续相对烦琐，继承人不仅需要提交被继承人的死亡证明，还需要提供一系列的相关证明文件，比如继承人的居民身份证、不动产权证书、居民户口簿，以及被继承人已故父母的死亡证明等。这些文件要求不仅增加了继承人的工作量，还可能涉及跨地区的行政程序。

4. 遗产外流风险

根据《民法典》的规定，婚姻关系存续期间夫妻一方继承的财产为夫妻共同财产，除非这些财产明确指定只归一方所有。而在法定继承中，没有遗产归属于个人的约定。因此，如果夫妻一方在获得遗产后离婚，这些遗产将作为夫妻共同财产，在离婚时被分割（后文有专门论述）。

5. 遗产扩散风险

如果被继承人去世时，其父母仍健在，那么父母作为法定继承人，也可以继承遗产，从而导致流向被继承人子女的遗产显著减少（后文有专门论述）。

6. 债权优先于继承权

根据《民法典》的规定，被继承人的遗产必须先用于清偿其生前的债务，剩余的部分才能按照法定继承分配（后文有专门论述）。

7. 诉讼风险

按照法定继承规则分配遗产，可能会引起继承人之间的不满和争议，尤其是在遗产价值较大或者涉及有特殊意义的物品时。如果继承人之间无法达成一致，就可能会诉诸法律。这不仅增加了遗产继承的经济成本（如诉讼费、律师费和财产评估费），还会极大地破坏家庭关系。

8. 对特殊财产的处理不够细致

对于一些性质特殊的财产，法定继承可能无法照顾到这些财产的特殊价值以及传承的深层内涵。例如，一位杰出的画家去世后，留下一系列珍贵的画作。这些画作不仅有较高的经济价值，还有着深厚的艺术和文化价值。如果这些画作被分配给了对艺术无感的继承人，就很可能导致作品的艺术价值流失。

三、遗嘱继承的优点

1. 更好地体现遗嘱人的个人意愿

通过订立遗嘱，遗嘱人可以具体、明确地表达自己对遗产分配的意愿。

2. 减少家庭纠纷

内容清晰、明确的遗嘱可以显著减少家庭成员间的遗产分配纠纷。当然，本着遗产分配"不患寡而患不均"的原则，遗嘱人应当尽可能做到公平，以维护家庭和谐。

3. 实现财产的精准传承

遗嘱人可以在遗嘱中明确指定遗产为继承人的个人财产，从而避免遗产被视为继承人的夫妻共同财产，保护继承人对遗产的完整权益。

4. 保护特殊成员权益

在保护那些需要特别照顾的家庭成员方面，遗嘱发挥着重要作用。遗嘱人可以在遗嘱中指定特定资产用于特定目的，比如将一部分遗产专门用于支持有特殊医疗需求的子女。

“遗腹子”有没有继承权？

案例背景

卢元瑞在家族企业任职，但他没有哥哥姐姐那么强的事业心。相比于建功立业、在父亲面前露脸，他更喜欢赛车和攀岩。因为母亲的耳提面命，要他好好上进，不能比几个哥哥姐姐差，所以他才每天按时上下班。

最近，让他心甘情愿留在办公室的理由多了一个。他喜欢上了公司里一位叫小珍的女下属。她的容貌正合他的审美，性格温柔又腼腆。在卢元瑞坚持不懈地追求下，小珍成了他的恋人。没多久，两人便同居了。

生活原本平静而美好，但从小珍告诉卢元瑞她怀孕的那一刻起，一切开始变得不再平静。知道自己快要当父亲的卢元瑞很激动，他决定向母亲坦白，并商量和小珍结婚的事。

回到卢家时已是深夜。卢元瑞坐在母亲对面，说了自己和小珍决定结婚的消息，并提到小珍已经怀孕。没想到，母亲的脸色骤变，眼中的怒火喷薄欲出。她盯着卢元瑞，质问他是否疯了，认为小珍只是看上了他们家的钱，故意怀上他的孩子。

卢元瑞急忙解释，试图为小珍辩护，但母亲根本不听。她站起身来，怒气冲冲地要求卢元瑞马上带小珍打掉孩子，并与小珍分手。她直言自己绝不会同意这门婚事。

卢元瑞心里一阵烦闷和无奈，他没有再多说什么，转身离开了家。夜色笼罩下的城市，霓虹灯闪烁，他开着车在道路上飞驰，试图释放心中的情绪。

然而，命运并未给他一丝喘息的机会。在一个急转弯处，卢元瑞因车速过快，失控撞上护栏，车身翻滚数圈后才停在路边。当急救人员赶到时，卢元瑞已经失去了生命体征。他就这样结束了自己年轻的生命。

得到消息的小珍悲痛欲绝。她刚工作没几年，家境贫寒，根本无力抚养一个孩子。可这个孩子是她和男友最后的联结，小珍无法狠下心打胎。

怀着孕的小珍来到卢家，她的目的只有一个：为自己和孩子争取一个在都市生存下去的机会。她希望能分得男友的一部分遗产，让孩子有一个稳定的成长环境。

面对小珍的请求，卢元瑞的母亲带着恨意，说小珍不配得到她儿子的任何东西。在她看来，一切都是小珍的错，正是小珍给他们家带来了不幸。

小珍想说些什么，但话语又凝固在嘴边。最终，她失望地离开……

案例分析

所谓的“遗腹子”，通常是指未出生前父亲已经死亡的胎儿。一般来说，一个人的继承权从出生时开始，到死亡时结束。未出生的胎儿原本并不具有继承权，但考虑到他们很快就会成为一个人，所以法律给予了他们特殊保护——在涉及遗产继承、接受赠与等胎儿利益保护时，只要胎儿出生时是活体，法律认可胎儿具有民事权利能力，也就是胎儿享有继承权。

《民法典》第一千一百五十五条规定：“遗产分割时，应当保留胎儿的继承份额。胎儿娩出时是死体的，保留的份额按照法定继承办理。”因此，卢元瑞的遗产分割时，应当为小珍腹中的胎儿保留继承份额；如果胎儿在出生时已经死亡，那么原本属于胎儿的遗产份额将会按照法定继承程序重新分配。

科学建议

小珍的处境的确非常艰难，但她并不是完全没有机会为孩子争取到卢元瑞的遗产。对此，她可以采取以下方案：

第一，小珍需要找一位有处理类似案件经验的律师，与对方详细说明自己的情况，包括与卢元瑞的关系、怀孕事实和当前面临的问题，以便寻求法律建议。律师可以帮助小珍了解遗产继承的法律程序、自己的权利以及可以采取的法律措施，并为她提供法律支持，准备必要的文件。

第二，小珍需要联系一家信誉良好的DNA检测机构，提供必要的样本，给孩子做亲子鉴定，获取确认卢元瑞是孩子生物学父亲的检测结果，并将DNA检测报告交给律师，作为争取遗产继承权的关键证据。

第三，在确认亲子关系并且确认卢元瑞没有遗嘱的情况下，小珍可以在律师的帮助下准备所有必要的文件和证据，包括DNA检测报告、同居证明、怀孕证明等，然后向法院提交遗产继承申请，启动法律程序。

第四，虽然小珍与卢元瑞母亲的关系紧张，但小珍可以尝试通过律师或者第三方调解人与卢元瑞的家人进行沟通，通过协商达成一个对双方都有利的解决方案，比如合理分配遗产，确保孩子有一个稳定的成长环境，注意记录每次沟通的内容和结果，以便在需要时作为证据。

第五，如果卢元瑞的家人拒绝协商或者对遗产继承提出异议，小珍需要做好应对法律挑战的准备。她可以让律师为自己准备好所有必要的法律文件，并在法庭上代表自己争取孩子应得的遗产。在此过程中，小珍需要保持冷静和耐心，积极配合律师的工作，确保在法律程序中不漏掉任何细节。

法律依据

《民法典》

第十六条 涉及遗产继承、接受赠与等胎儿利益保护的，胎儿视为具有民事权利能力。但是，胎儿娩出时为死体的，其民事权利能力自始不存在。

第一千一百五十五条 遗产分割时，应当保留胎儿的继承份额。胎儿娩出时是死体的，保留的份额按照法定继承办理。

第二章

传承篇

口头遗嘱没有你想的那么简单

案例背景

家住北京的范老伯与老伴儿一生勤俭，他们有三个子女：大儿子范华、女儿范雯和小儿子范明。老两口都是退休职工，有养老金，再加上早年间积攒的一些存款，生活很安稳，在经济上从不需要子女帮扶。他们的房子虽然不大，但位于北京市中心，价值不菲。

女儿范雯和小儿子范明都在外地定居，事业有成，生活繁忙，只有逢年过节时才能抽空回来。范华则留在父母身边，悉心照顾，多年来一直是老两口的贴心好儿子。

在老伴儿离世后，范老伯的身体也日渐衰弱。他担心自己时日无多，于是趁三个子女都在家的时候，宣布他的这套房子和存款，都将留给一直照顾他和老伴儿的范华。范雯和范明虽然诧异，但当时也没有提出异议。

不久后，范老伯去世。范华根据父亲的口头遗嘱，准备办理房产过户手续。这时，范雯和范明却突然反悔了。他们要求平分遗产，还辩称不记得父亲说把所有的遗产都给范华。三人为此闹上法庭。

然而，范华拿不出具体的证据来证明口头遗嘱的存在。最终，法院判定遗产按照法定继承分配，范华只能得到其中的一部分。

范老伯的遗产分配结束后，曾经的亲情也随之破裂。兄弟姐妹间的矛盾与争吵，让本就因父亲去世而被阴霾笼罩的家庭氛围变得更加沉闷。

案例分析

范老伯对于其遗产分配的口头约定算不算口头遗嘱？

不算！

口头遗嘱，是指遗嘱人用口述的方式，表达其处分遗产的意思表示的遗嘱形式。根据《民法典》第一千一百三十八条的规定，口头遗嘱的订立需要满足以下三个条件。

1. 遗嘱人处在危急情况下

当遗嘱人因重病、灾难或者其他危急情况而无法书写遗嘱时，可以订立口头遗嘱。这里说的危急情况，通常是指遗嘱人处于生命的临终阶段或者遇到无法预见的紧急情况，使其无法以书面形式表达遗愿。

2. 两个以上见证人在场见证

口头遗嘱需要至少两名无利害关系的见证人。这些见证人必须亲耳听到遗嘱人的口头表述，否则遗嘱人所立的口头遗嘱无效。

3. 危急情况消除后口头遗嘱仍有效

口头遗嘱是否有效，取决于其是否满足法律规定的条件。如果遗嘱人在危急情况消除后继续存活，并且有能力以书面或者录音录像形式订立遗嘱，但没有这样做，那么其所立的口头遗嘱无效。但如果危急情况消除后，遗嘱人没有时间或者没有客观条件（如没有纸、笔、录音录像设备）订立书面或者录音录像遗嘱就死亡，则口头遗嘱仍有效。

范老伯对于其遗产分配的口头约定，显然不符合口头遗嘱的订立条件。

为了帮助大家理解，我们通过下面这个案例来看一看口头遗嘱的适用场景：

张先生驾车在某高速公路上行驶时，与一辆货车相撞，致使车辆侧翻，张先生被紧急送往医院救治。在此过程中，张先生的神志清醒。家人赶到后，张先生第一时间请医生和一位护士在场见证，立下口头遗嘱，表示其名下的股权、房产、存款均归妻子和儿子所有。半小时后，本来情况稳定的张先生突然休克，经抢救无效死亡。

家属们料理完后事，就张先生的遗产分配问题争吵起来。原来，张先生的两个哥哥决定为父母“讨一个公道”，说遗产也有他们父母的一份。张先生的妻子则表示丈夫已经立下口头遗嘱，她会按照丈夫的遗愿处理遗产。双方诉至法院。法院经审理，判定张先生的口头遗嘱有效，张先生的遗产由其妻子和儿子继承。

科学建议

法律对于口头遗嘱的认定十分严格，并没有我们想象的那么简单。对范老伯这样并非处于危急情况下的人来说，想要确保将来遗产能够按照自己的意愿进行分配，应当着重考虑以下四点。

1. 订立书面形式的遗嘱

书面形式的遗嘱，能够较好地保存遗嘱人的遗愿，且不容易被他人伪造。当初，范老伯若能订立一份符合法律规定的书面遗嘱，明确指出他的财产如何分配，范华便可凭遗嘱过户房产。

2. 请律师见证

在订立遗嘱的过程中，最好有律师或者公证人员的见证。律师不仅能提供专业的法律建议，还能确保遗嘱的有效性，并在必要时作为遗嘱内容的见证人。

3. 与家庭成员沟通遗嘱内容

在订立书面遗嘱时，范老伯应当与家庭成员进行沟通，明确告知他的遗愿和遗嘱内容。这样做可以减少家庭成员对遗嘱内容的误解以及未来可能产生的争议。

4. 采用公证遗嘱的形式订立遗嘱

公证遗嘱是由遗嘱人经公证机构办理的遗嘱。它能够最大限度地保障遗嘱的真实性和合法性，维护遗嘱人的真实意愿。在遗嘱的真实性遭到质疑时，公证遗嘱具有强于其他形式遗嘱的证明力。范老伯可以采用公证遗嘱的形式订立遗嘱，从而避免因遗嘱形式不符合法律要求而影响遗嘱的效力。

法律依据

《民法典》

第一千一百三十八条 遗嘱人在危急情况下，可以立口头遗嘱。口头遗嘱应当有两个以上见证人在场见证。危急情况消除后，遗嘱人能够以书面或者录音录像形式立遗嘱的，所立的口头遗嘱无效。

第一千一百三十九条 公证遗嘱由遗嘱人经公证机构办理。

延伸阅读

订立遗嘱的流程

遗嘱，是一个人在生前按照法律规定的方式，对自己去世后的财产归属作出的安排。订立遗嘱是一件非常严肃、需要谨慎对待的事。它关系着我们一生财富的流向，也体现着我们对家人的关爱。下面，我们来看一看订立遗嘱的流程。

1. 明确遗产

（1）梳理遗产项目。一个人的遗产可能包括多种财产类型，比如不动产（房产、土地等）、动产（银行存款、股票、债券、车辆、家具、珠宝等）。在订立遗嘱之前，遗嘱人的首要任务就是对这些遗产进行全面、详细的梳理。

（2）进行遗产评估。对每项遗产进行估价，并尽可能地确保这些估价能够反映市场现状。对于一些特殊或者高价值的财产，比如艺术品、古董或者不动产，可能需要请专业人士评估。

（3）记录遗产信息。详细记录每项遗产的具体信息，包括所在位置、购买日期、购买价格、当前估值、相关法律文件（如不动产权证书、机动车登记证书等）。

2. 明确继承人和遗嘱执行人

（1）继承人的选择。明确哪一人或者哪些人将成为遗产的继承人。继承人可以是家庭成员、亲戚，或者任何遗嘱人希望他们得到遗产的人。在选择继承人时，遗嘱人应当考虑他们的需求、遗嘱人与他们的关系以及任何可能影响他们继承的法律因素。

（2）遗嘱执行人的选择。遗嘱执行人是负责按照遗嘱的指示分配遗产的人。遗嘱执行人可以有一位，也可以有多位。家庭成员、朋友或者专业人士（如律师）都可以作为遗嘱执行人，但这个人选一定要足够可靠、负责，且具有较强的组织和沟通能力。

3. 明确各继承人的继承份额

（1）份额分配。遗嘱人可以根据自己的意愿和对每位继承人的考虑，明确写出他们将获得的具体遗产及份额。建议尽可能确保遗产分配的公平性和合理性，以减少继承纠纷。

（2）附加条件。遗嘱人可以设定一些条件或者指示，用于指导遗产的使用和分配。例如，指定一笔资金用于孙子女的教育，或者指定某个房产只能作为家庭的永久住宅。

4. 选择遗嘱形式

合适的遗嘱形式，是确保遗嘱人的遗产分配意愿得以准确传达的关键。根据《民法典》的规定，我国的遗嘱形式包括以下六种：

（1）自书遗嘱。

①定义：由遗嘱人亲笔书写的遗嘱。

②要求：遗嘱内容由遗嘱人亲笔书写，由遗嘱人亲笔签名并注明年、月、日。

③优点：订立、修改、撤销方便快捷，具有较强的个人性。

④注意事项：书写时务必保证字迹清晰、内容明确，避免任何可能导致的解释上的歧义；如果有增删或者涂改，必须确保是遗嘱人亲笔书写的，且应当在增删、涂改处亲笔签名，并注明年、月、日。

（2）代书遗嘱。

①定义：由遗嘱人口述，他人代为书写的遗嘱。

②要求：有两个以上见证人在场见证，由其中一人代书，并由遗嘱人、代书人和其他见证人签名，注明年、月、日。

③优点：适合不便亲自书写遗嘱的遗嘱人。

④注意事项：代书人是见证人之一，不能是继承人、受遗赠人，或者与继承人、受遗赠人有利害关系的人，且必须具有见证能力。

（3）打印遗嘱。

①定义：遗嘱人先使用电脑将遗嘱内容书写完成，再用打印机将文本打印出来的遗嘱。

②要求：有两个以上见证人在场见证，且遗嘱人和见证人应当在遗嘱的每一页签名，并注明年、月、日。

③优点：打印的文字比手写的更清晰、易读，降低了遗嘱因字迹不清而产生误解的风险。

④注意事项：虽然文字是打印的，但是签名必须由遗嘱人、见证人亲笔书写，以体现遗嘱的个人性和真实性。

（4）录音录像遗嘱。

①定义：以录音形式（录音笔、录音带等）或者录像形式（照相机、录像机等）录制的遗嘱。

②要求：有两个以上见证人在场见证，且遗嘱人和见证人应当在录音录像中记录其姓名或者肖像，以及年、月、日。

③优点：方便快捷，适合行动不便或者书写困难的遗嘱人。

④注意事项：确保录音或者录像清晰、内容完整，且存储媒介安全可靠。

（5）口头遗嘱。

①定义：遗嘱人在危急情况下，通过口述的方式立下的遗嘱。

②要求：有两个以上见证人在场见证。

③优点：适合客观上无法或者没有能力订立其他形式遗嘱的遗嘱人。

④注意事项：不属于常规遗嘱形式，仅在遗嘱人处于危急情况下才可以订立；危急情况消除后，遗嘱人能够以书面或者录音录像形式立遗嘱的，所立的口头遗嘱无效。

（6）公证遗嘱。

①定义：由遗嘱人经公证机构办理的遗嘱。

②要求：必须由遗嘱人本人办理公证。

③优点：遗嘱内容表述准确且有公证机构背书，能够有效降低对遗嘱内容与遗嘱本身真实性的质疑。

④注意事项：由遗嘱人本人向公证机构提出申请，并亲自到公证机构办理，会涉及一定的公证费用。

5. 订立遗嘱并确认遗嘱的合法性

（1）咨询律师意见。遗嘱人可以聘请律师参与订立遗嘱的过程，确保遗嘱内容的合法性和有效性，避免潜在的法律问题。

（2）审查内容的准确性。遗嘱人应当确保遗嘱内容能够准确反映自己的遗产分配意愿。

（3）对遗嘱进行公证。如果条件允许，遗嘱人可以对遗嘱进行公证，增强其法律效力，防止未来可能出现的纠纷。

6. 安全存放

（1）存放地点。遗嘱人可以选择将遗嘱存放在律师事务所、银行保险箱或者其他安全可靠的地方。

（2）备份。遗嘱人可以制作遗嘱的副本，并将其安全存放在不同的地点。

（3）告知。遗嘱人应当至少让一位自己信任的家庭成员或者朋友知道遗嘱的存放地点和获取方式。

7. 及时更新

（1）定期审查。随着时间的推移，遗嘱人的遗产分配意愿或者财产状况可能会发生变化，因此有必要定期审查遗嘱，确保遗嘱的内容符合遗嘱人当前的遗产分配意愿。

（2）适时修改。如有需要，遗嘱人应当及时对遗嘱内容进行修改，以反映最新的遗产分配意愿和财产状况。

（3）更新记录。遗嘱人在每次更新遗嘱时，都要清楚记录更新的日期，并根据法律规定重新确认遗嘱的效力。

代书遗嘱的无效风险

案例背景

老谭和妻子有两个儿子。大儿子谭浩，天资聪颖，从小就展现出了过人的学习能力，成绩一直名列前茅。老谭为了支持谭浩的学业，不惜花费所有积蓄，希望他能有一个更好的未来。谭浩没有辜负父母的期望，他先是在国内顶尖的大学毕业，后又获得了美国名校的硕士和博士学位。最终，他成了一名在美国享有盛誉的大学教授。身边的人都觉得他的人生已经走上了巅峰。

相比之下，小儿子谭凯的人生轨迹则显得平平无奇。他不擅长学习，高中毕业后成了一名出租车司机。尽管收入不多，但他却是个孝顺的儿子，对老谭夫妇的照顾无微不至，让老两口的晚年生活过得十分安稳、舒适。

随着时间的流逝，老谭和妻子开始思考自己的遗产分配问题。他们最值钱的财产是一套市值千万元的房产。考虑到大儿子谭浩已经在美国有了非常成功的事业，且他们在他的教育上已经投入了大量的资金；而小儿子谭凯的经济条件一般，但这么多年一直承担着照顾他们的责任。因此，老两口在深思熟虑后，决定将这套房产留给谭凯。

为了确保遗愿得以实现，老谭夫妇邀请了两位老同事——老刘和老李，来帮忙订立遗嘱。老刘负责代写遗嘱，老李作为见证人。订立遗嘱的当天，老刘提前到达并代为书写了遗嘱，老谭夫妇也在遗嘱上签了名字和日期，而老李因妻子突然生病未能出席。在第二天赶来看完遗嘱后，老李匆匆补了签名和日期。

多年后，老谭夫妇双双离世。谭凯按照父母的遗愿，带着遗嘱去办理继承公证，却被告知遗嘱无效，理由是见证人没有在现场见证签名，日期也与订立遗嘱的日期不一致。面对这样的结果，谭凯只得联系在美国的哥哥谭浩，与他商议，希望他能按照父母的遗愿处理遗产。没想到，谭浩坚决反对。最终，房产被两兄弟分割。

案例分析

代书遗嘱，也称“代笔遗嘱”，是指由遗嘱人口述，由他人代替遗嘱人书写遗嘱内容的一种遗嘱形式。根据《民法典》第一千一百三十五条的规定，代书遗嘱的订立有两个要点：一是需要在两个以上见证人的在场见证下进行，由其中一人代书；二是遗嘱人、代书人和其他见证人都要在遗嘱上签名，并注明年、月、日。

老谭夫妇在订立代书遗嘱时，出现了以下两个关键错误：

第一，见证人未按时出席。代书遗嘱，要求遗嘱人的口述行为、代书人的代书行为、见证人的见证行为是同时或者基本同时发生的，而且这三类人必须同时在同一场合内进行订立遗嘱的行为。老李作为其中一个见证人，没有在遗嘱订立当天出席，而是在第二天才签字的。这违反了代书遗嘱需要有两个以上见证人在场见证的规定。

第二，签字日期和遗嘱订立日期不一致。老李在第二天签字，意味着遗嘱上的签字日期和实际遗嘱订立的日期不一致。这可能导致遗嘱的真实性和有效性受到质疑。

由于老谭夫妇的遗嘱在形式上不符合《民法典》对代书遗嘱的规定，所以该遗嘱最终被认定为无效，老谭夫妇的遗愿未能实现。当没有遗嘱或者遗嘱无效时，遗产会按照法律规定的顺序和比例进行分配，通常是直系亲属间平分。若谭凯能够提供证据证明其对老谭夫妇尽了主要扶养义务，那么在分配遗产时，他可以多分。

科学建议

为了避免代书遗嘱无效的情况出现，想用代书遗嘱传承财富的朋友可以参考以下建议。

1. 了解法律规定

订立代书遗嘱之前，应当充分了解和理解《民法典》有关代书遗嘱的具体要求，确保订立遗嘱的过程符合法律规定。

2. 注意见证人资格

并不是所有人都可以作为见证人，选择符合资格的见证人至关重要。见证人应当是中立的第三方，即他们既不是继承人、受遗赠人，也与继承人、受遗赠人无利害关系，同时，见证人本身必须具有见证能力。这样的见证人，需要有两个以上。

3. 确保见证人在场见证

在订立代书遗嘱的过程中，要确保所有见证人都在遗嘱订立现场，亲眼见证遗嘱人口述、代书人记录以及各方最终签名的过程。

4. 签名和注明日期

确保遗嘱人、代书人和其他见证人都在代书遗嘱上签名，并注明签名的具体日期（年、月、日缺一不可），否则遗嘱无效。

5. 确保遗嘱内容清晰

代书遗嘱的内容应当清晰、明确，没有歧义。遗嘱中可以详细列出具体财产、财产的分配方式，以及特别的遗愿或者指示。

6. 咨询律师

在订立遗嘱的过程中，咨询律师的意见是非常重要的。他们可以提供专业建议，确保遗嘱的合法性和有效性。

法律依据

《民法典》

第一千一百三十条 同一顺序继承人继承遗产的份额，一般应当均等。

对生活有特殊困难又缺乏劳动能力的继承人，分配遗产时，应当予以照顾。

对被继承人尽了主要扶养义务或者与被继承人共同生活的继承人，分配遗产时，可以多分。

有扶养能力和有扶养条件的继承人，不尽扶养义务的，分配遗产时，应当不分或者少分。

继承人协商同意的，也可以不均等。

第一千一百三十五条 代书遗嘱应当有两个以上见证人在场见证，由其中一人代书，并由遗嘱人、代书人和其他见证人签名，注明年、月、日。

第一千一百四十条 下列人员不能作为遗嘱见证人：

（一）无民事行为能力人、限制民事行为能力人以及其他不具有见证能力的人；

（二）继承人、受遗赠人；

（三）与继承人、受遗赠人有利害关系的人。

延伸阅读

遗嘱无效的常见情形

遗嘱的有效性对于遗产的继承至关重要，遗嘱无效的常见情形包括以下八种。

1. 遗嘱人无民事行为能力或者限制民事行为能力导致遗嘱无效

民事行为能力，是指自然人能够通过自己独立的行为享有民事权利、承担民事义务。我国《民法典》将自然人的民事行为能力划分为三类：①完全民事行为能力，即自然人具有健全的辨识能力，能够独立进行民事活动；②限制民事行为能力，即自然人只能独立进行与其辨识能力相适应的民事活动；③无民事行为能力，即自然人无法独立进行民事活动，只能由其法定代理人代理实施。[①]

遗嘱人在订立遗嘱时，必须具备完全民事行为能力。这意味着遗嘱人需要年满 18 周岁，并且具有清晰的判断和决策能力。如果遗嘱人在订立遗嘱时因精神疾病、严重智力障碍等原因，不能理解或者控制自己的行为，那么这份遗嘱通常会被认定为无效。法院在判断遗嘱人是否具备完全民事行为能力时，会考虑遗嘱订立时的具体情况，包括医疗证明、专家评估等。

举例来说，张三患有重度阿尔茨海默病，他立下了一份遗嘱。由于订立遗嘱时张三的认知功能严重下降，无法充分理解遗嘱的内容及后果，所以这份遗嘱会被认定为无效。

2. 见证人不符合法律规定导致遗嘱无效

在订立遗嘱的过程中，见证人是一个非常关键的角色。根据《民法典》的相关规定，代书遗嘱、打印遗嘱、录音录像遗嘱、口头遗嘱均须有两个以上见证人在场见证，且见证人必须符合《民法典》第一千一百四十条的规定，即必须具有完全民事行为能力，且不能是继承人、受遗赠人或者与继承人、受遗赠人有利害关系的人。如果见证人不符合法律规定，则遗嘱无效。

举例来说，某份代书遗嘱的见证人之一是遗嘱人的儿子，此时遗嘱将因见证人不符合法律规定而被认定为无效。

3. 遗嘱人受欺诈、胁迫所立的遗嘱无效

遗嘱必须表示遗嘱人的真实意思，由遗嘱人在自愿和清醒的状态下订立。如

---

① 最高人民法院民法典贯彻实施工作领导小组．中华人民共和国民法典总则编理解与适用（上）[M].北京：人民法院出版社，2020.

果遗嘱人是在受欺诈、胁迫的情况下订立遗嘱的，则遗嘱无效。此处的“欺诈”，可以指故意告知遗嘱人虚假情况或者故意隐瞒事实，致使遗嘱人因陷入错误判断而订立遗嘱；此处的“胁迫”，可以指故意用非法手段对遗嘱人或者其家人进行身体、精神上的威胁，致使遗嘱人因恐惧而订立违背其真实意思的遗嘱。只要能够证明遗嘱是在这样的情况下订立的，遗嘱就会被认定为无效。

举例来说，张三有两个儿子，其中大儿子一直负责照顾、陪伴他，小儿子则对他不闻不问。张三订立遗嘱将所有遗产留给了大儿子。小儿子听闻后，拿着刀威胁张三重新订立遗嘱，直到自己满意为止。张三不得已重新订立了遗嘱，将大部分遗产留给了小儿子。由于第二份遗嘱是张三在受胁迫的情况下订立的，违背了其真实意思，所以这份遗嘱无效。

4. 遗嘱内容违背公序良俗导致遗嘱无效

根据《民法典》的规定，遗嘱内容不得违背公序良俗（社会公共秩序和良好风俗）。这意味着任何要求执行非法、不道德或者社会公认为不可接受的行为的遗嘱，都将被认定为无效，因为这类遗嘱可能会对社会利益或者他人的合法权益造成损害。

举例来说，张三在已婚状态下订立遗嘱，将大部分遗产留给了他的情人，而非他的合法配偶或者子女。这种行为违背公序良俗，侵犯了合法婚姻关系的基本原则和家庭伦理，因此遗嘱的这部分内容无效。

5. 遗嘱形式不符合法律规定导致遗嘱无效

《民法典》第一千一百三十四条至第一千一百三十九条规定了六种形式的遗嘱，其订立要求各不相同。如果遗嘱人在订立遗嘱时未能满足相应的订立要求，遗嘱将被判定为无效。

举例来说，张三以录像形式订立遗嘱，但全程仅他一人出镜，没有记录见证人的姓名或者肖像，最终遗嘱因形式不符合法律规定而无效。

6. 没有保留必要份额导致遗嘱部分无效

《民法典》第一千一百四十一条规定：“遗嘱应当为缺乏劳动能力又没有生活来源的继承人保留必要的遗产份额。”如果遗嘱人完全忽略了这类有特殊情况的继承人，没有为他们留下必要的遗产份额，那么遗嘱将被认定为部分无效。法院会直接从遗产总额中扣减一定的份额交给这类继承人，剩余的部分才能按照遗嘱分配。

举例来说，张三有两个女儿，他在遗嘱中将所有遗产都留给了身体健全、有稳定工作的大女儿，而忽略了身体残疾、没有劳动能力和收入来源的小女儿。在这种情况下，由于张三没有在遗嘱中为小女儿保留必要的遗产份额，遗嘱将被判定为部分无效。

7. 遗嘱内容不明确导致遗嘱无效

一个有效的遗嘱，需要有明确、一致且可执行的内容。如果遗嘱中的财产指向含糊不清、继承人不明确、内容自相矛盾或者无法实际执行，遗嘱就可能被判定为无效。

举例来说，张三在遗嘱中指定了两个继承人都可以完整继承同一套房产，由于这样的分配方案自相矛盾，遗嘱将被判定为部分或者全部无效。

8. 多份遗嘱内容冲突导致遗嘱无效

《民法典》第一千一百四十二条第三款规定："立有数份遗嘱，内容相抵触的，以最后的遗嘱为准。" 也就是说，新遗嘱如果与旧遗嘱内容冲突，则旧遗嘱无效。

举例来说，张三有一儿一女，在第一次立遗嘱时，张三将一套房产分配给了儿子；几年后，他又立下一份新遗嘱，将同一套房产分配给了女儿。此时，两份遗嘱对于房产的分配相冲突，第一份遗嘱将被认定为无效。

遗嘱人在订立遗嘱时，应当重点关注上述无效情形，积极了解相关法律规定，确保遗嘱的有效性。

遗赠之关键的六十日表态期

案例背景

苏老先生和老伴儿有两个儿子和一个女儿。两个儿子都在国外工作，女儿也远嫁外地，一家人很少团聚在一起，打电话的次数也屈指可数。

老伴儿去世后，能让苏老先生感受到温暖的，只有老友的儿子廖昌。苏老先生和老友做了几十年的邻居，所以廖昌也是苏老先生看着长大的。廖昌和他的父亲一样，为人善良、忠厚，知道苏老先生的儿女不在身边，家中冷清，便每日叫苏老先生一起吃饭，偶尔还带苏老先生外出旅游。平时，苏老先生家里什么东西坏了，都是廖昌帮着修理；苏老先生有个头疼脑热的，也是廖昌带着去医院看病。苏老先生常常想，比起那三个对他不闻不问的子女，廖昌这个跟他没有血缘关系的孩子反倒更像他的儿子。廖昌的存在给苏老先生的晚年带来了无尽的安慰和温暖。

苏老先生价值最高的财产，是一套在老伴儿去世后购买的房产。这基本上就是他一生积累的财富。在苏老先生心中，这套房产理应属于对自己关怀备至的廖昌。为此，苏老先生特意去公证机构订立了一份公证遗嘱，确保自己去世后，这套房产能传给廖昌。

苏老先生生命的最后一个月是在医院度过的。三个子女仅仅来探望了他一次，给他找了个陪护人员后就以工作忙为由走了，其余的事全被他们甩给了廖昌。苏老先生对三个子女心灰意冷，可看着为自己忙前忙后的廖昌，又忍不住哽咽起来。他将遗嘱拿给廖昌，交代廖昌，等自己不在了，赶紧去过户房产。随后像是了却了最后一桩心事，没几日便撒手人寰。

苏老先生去世后，廖昌因为迟迟等不到苏老先生三个子女的回复，便一力承担了苏老先生剩余的医疗费用和所有的葬礼花销。为此，他花掉不少积蓄，并且在工作单位请了大量的事假。葬礼办完后，为了赶上工作进度，廖昌连续加班两个多月。

等他腾出时间，准备按照苏老先生的遗嘱办理房产过户手续时，却意外地发现，自己错过了法律规定的六十日表态期，被视为放弃受遗赠。这意味着，对苏老先生养老不闻不问的三个子女将共同继承这套房产。

站在公证机构的门口，廖昌的心中充满了苦涩。他知道自己是最应该继承这套房产的人，但他也明白，法律是不可违反的。

案例分析

廖昌未能按照遗嘱继承苏老先生赠与他的房产，主要是因为他没有按照法律规定作出接受受遗赠的表示。

1. 遗赠的定义

遗赠，与遗嘱继承、赠与都不一样。根据《民法典》的规定，遗赠是指自然人以遗嘱的方式将其个人财产赠给国家、集体或者法定继承人以外的组织或者个人，而于其死后发生法律效力的一种单方民事行为。[①] 这是遗赠人自主意志的体现。遗赠人可以越过法定继承顺序，将财产留给法定继承人以外的任何人。

苏老先生通过订立公证遗嘱，将房产赠与老友之子廖昌。这样的遗赠完全合法，因为《民法典》允许自然人按照自己的意愿立遗嘱处置财产，且廖昌不属于苏老先生的法定继承人，符合受遗赠人的范围。

2. 六十日表态期的法律依据

《民法典》第一千一百二十四条第二款规定：受遗赠人应当在知道受遗赠后六十日内，作出接受或者放弃受遗赠的表示；到期没有表示的，视为放弃受遗

① 最高人民法院民法典贯彻实施工作领导小组. 中华人民共和国民法典婚姻家庭编继承编理解与适用 [M]. 北京：人民法院出版社，2020.

赠。这一规定是为了明确受遗赠人的意向，避免遗产长时间处于不确定的状态。

简单来说，如果受遗赠人是在遗赠人死亡前知道受遗赠的，就必须在遗赠人死亡之日起六十日内，作出接受或者放弃受遗赠的表示；如果受遗赠人是在遗赠人死亡后知道受遗赠的，就必须在知道受遗赠事实之日起六十日内，作出接受或者放弃受遗赠的表示。

廖昌作为遗嘱中明确指定的受遗赠人，在苏老先生生前便知道受遗赠的事实，所以他需要在苏老先生去世之日起六十日内，明确表示接受受遗赠，否则将被视为放弃受遗赠。由于他在苏老先生去世后忙于工作，对法律规定不了解，未能在六十日内明确表示接受受遗赠，导致他最终失去了受遗赠权。苏老先生的房产将按照法定继承办理。

3. 法律后果的进一步解释

按照法定继承规则，苏老先生的三个子女均属于第一顺序法定继承人，每人可以继承 1/3 的房产份额。需要说明的是，廖昌作为继承人以外的对苏老先生扶养较多的人，可以在有明确证据的前提下请求分得部分苏老先生的遗产。此外，对于为苏老先生垫付的医疗费用和葬礼花销，廖昌有权要求苏老先生的子女偿还。

综上所述，虽然廖昌是苏老先生的唯一照顾者，为苏老先生出力最多，但由于他未能及时表态，错过了继承苏老先生房产的机会。在现实生活中，这样的案例屡见不鲜。因此，大家在处理类似的遗产继承事务时，应当仔细了解相关法律规定，及时咨询律师，确保继承过程符合法律程序。

科学建议

像廖昌这样的受遗赠人应该怎么做，才能在遗赠人去世后顺利继承遗产呢？

1. 当场作出接受受遗赠的意思表示，并固定证据

如果受遗赠人有机会公开表达接受受遗赠的决定，应当即时作出明确表示，并确保该意思表示得到妥善记录，比如通过录音、录像或者要求见证人签名等方式来固定证据。这有助于在日后可能出现的法律争议中，证明受遗赠人已明确表示接受受遗赠。

2. 撰写一份表明接受受遗赠意思的书面声明，并在公证机构进行公证

受遗赠人可以撰写一份书面声明，表明自己接受受遗赠的意愿，并且将此书面声明送往公证机构进行公证，以便进一步增强其法律效力。公证后的书面声明将成为有力的证据，证明受遗赠人接受受遗赠的意愿。

3. 向全体法定继承人发送接受受遗赠的声明，表明接受受遗赠的态度

将自己的意愿明确告知全体法定继承人，是避免未来产生继承纠纷的有效方法。受遗赠人可以通过挂号信、电子邮件等相对正式的方式发送接受受遗赠的声明，确保所有相关方都被告知。这样做能够有效预防可能出现的法律质疑。

4. 及时办理遗赠所涉及遗产的过户手续

受遗赠人在知道受遗赠后的六十日内作出接受受遗赠的表示后，应当及时前往所继承遗产类别对应的主管部门进行过户。在此过程中，受遗赠人需要准备的相关文件一般包括遗嘱副本、受遗赠人的身份证明、遗赠人的死亡证明、继承权公证书、不动产权证书等。

以上四个步骤，能够帮助受遗赠人更为顺利地继承遗产，减少继承过程中的潜在纠纷。

法律依据

《民法典》

第一千一百二十三条 继承开始后，按照法定继承办理；有遗嘱的，按照遗嘱继承或者遗赠办理；有遗赠扶养协议的，按照协议办理。

第一千一百二十四条 继承开始后，继承人放弃继承的，应当在遗产处理前，以书面形式作出放弃继承的表示；没有表示的，视为接受继承。受遗赠人应当在知道受遗赠后六十日内，作出接受或者放弃受遗赠的表示；到期没有表示的，视为放弃受遗赠。

第一千一百三十条 同一顺序继承人继承遗产的份额，一般应当均等。

对生活有特殊困难又缺乏劳动能力的继承人，分配遗产时，应当予以照顾。

对被继承人尽了主要扶养义务或者与被继承人共同生活的继承人，分配遗产时，可以多分。

有扶养能力和有扶养条件的继承人，不尽扶养义务的，分配遗产时，应当不分或者少分。

继承人协商同意的，也可以不均等。

第一千一百三十一条 对继承人以外的依靠被继承人扶养的人，或者继承人以外的对被继承人扶养较多的人，可以分给适当的遗产。

第一千一百三十三条 自然人可以依照本法规定立遗嘱处分个人财产，并可以指定遗嘱执行人。

自然人可以立遗嘱将个人财产指定由法定继承人中的一人或者数人继承。

自然人可以立遗嘱将个人财产赠与国家、集体或者法定继承人以外的组织、个人。

自然人可以依法设立遗嘱信托。

第一千一百三十九条 公证遗嘱由遗嘱人经公证机构办理。

《民法典继承编司法解释（一）》

第二十条 依照民法典第一千一百三十一条规定可以分给适当遗产的人，分给他们遗产时，按具体情况可以多于或者少于继承人。

第二十一条 依照民法典第一千一百三十一条规定可以分给适当遗产的人，在其依法取得被继承人遗产的权利受到侵犯时，本人有权以独立的诉讼主体资格向人民法院提起诉讼。

要继承，先还债——遗产债务清偿制度

案例背景

程勇原本是一名货车司机，与妻子离婚后，他独自带着两个儿子（大儿子程文 16 岁，小儿子程武 14 岁）生活。尽管日子艰苦，但程文和程武很懂事，学习上也从不用他操心。程勇父母的身体还算硬朗，不但能照顾自己，而且还能随时帮他照看两个儿子。这让他有更多时间和精力赚钱。为了给孩子们一个更好的未来，程勇贷款购买了一辆近百万元的豪华巴士，随后加盟了一家旅游公司。

程勇清楚自己的肩上承担着沉重的责任，所以他为自己投保了一份保额高达 100 万元的长期意外险，并指定身故受益人为两个儿子。这是他对未来不确定性的一种防备。

某日清晨，因为遇到浓雾天气，程勇驾驶的大巴与一辆正常行驶的大货车发生严重追尾，车毁人亡。事后，程勇被交管部门判定为全责。噩耗很快传到了家里，一家人陷入了深深的悲痛。

在乡亲们的帮助下，程勇的后事办完了。随之而来的，是他的遗产继承问题。程勇的遗产包括一套老房子和几万元存款，总价值约 30 万元。然而，他未还的车贷高达 80 万元。这笔高额贷款的存在，导致他的家属未能顺利继承遗产。

就在这个令一家人绝望的时刻，程勇为孩子们留下的最后一份礼物——那份长期意外险的身故保险金，成了他们人生路上的一束光。

保险公司很快通过了理赔申请，支付了保险金。由于这笔钱不属于程勇的遗产，所以不受程勇债务的影响。程文和程武可以在爷爷奶奶的照料下，用这笔钱安心生活。

案例分析

1. 为什么程勇的遗产要偿还银行的贷款?

根据《民法典》第一千一百五十九条、第一千一百六十一条的规定，分割遗产，应当清偿被继承人生前所欠的债务，即遗产债务。继承人接受继承的，需要对被继承人的遗产债务承担清偿责任，但这种清偿责任是以继承人所得遗产的实际价值为限的。对于超出遗产实际价值的债务，继承人可以自己决定是否清偿，法律不作强制规定。继承人放弃继承的，被继承人的遗产债务则与继承人无关。

此外，在清偿被继承人的遗产债务时，对于缺乏劳动能力又没有生活来源的继承人，即使遗产不足以清偿债务，也应当为其保留必要的遗产，保障其基本生活需要。这是法律对弱势群体的特殊照顾。

因此，程勇的遗产应当先为缺乏劳动能力又没有生活来源的继承人留出满足其基本生活需要的部分，剩余的部分再清偿他生前所欠的债务。

2. 为什么程勇的身故保险金不属于其遗产?

根据《中华人民共和国保险法》(以下简称《保险法》)第四十二条的规定，保险金能否作为被保险人的遗产，取决于被保险人是否指定了身故受益人。如果明确指定了身故受益人，保险金就不是被保险人的遗产，而是身故受益人的个人财产，无须用于清偿被保险人的债务。

程勇购买的意外险的保险金，是由保险公司根据保险合同条款直接支付给身故受益人的。这笔钱不是程勇的遗产，不用偿还程勇生前所欠的债务。

科学建议

当一个人承担着重大的家庭责任时，购买高保额的人身保险是一种有效的风险管理措施。这样做能够确保家庭支柱在发生意外情况(如重病、伤残或者去世）时，其家庭成员可以获得经济上的支持和保障。针对希望通过购买人身保险转移风险、保障家庭经济的朋友，有以下六点建议。

1. 进行风险评估

结合自己的职业、健康状况和生活环境等因素，评估自己面临的人身风险类型（如生命风险、健康风险、意外伤害风险、养老风险等）和风险程度（风险损失的大小以及发生的可能性）。这有助于确定需要配置的保险及其额度。

2. 分析家庭财务状况

家庭财务状况包括家庭的所有收入、支出、负债等。分析家庭财务状况有助于确定在风险发生时，家庭需要多少资金来维持现有的生活水平。

3. 选择人身保险类型

选择合适的人身保险类型也很重要，常见的有寿险、年金保险、健康保险、意外险等。每类人身保险覆盖的保障范围和理赔条件都不同，需要个人根据具体情况和需求来选择。一般来说，为应对可能发生的生命风险，可以选择投保寿险、意外险或者其他带有身故责任的保险产品。

4. 确定保额

保额是保险公司承担赔偿或者给付保险金责任的最高限额。保额应当覆盖家庭在未来一段时间内的基本开支，包括日常生活、子女教育、债务偿还等。这一步可以咨询专业的保险顾问。

5. 确定保险期限

保险期限是保险公司承担保障责任的期限，比如保障终身、保障至某个年龄等。保险期限应当根据被保险人的年龄、职业生涯规划以及家庭成员的需要来确定。一般来说，至少应该保障到子女成年或者经济独立。

6. 做好预算

虽然高保额的人身保险可以提供更全面的保障，但保费也会相应增加。我们需要在保障程度和预算之间找到平衡点。

总的来说，为自己购买高保额的人身保险，是一种对家人负责的做法，既能保护家庭财务免受重创，也能为家人的未来增添一份保障。但保险产品类型较多、产品条款相对复杂，如果不具备一定的保险基础知识，可能难以从海量产品中挑选出适合自己的那一个。对此，建议大家在购买保险前咨询保险顾问，确保产品能够满足自己的需求。

法律依据

《民法典》

第一千一百五十九条 分割遗产，应当清偿被继承人依法应当缴纳的税款和债务；但是，应当为缺乏劳动能力又没有生活来源的继承人保留必要的遗产。

第一千一百六十一条 继承人以所得遗产实际价值为限清偿被继承人依法应当缴纳的税款和债务。超过遗产实际价值部分，继承人自愿偿还的不在此限。

继承人放弃继承的，对被继承人依法应当缴纳的税款和债务可以不负清偿责任。

《保险法》

第四十二条 被保险人死亡后，有下列情形之一的，保险金作为被保险人的遗产，由保险人依照《中华人民共和国继承法》[①] 的规定履行给付保险金的义务：

（一）没有指定受益人，或者受益人指定不明无法确定的；

（二）受益人先于被保险人死亡，没有其他受益人的；

（三）受益人依法丧失受益权或者放弃受益权，没有其他受益人的。

受益人与被保险人在同一事件中死亡，且不能确定死亡先后顺序的，推定受益人死亡在先。

① 《中华人民共和国继承法》已废止，相关条款由《民法典》继承编替代。

财产失联

案例背景

清晨，微风拂过南城的一条背街小巷。在那里，刘大爷与老伴儿刘大妈正如往常一样晨练。刘大爷虽然已经六十岁出头，但他的思想却十分年轻——这位年过花甲的老人有着一颗不老的心，他的财务管理方式就是最好的证明。

刘大爷不仅拥有存款、保险，还进行了股票、基金等多种投资。最令人称奇的是，刘大爷总是对新兴投资手段保持着浓厚的兴趣。他的先进观念，不仅让他的财产不断增长，还让刘大妈对他的财务管理能力充满了信任。刘大妈乐得将这些“烦恼”全交给老伴儿，享受自己的清闲生活。

然而，命运难测。就在那个普通的清晨，晨练中的刘大爷突然倒地不起。被紧急送往医院后，医生的诊断结果令人心惊——脑出血，而且病情严重。

突如其来的变故让刘大妈心急如焚，而治疗费用像一座大山压在她的心头。面对医生催促的眼神，刘大妈感到十分无助。孩子们都在外地无法及时赶到，家里的钱放在哪儿她又一无所知。刘大妈回家翻了半天也没找到财产线索，可以到银行去问，但时间上来不及……事到如今，只能赶紧找儿女、亲戚凑钱了。

凑来的钱虽然解了燃眉之急，但日子一天天过去，刘大爷的病情还是没有好转的迹象。刘大妈坐在医院的走廊里，回想起自己放心地让老伴儿独自管理家庭财务，懊悔不已。如果她当初能多参与一些家庭的财务管理，或者让老伴儿留下一些关于财产的指引，情况或许不至于如此糟糕。若时光可以倒流，她一定会让刘大爷留下一份财产清单。

案例分析

过去，人们做财务管理，基本上就是把钱存进银行吃利息。现如今，随着居民收入不断提高、金融产品日益丰富、投资渠道逐渐增多，越来越多的人开始选择多元化的投资理财方式，以实现家庭财富的保值、增值。在这种情况下，如果像刘大爷这样，家庭中仅由一人全权负责投资理财，其他家庭成员不参与、不过问，那么一旦家庭财务管理者出现意外或者身故，就可能导致其他家庭成员难以追踪或者认领这部分财产，造成“财产失联”。

例如，家人身故后，其法定继承人隐约知道逝者有银行存款，但不知道具体的开户行和银行账户，此时他们想要查询逝者的存款信息，只能带着相关证明文件一家一家地去申请。又如，法定继承人怀疑逝者将资金投资于其他金融机构，除非他们能够通过逝者手机中的投资 App 等找到具体信息，否则这些财产的追踪将变得极其艰难。再如，法定继承人认为逝者可能以隐名股东的身份投资了某些企业，此时若没有明确的书面协议或者被投资企业的承认，想要追回这部分投资收益几乎无望。

科学建议

为避免出现“财产失联”的情况，家庭中的主要财务管理者在进行家庭财务管理时应当注意以下七点。

1. 实现家庭财务透明化

通过家庭会议或者共享财务记录的方式，定期与家庭成员分享家庭财务状况，包括存款、投资理财、贷款等所有财务事项，实现家庭财务透明化。

2. 制订家庭财务计划

制订一份家庭财务计划，明确家庭的财务目标、预算、投资策略等，并确保所有家庭成员都了解并同意这个计划。

3. 订立遗嘱或者编写财产清单

通过订立遗嘱或者编写财产清单，明确指出财产的分配方式和存放位置。遗嘱最好由律师协助起草，以确保其合法有效。

4. 设立共同管理财务账户

设立共同管理财务账户或者至少确保家庭中的另一位成员有权访问和管理主要财务账户，以防万一。

5. 定期更新财务信息

跟随市场变化及投资策略，定期更新、审查财务信息和投资组合，确保所有家庭成员对最新的家庭财务状况有所了解。

6. 使用数字工具

使用财务管理软件或者相关应用程序来跟踪家庭的财务状况。这些数字工具可以帮助家庭成员共享和查看财务信息。

7. 发送财产跟踪邮件

每半年向家庭成员发送一次财产跟踪邮件，邮件内容包括当前投资了哪些金融产品、分别投资到什么领域、具体的登录方式等。

法律依据

《中国银保监会办公厅 司法部办公厅关于简化查询已故存款人存款相关事项的通知》(银保监办发〔2019〕107号)

已故存款人的配偶、父母、子女凭已故存款人死亡证明、可表明亲属关系的文件（如居民户口簿、结婚证、出生证明等）以及本人有效身份证件，公证遗嘱指定的继承人或受遗赠人凭已故存款人死亡证明、公证遗嘱及本人有效身份证件，可单独或共同向存款所在银行业金融机构提交书面申请，办理存款查询业务。查询范围包括存款余额、银行业金融机构自身发行或管理的非存款类金融资产的余额。银行业金融机构经形式审查符合要求后，应书面告知申请人所查询余额。对代销且无法确定金额的第三方产品，银行业金融机构应告知申请人到相关机构查询。

杭州小丽案——遗产扩散风险

案例背景

小丽一家是杭州本地人，他们居住的房屋登记在小丽父亲的名下。20 世纪 90 年代，小丽的外公、外婆和爷爷相继去世。2006 年，小丽的父亲因病去世，紧接着奶奶也走了。那时，小丽还未成年，没有对父亲和奶奶留下的遗产进行处理，她和母亲照常居住在自家房屋。

2015 年，小丽的母亲离世。此时，小丽已经成家并有了一个正在上幼儿园的女儿。考虑到母亲住的这套房子属于优质学区房，小丽决定把房产过户到自己名下，并将女儿的户口迁入。

可当小丽拿着不动产权证书和父母的死亡证明到不动产登记中心申请过户时，却遭到了拒绝。不动产登记中心的工作人员告诉她，要完成房产继承过户登记，必须提供公证机构的继承权公证书或者法院的生效判决书。

于是，小丽前往公证机构办理继承公证，没想到却同样受阻。公证机构的工作人员说，除了她自己，房产的继承人还包括她的二伯、二婶、小姑和堂兄弟姐妹，必须所有继承人都到场才能办理。

小丽的父亲在家中排行老三，有两个哥哥、一个妹妹。其中，小丽的大伯比父亲更早去世，留下的三个子女都在国外，已失去联系；二伯和二婶在奶奶去世后离婚，二婶已改嫁到其他城市，断了联系。小丽只能打电话给同样住在杭州的小姑寻求帮助。但由于找不到其他失联的继承人，小丽没能得到继承权公证书。

小丽不解，为什么自己和母亲居住多年的房子，连二伯、小姑，还有已改嫁的二婶和失去联系的堂兄弟姐妹也有继承权？找不到他们，自己的继承权就无法实现了吗？

案例分析

一、小丽父亲的房产分配

根据《民法典》的规定，小丽的父亲去世后，按照法定继承程序，其房产分配如下。

1. 小丽父亲去世后的遗产分配

小丽一家居住的房屋，是小丽父母的夫妻共同财产。因此，在父亲去世时，母亲自动继承了其中的一半，即 1/2 的房产份额。

剩余 1/2 的房产份额，由父亲的法定继承人平分。父亲的第一顺序继承人包括配偶（小丽母亲）、子女（小丽）、父母（小丽奶奶）。因此，父亲遗留的 1/2 房产份额应当由三人平分，即每人获得 1/6 的房产份额。

2. 小丽母亲去世后的遗产分配

小丽是其母亲的唯一继承人。因此，她继承了母亲的全部遗产，包括母亲所拥有的 2/3 房产份额。

3. 小丽奶奶去世后的遗产分配

小丽奶奶的遗产应当由其子女平分。小丽奶奶有四个子女，即小丽的大伯、二伯、父亲和小姑。每人可以继承小丽奶奶 1/6 房产份额的 1/4，即 1/24 的房产份额。

由于小丽的大伯和父亲先于奶奶去世，所以大伯的 1/24 房产份额由其三个子女继承，即三个子女每人获得 1/72。小丽作为父亲的直系血亲，代位继承父亲的 1/24 房产份额。

4. 小丽二伯和二婶的房产份额

小丽二伯的 1/24 房产份额在离婚时应当按夫妻共同财产处理，分为两半。因此，二伯保留 1/48 的房产份额，二婶获得 1/48 的房产份额。

5. 小丽小姑的房产份额

小丽小姑可以继承小丽奶奶 1/24 的房产份额。

6. 小丽最终的房产份额

小丽从父亲那里继承的 1/6 房产份额，加上从母亲那里继承的 2/3 房产份额，再加上从奶奶那里代位继承自己父亲的 1/24 房产份额，总计为 7/8（1/6+2/3+1/24）的房产份额。

综上所述，小丽最终拥有 7/8 的房产份额。剩余的 1/8 房产份额分散在大伯的三个孩子、二伯、二婶和小姑手中。由于这些继承人也有法定继承权，所以小丽在没有他们的同意或者法院生效判决的情况下，无法单独完成房产的过户。

二、小丽家的遗产扩散风险

遗产扩散风险，是指遗产在继承过程中可能流向被继承人未预期的人员，导致财富流失或者分散的风险。这种风险主要包括三个方面：向上扩散风险、向下扩散风险和向外部扩散风险。

1. 向上扩散风险

通常情况下，遗产是由上一代流向下一代的。但在特定情况下，遗产可能反向由下一代流向上一代，导致财富的再次分散或者被用于非预期的用途。由于小丽父亲先于小丽奶奶去世，又未留有遗嘱或者其他有效的遗产规划，导致他原本打算传给下一代的财富反而回到了上一代手中，出现遗产向上扩散的情况。

2. 向下扩散风险

遗产被上一代反向继承后，上一代的去世又会使这部分遗产发生向下扩散，导致被继承人的遗产流向其兄弟姐妹和兄弟姐妹的后代。小丽奶奶从小丽父亲那里继承的遗产，在没有明确指定的情况下，会被平均分配给其法定继承人，即小丽的大伯、二伯、父亲和小姑。

3. 向外部扩散风险

夫妻一方在婚内继承的遗产，可能因为婚姻关系破裂或者自身的去世而流向配偶或者配偶的家族，导致遗产向外部扩散。小丽在婚内继承了母亲的全部遗产，而母亲未留有遗嘱或者其他有效的遗产规划，因此小丽继承的遗产属于夫妻共同财产，若小丽离婚，她的配偶有权分得一半；若小丽意外离世，她的配偶作为法定继承人，也可以继承一部分岳母的遗产。

遗产扩散风险的存在，提示了被继承人进行财富传承规划的重要性。被继承人可以通过订立遗嘱、设立信托、签订夫妻财产协议等方式，确保遗产能够按照自己的意愿被合理、有效地传承和管理，避免非预期的财富流失。

科学建议

小丽及其父母可以通过哪些措施来规避遗产扩散风险，使房产顺利过户给小丽呢？

1. 提前过户

这是预防遗产分散风险的有效方法之一。小丽父亲可以在生前将房产过户给妻子或者女儿。这样在他去世后，房产不属于其遗产，自然也就不会涉及遗产继承问题。但房产过户可能涉及税务和其他法律问题，建议过户之前咨询律师。

2. 订立遗嘱

遗嘱可以明确指定遗产的分配方式，避免法定继承的复杂性和不确定性。小丽父亲可以在生前订立遗嘱，明确指出房产的继承人为小丽。这将大大简化房产继承过程。

3. 被继承人去世后，立即启动继承程序

即便未提前过户房产，也未订立遗嘱，小丽仍有机会避免父亲的遗产扩散。方法是：小丽在父亲去世后，立即启动继承程序，如果能够说服奶奶放弃对房产的继承权，那么房产将仅由小丽和她母亲继承。但这需要小丽奶奶以书面形式表示自己放弃继承。随后，小丽和母亲应当及时完成房屋所有权变更登记。

总的来说，想要避免遗产扩散风险，被继承人需要提前规划遗产的分配，继承人则要在继承开始后及时行动，尽快办理相关手续。

法律依据

《民法典》

第一千一百二十四条第一款 继承开始后，继承人放弃继承的，应当在遗产处理前，以书面形式作出放弃继承的表示；没有表示的，视为接受继承。

第一千一百二十七条 遗产按照下列顺序继承：

（一）第一顺序：配偶、子女、父母；

（二）第二顺序：兄弟姐妹、祖父母、外祖父母。

继承开始后，由第一顺序继承人继承，第二顺序继承人不继承；没有第一顺序继承人继承的，由第二顺序继承人继承。

本编所称子女，包括婚生子女、非婚生子女、养子女和有扶养关系的继子女。

本编所称父母，包括生父母、养父母和有扶养关系的继父母。

本编所称兄弟姐妹，包括同父母的兄弟姐妹、同父异母或者同母异父的兄弟姐妹、养兄弟姐妹、有扶养关系的继兄弟姐妹。

第一千一百二十八条 被继承人的子女先于被继承人死亡的，由被继承人的子女的直系晚辈血亲代位继承。

被继承人的兄弟姐妹先于被继承人死亡的，由被继承人的兄弟姐妹的子女代位继承。

代位继承人一般只能继承被代位继承人有权继承的遗产份额。

财富的反向流转——遗产的逆向继承风险

案例背景

半年前，小关的父亲还是个身体健壮、精力充沛的人，如今却满脸病容，在医院与晚期癌症进行着殊死搏斗。尽管他的头脑还保持着清醒，但生命的脆弱性已经显而易见。他就像快要燃尽的蜡烛，那一点生命之火在风中摇曳，随时可能熄灭。

与此同时，小关的奶奶　一位慈祥的老人，也因为疾病的侵袭而瘫痪在床，生命垂危。由于父亲生病，小关和她母亲在照料小关奶奶的事上投入有限，主要靠小关的姑姑和伯父出力，这让两人十分不满。

父亲的身体状况和姑姑、伯父的态度，小关看在眼里。她清点了父亲名下的财产，除了一套价值不菲的房产和一辆家用轿车，还有数十万元的存款。这些财产既是父亲每日医疗费用的来源，也是小关和母亲未来生活的重要保障。现在困扰小关的问题有两个：一是若父亲不幸先于奶奶去世，父亲留下的遗产是否能完全由她和母亲继承；二是将来奶奶去世，她是否有资格继承奶奶的遗产。

案例分析

1. 若小关父亲不幸先于小关奶奶去世，其留下的遗产，是否能完全由小关和母亲继承？

这个问题的答案，取决于小关父亲在生前是否对其财产的分配做了规划。如果没有做任何规划，那么小关和母亲将面临以下风险：

（1）遗产逆向继承风险。遗产逆向继承，是指本该由年轻一代继承的遗产，反常地先传给了年长的一代。若小关父亲先于小关奶奶去世，其遗产将适用法定继承，而小关奶奶属于第一顺序继承人，有权继承小关父亲的一部分遗产。这不仅可能减少小关从父亲那里继承的遗产总额，还增加了遗产分配的复杂性，因为这部分遗产在小关奶奶去世后还需要再次分配。

（2）遗产扩散风险。在小关奶奶因身体原因无法作出放弃继承的表示时，她所继承的那部分遗产，在她去世后将由其法定继承人重新分配。也就是说，小关父亲的遗产会进一步向小关的姑姑、伯父等其他继承人扩散。

（3）诉讼风险。当继承人对遗产的分配有不同意见且无法通过协商解决时，诉讼风险就会显现。遗产分配的不确定性和复杂性，很可能导致继承人之间产生意见分歧，特别是在有多个继承人或者家庭结构复杂的情况下。如果家庭内部无法通过沟通和协商解决这些分歧，那么继承人可能会通过法律途径来解决遗产分配争议。这种法律诉讼不仅会消耗大量的时间和金钱，还会导致家庭成员间关系破裂，影响家庭和谐。

2. 将来小关奶奶去世，小关有资格继承奶奶的遗产吗？

《民法典》第一千一百二十八条第一款规定：“被继承人的子女先于被继承人死亡的，由被继承人的子女的直系晚辈血亲代位继承。”这意味着，若小关父亲先于小关奶奶去世，那么将来小关奶奶去世后，小关有权代位继承她父亲应得的遗产。

科学建议

从上述分析可知，财富传承毫无规划隐藏着诸多风险。对小关来说，一切还有挽回的余地，她可以考虑采取以下措施。

1. 尽快订立遗嘱

小关可以让父亲尽快订立遗嘱。在遗嘱中，小关父亲应当详细说明自己的财产（包括房产、车辆、存款等）如何分配、分配给哪些继承人。这样一份内容明确的遗嘱，可以有效防止未来因遗产分配产生的纠纷。需要注意的是，订立的遗嘱一定要符合《民法典》的相关规定，以确保遗嘱的法律效力。

2. 请医护人员作为遗嘱见证人

为了避免未来有人质疑小关父亲在立遗嘱时的精神状态，进而否定遗嘱的有效性，小关可以请医护人员作为遗嘱的见证人。医护人员作为专业人士，能够客观地证明立遗嘱时小关父亲的精神状态。这样做可以增加遗嘱的可信度，减少他人对遗嘱有效性的质疑，尤其是在涉及重大财产分配时。

3. 提前过户流动性资产

对于流动性较强的资产，比如银行存款，小关可以提前将其过户到自己或者母亲名下。这样做的目的是简化遗产分配过程，避免这部分资产在遗产分配时产生纠纷。不过，在进行资产转移时，需要注意两个问题：一是资产的转移必须符合法律规定；二是要充分考虑到父亲的日常生活和医疗需求，避免影响其正常生活。

上述措施旨在减少遗产分配时的不确定性和潜在纠纷，同时保障小关父亲的财产按照其意愿得到妥善处理。在采取这些措施前，小关可以咨询律师，确保所有操作符合法律规定，并最大限度地保护自己及家庭的利益。

法律依据

《民法典》

第一千一百二十四条　继承开始后，继承人放弃继承的，应当在遗产处理前，以书面形式作出放弃继承的表示；没有表示的，视为接受继承。

受遗赠人应当在知道受遗赠后六十日内，作出接受或者放弃受遗赠的表示；到期没有表示的，视为放弃受遗赠。

第一千一百二十七条　遗产按照下列顺序继承：

（一）第一顺序：配偶、子女、父母；

（二）第二顺序：兄弟姐妹、祖父母、外祖父母。

继承开始后，由第一顺序继承人继承，第二顺序继承人不继承；没有第一顺序继承人继承的，由第二顺序继承人继承。

本编所称子女，包括婚生子女、非婚生子女、养子女和有扶养关系的继子女。

本编所称父母，包括生父母、养父母和有扶养关系的继父母。

本编所称兄弟姐妹，包括同父母的兄弟姐妹、同父异母或者同母异父的兄弟姐妹、养兄弟姐妹、有扶养关系的继兄弟姐妹。

第一千一百二十八条 被继承人的子女先于被继承人死亡的，由被继承人的子女的直系晚辈血亲代位继承。

被继承人的兄弟姐妹先于被继承人死亡的，由被继承人的兄弟姐妹的子女代位继承。

代位继承人一般只能继承被代位继承人有权继承的遗产份额。

财富传承的最高境界——可以给，也可以不给

案例背景

老杨和他的妻子经历了他们人生中最大的打击——他们唯一的儿子因为车祸离世了。丧子之痛让老两口的心仿佛被掏空，但现实不允许他们就此陷于悲伤，他们要尽全力照顾好刚满 6 岁的孙子。

老杨夫妇的房子价值不菲，并且是当地的优质学区房，学区内有当地最好的小学。为了孙子的未来，老杨夫妇没有犹豫，把房子赠与过户到了孙子的名下，以保证孙子可以接受良好的教育。同时，他们还每月从自己那微薄的退休金中挤出 2000 元给孙子用，以减轻儿媳的经济压力。

一开始，儿媳表现得很感激，不仅经常带孙子来看望老杨夫妇，还帮他们做家务，陪他们去医院看病。温馨的氛围一度让老两口觉得自己的付出是值得的。然而，随着时间的推移，儿媳的态度逐渐发生了改变。她开始频繁地向老人要钱，不管是孩子的餐费、校服费，还是她自己的生活费，一切财务负担似乎都转移到了老杨夫妇肩上。

老两口的积蓄如流水般消逝，最终荡然无存。当他们再也无力提供经济支持时，儿媳愤怒地切断了与他们的所有来往，带走了孙子。留给老杨夫妇的，只有无尽的心痛。他们日夜暗自垂泪，除了对孙子深深的思念，还有对自己居住安全的担忧——现在房子登记在孙子的名下，而儿媳作为孙子的监护人，有可能收回房子，让他们无家可归……

案例分析

一般来说，父母将房产传承给后代主要有三种方式：买卖、赠与和继承。老杨夫妇是以赠与的方式将房产过户给孙子的，但他们的赠与太过草率。我们可以从中总结出以下四个关键错误点。

1. 过早将房产过户给孙子

虽然老两口的出发点是解决孙子的教育问题，但过早将房产过户给孙子，意味着老杨夫妇失去了对该房产的控制权。此外，孙子未成年，其监护人（儿媳）可能会代为行使房产的管理权，导致老杨夫妇在未来面临居住不稳定的风险。

2. 未设定房产使用条件

老杨夫妇在赠与过户房产时，未设定房产使用或者管理的具体条件。例如，他们可以在赠与合同中规定房产仅限于孙子的居住和教育用途，不可转作其他用途；也可以在赠与合同中为自己设立居住权，保证即便房产已经过户，他们仍可以在所赠与房产中正常居住。

3. 缺乏财务规划意识

老杨夫妇将大部分资产都用于为孙子和儿媳提供经济支持，未考虑自身未来的生活保障，没有留下足够的资产以满足自己晚年的需要。

4. 过于信任儿媳

在情感上，老杨夫妇可能过于信任儿媳，没有考虑到潜在的风险。这种信任使他们在没有法律保护的情况下，将重要的财产转移给了孙子。

科学建议

财富传承的最高境界是：可以给，也可以不给。这是一种综合考虑了家族财富保护、管理和传承的高阶策略。这种策略在确保财富能够传递给下一代的同时，也保留了上一代对财富控制和调整的能力。其含义主要包括两个方面：

一是“可以给”，即上一代通过使用金融、法律工具，提前设定好下一代可以得到的财产份额，确保财富能够顺利、合法地传承。例如，通过设立家族信托、购买增额终身寿险等方式，上一代可以在法律框架内预先规划财富的分配方式。在这个过程中，上一代可以明确规定财富传承的条件、方式和时间，以确保财富被有效管理并用于正确的目的。

二是“也可以不给”，即虽然财富已经部分转移给了下一代，但上一代仍保留一定的控制权，以便在必要时调整财富传承的计划。这是为了预防下一代可能出现的不当行为或者不符合预期的情况。例如，设立家族信托后，如发现下一代挥霍无度或者对家族责任不尽心，上一代（委托人）可以通过变更信托受益人、撤销信托等手段，收回或者重新分配已经传承的财富；购买增额终身寿险后，如发现下一代不适合做身故受益人，上一代（投保人）可以变更身故受益人，避免财富流失。

总而言之，“可以给，也可以不给”的财富传承策略，既体现了上一代对下一代的支持与关爱，又体现了上一代对家族财富安全平稳传承的高度责任感。它要求上一代有较强的财务规划能力，有对家族成员的深刻理解和对家族长远发展的明确愿景。采用这样的财富传承策略，可以在保护和增值家族财富的同时，引导家族成员负起相应的责任，促进家族的和谐与长久繁荣。

基于财富传承中“可以给，也可以不给”的指导思想，老杨夫妇以遗嘱赠与的方式将房产传承给孙子是最明智的选择，因为用遗嘱传承此套房产有以下四个优势。

1. 给儿媳与孙子一个继承预期，激励其维护良好关系

通过遗嘱传承房产，儿媳和孙子便知道只有在老杨夫妇去世后才能继承房产。由于房产的继承是未来的事，儿媳和孙子可能会为了确保未来能顺利继承房产而更加积极地照顾老杨夫妇。这种预期的继承可以作为一种潜在的保障，确保老杨夫妇在生前得到适当的关怀和尊重。

2. 保留对房产的控制权

通过遗嘱传承房产，老杨夫妇可以在有生之年保持对房产的完全控制权。这意味着他们可以自由决定如何使用和管理这套房产，包括居住、出租或者其他合法用途。这种控制权为他们的生活提供了安全感和稳定性。

3. 确保晚年福祉

保留房产控制权还意味着老杨夫妇晚年的居住条件不会受到影响。他们无须担心因房屋所有权转移而失去居住地，也无须担心因提前传承财富导致晚年在养老资金上受制于子女。

4. 防止财富流失

过早将房产过户给孙子，存在房产被儿媳控制或者不当使用的风险。通过遗嘱传承房产，则可以防止这种情况发生。老杨夫妇去世后，房产才会按照他们的意愿进行分配。

法律依据

《民法典》

第三百六十六条 居住权人有权按照合同约定，对他人的住宅享有占有、使用的用益物权，以满足生活居住的需要。

第三百六十九条 居住权不得转让、继承。设立居住权的住宅不得出租，但是当事人另有约定的除外。

第三百七十条 居住权期限届满或者居住权人死亡的，居住权消灭。居住权消灭的，应当及时办理注销登记。

第六百五十七条 赠与合同是赠与人将自己的财产无偿给予受赠人，受赠人表示接受赠与的合同。

第一千一百四十二条 遗嘱人可以撤回、变更自己所立的遗嘱。

立遗嘱后，遗嘱人实施与遗嘱内容相反的民事法律行为的，视为对遗嘱相关内容的撤回。

立有数份遗嘱，内容相抵触的，以最后的遗嘱为准。

让子女争相为自己养老的秘密——递延传承

案例背景

赵大姐一生辛苦，从一无所有到现在拥有三家五金店和多套房产，全是靠自己勤劳的双手创造的。赵大姐有两个儿子——李明和李睿，从小在物质上从未缺少过，但即便两个儿子都已成家，赵大姐还是担心他们缺乏独立生活的能力。

三家五金店中，老店位置最佳，客户众多，生意火热。另外两家新店虽然起步较晚，但位于新兴商圈，发展潜力巨大。为了培养两个儿子的独立生活能力，赵大姐决定提前分配家产，将新店分别交由两个儿子经营管理。赵大姐本以为这样的安排公平合理，没想到这个决定却像一颗炸弹，瞬间引爆了家庭的矛盾。

李明和李睿都想要老店，他们的妻子也加入战局，家庭聚会变成了争吵的战场。渐渐地，两边的言辞越来越激烈，甚至提出如果不分得老店，就要求赵大姐补偿数百万元的现金或者房产。赵大姐始料不及，心中的失望和痛苦难以言表。

她不禁开始反思，是不是自己光顾着为孩子们创造更好的经济条件，满足他们的物质欲望，却忘记教育他们如何感恩和独立？她的两个儿子，对家庭财产的渴望远远超过了对母亲的关爱。他们的冷漠和贪婪，让赵大姐深感心寒。

看着曾经温馨和睦的大家庭，如今因为财产的分配问题而争吵不休，赵大姐在深思熟虑之后，决定将三家五金店的管理权交给职业经理人，自己完全退出日常管理，并在所有家庭成员面前宣布了这个决定。她坚定地表示，如果财产的存在会导致家庭不和谐、影响家人的幸福，她宁愿将所有财产捐出，也不会分给任何一方。

在确定赵大姐不是说说而已后，李明、李睿两家人的态度发生了转变。他们意识到，未来如果想要获得母亲的财产，就必须表现出对母亲的关爱。于是，两兄弟带着各自的妻子开始争相向赵大姐示好，对她表现出了前所未有的关怀和体贴。

赵大姐深知，这种转变背后的真正动机是对财产的渴望，如果现在就将财产分配给他们，不仅会影响自己晚年的幸福，这个家还可能再次闹到兄弟阋墙。

案例分析

现实生活中，有的父母做了跟赵大姐一样的决定，将财产提前分配给子女，结果往往不太好。例如，有的子女因财产分配不均而闹得不可开交，有的子女拿到财产就不照顾老人了。出现这样的结果，可能有以下四个原因。

1. 财产分配引发的竞争和嫉妒心理

财产分配往往触及家庭成员的深层次情感和价值观，即使父母努力实现公平分配，子女们也可能会对分配结果有不同的感知和解读。例如，一位子女可能认为自己对家庭的贡献更多，应该获得更多的财产；另一位子女可能认为自己在其他方面作出了牺牲，应该得到更多的补偿。这种基于个人感知的不公平感，可能导致家庭成员产生竞争和嫉妒心理，破坏原本的和谐关系。

2. 缺乏共同的家庭目标

当父母的财产是子女们共同关注的焦点时，它可能成为促使家庭团结的一个重要因素。一旦这个重要因素没了，也就是父母把财产分配了，团结的局面就可能会被打破。子女们可能会更专注于自己的经济利益，特别是为自己的孩子争取经济利益，从而忽略了家庭作为一个整体的责任，比如对年迈父母的照顾和支持。长期以来建立的家庭凝聚力也可能因此而减弱。

3. 物质利益超越亲情

当子女们过度专注于获取和保护自己的财产时，家庭成员之间的亲情可能因此受损，家庭关系可能变得紧张和疏远。

4. 缺乏对子女责任感和独立精神的培养

如果子女从小便习惯于依赖父母，那么他们可能缺乏独立生活的能力和承担家庭责任的意识。当父母将财产提前分配给子女时，这种强依赖性的弊端就会显现出来——子女可能缺乏照顾年迈父母的动力和能力。这可能是家庭教育中对子女责任感和独立精神培养不足的结果。

智慧的财富传承，不应该是简单地将财产分配给子女，而应该是在充分考虑上述对个人和家庭的长期影响的基础上，制定一个合理的传承方案，同时还要注重培养子女的独立性、责任感以及他们对家庭整体福祉的关注。

科学建议

赵大姐可以通过购买终身年金保险来解决以上诸多问题，具体的保单架构为：

赵大姐的保单架构

投保人	被保险人	身故受益人
赵大姐	赵大姐	李明、李睿

通过这样一份保单，赵大姐可以实现以下效果。

1. 递延传承

赵大姐的儿子将在她身故后继承她的财产，这一安排延后了财富传承的时间，实现了递延传承。这种递延传承的好处包括：

（1）避免儿子因为立即分配家产而出现争执，有助于保持家庭的和谐与团结；

（2）使儿子在年龄更大、更成熟且具备更强的财富管理能力时得到财产，避免财产因为两人年轻缺乏经验而被不理智地挥霍。

2. 制约传承

赵大姐可以根据儿子的态度和表现来调整他们作为身故受益人的资格和受益比例。也就是说，谁能更好地照顾赵大姐，谁就有可能获得更多的财产。这种做法实际上建立了一种激励机制，能够促使儿子对赵大姐的养老负起更大的责任。

3. 拥有持续一生的被动收入

终身年金保险能够为赵大姐提供与她生命等长的生存年金，使她可以在有生之年持续领取这笔钱。这种安排确保了她的经济独立性和生活品质，使她无须担忧晚年的经济来源，可以享受无忧无虑的退休生活。

4. 获得养老社区入住权益

当前市场上的主流保险公司提供的终身年金保险产品，很多都含有入住养老社区的权益。赵大姐可以选择此类保险产品，使自己在老年时享受高品质的养老服务。这样的安排不仅提高了她晚年的生活质量，还为她提供了更多养老方式。

由此可见，终身年金保险方案既考虑了对子女的公平性，又照顾到了赵大姐自身的长期利益，是一个全方位、综合性的财务和生活规划。

将余生托付给信任的人——意定监护制度

案例背景

王阿姨是一名退休教师。她在年轻时经历了一段短暂而不幸的婚姻后，选择了单身生活，未曾有过子女。可以说，她把一生都奉献给了自己的教育事业。现如今，六旬有余的她开始感受到岁月带来的沉重，体力逐渐不支，健康状况也亮起红灯。王阿姨曾计划自己退休后独自前往养老院，她自认为有足够的存款和两套价值较高的房产，能够保障自己的晚年生活。

然而，一篇关于养老院的报道深深触动了王阿姨。报道描述了一位教授的遭遇，他的境况与王阿姨颇为相似，但他在养老院的生活远非王阿姨所想的那么好——由于缺乏家人的关注和定期探望，那位教授在养老院遭受了忽视甚至虐待，生活质量极差。这个故事让王阿姨深感震惊，也迫使她重新思考自己的养老计划。

她的第一个想法是依靠自己姐姐的两个孩子来照顾自己。不过，经过几次暗示，她发现对方并没有这个想法，于是她想到了自己的学生宋佳。多年前，宋佳的家庭经济困难，父母原本打算让她在初一年级就辍学，但王阿姨深知宋佳是一个学习上的好苗子，于是多次上门劝说宋佳的父母，并承诺负担宋佳从初一年级到高中毕业的所有费用。在王阿姨的坚持和帮助下，宋佳不仅完成了高中学业，还考入了一所知名大学，王阿姨又为宋佳支付了大学四年的学费。

如今，宋佳已成为本市的一名白领。她对王阿姨充满感激，几乎每个周末都会来帮王阿姨打理家务。王阿姨考虑让宋佳来照顾自己，并将自己的遗产全部留给宋佳。然而，王阿姨有两个顾虑：一是不确定宋佳是否能够始终如一地照顾自己，尤其是在自己将来可能卧床不起的情况下；二是担心宋佳为自己养老送终后，自己的亲属会和宋佳争夺遗产。

案例分析

分析来看，目前王阿姨在养老方面面临的风险主要有以下五个。

1. 养老机构不符合预期的风险

正如王阿姨看到的报道那样，如果进入了服务质量差的养老机构，王阿姨很可能“未得其利，反受其害”。而优质的养老机构通常费用高昂，王阿姨需要确保自己有足够多的资金来支付这些费用。

2. 健康护理风险

随着年龄的增长，行动能力的下降，王阿姨可能会遇到更多的健康问题，此时若没有其他人的帮助，王阿姨的健康状况和生活质量可能会严重下降。

3. 心理适应风险

人到晚年，需要的不仅仅是身体上的照顾，还有心理上的抚慰和陪伴。如果缺乏亲密的家庭关系和社交活动，她可能会感到孤独、抑郁或者焦虑。

4. 依赖个人照护的风险

王阿姨希望宋佳来照顾她，并愿意给予相应回报，但她自己也不确定宋佳能否始终如一地履行照顾她的责任，毕竟宋佳作为一个跟她毫无血缘关系的人，将来可能会因为结婚生子、发生工作上的变动或者到其他城市安家而影响照顾她的时间和精力，甚至是意愿。而且，对宋佳来说，承诺长期照顾一位老人，可能会给她带来很大的情感和心理压力。

5. 遗产继承风险

王阿姨想要宋佳为自己养老送终，并把所有遗产都留给宋佳，可能会引起其他家庭成员的不满。即便是通过遗嘱分配遗产，一旦遗嘱形式有误，也会面临遗嘱无效的风险。

因此，王阿姨在制订自己的养老计划时，应当充分考虑上述风险。在做任何安排之前，最好先咨询律师的意见，确保自己的养老计划能够顺利实现。

科学建议

对于王阿姨这类独居的单身老人，法律规定了“意定监护制度”，以保证他们能够随自己的心意处分自己的遗产，并在失能或者失智后仍可以有尊严、有保障地生活。

所谓意定监护，是指具有完全民事行为能力的成年人，可以与其近亲属、其他愿意担任监护人的个人或者组织事先协商，以书面形式确定自己的监护人，在自己丧失或者部分丧失民事行为能力时，由该监护人履行监护职责。

针对王阿姨的情况，我们可以从以下三个方面对意定监护与法定监护进行比较，以帮助她更好地理解这两种监护形式，并作出适合自己的选择。

1. 监护人人选的区别

（1）意定监护：这种监护方式允许王阿姨在完全清醒和理智的状态下，自主选择她信任的人（如亲朋好友或者关系密切的人）作为未来可能需要的监护人。这意味着她可以根据自己的偏好和信任程度来确定监护人。

（2）法定监护：这是根据法律规定自动产生的监护关系。如果王阿姨未能指定监护人，监护人的人选将按照法律规定的顺序（配偶、父母、子女、其他近亲属、其他愿意担任监护人的个人或者组织）来确定。考虑到王阿姨没有配偶、父母和子女，其法定监护人可能是其他近亲属。

2. 有偿和无偿的区别

（1）意定监护：王阿姨可以选择给予监护人一定的报酬作为照顾她的回报，比如留下遗产或者支付一定的费用。这种有偿安排可能会激励监护人更好地履行职责。

（2）法定监护：通常是无偿的，因为它基于法律义务或者血缘关系。

3. 法律效力的差异

意定监护的法律效力优先于法定监护。如果王阿姨已经设立了意定监护关系，则该关系优先于法定监护关系生效。这最大限度地尊重了王阿姨的意愿和自主决定权。

对王阿姨来说，意定监护可能是更合适的选择。她可以在自己神志清醒且具有完全民事行为能力时，与宋佳签订意定监护协议，将自己的人身照顾和财产管理等事宜委托给她。通过意定监护，王阿姨可以确保自己在未来可能无法自理时得到妥善的照顾，并且可以合法地安排给宋佳的报酬，比如将自己的遗产留给宋佳。意定监护不仅能保障王阿姨晚年的生活质量，还能减少未来可能产生的法律纠纷。不过，在制定意定监护协议时，建议在律师的协助下进行，以确保协议的合法性和执行力。

法律依据

《民法典》

第二十八条 无民事行为能力或者限制民事行为能力的成年人，由下列有监护能力的人按顺序担任监护人：

（一）配偶；

（二）父母、子女；

（三）其他近亲属；

（四）其他愿意担任监护人的个人或者组织，但是须经被监护人住所地的居民委员会、村民委员会或者民政部门同意。

第三十三条 具有完全民事行为能力的成年人，可以与其近亲属、其他愿意担任监护人的个人或者组织事先协商，以书面形式确定自己的监护人，在自己丧失或者部分丧失民事行为能力时，由该监护人履行监护职责。

《中华人民共和国老年人权益保障法》（以下简称《老年人权益保障法》）

第二十六条 具备完全民事行为能力的老年人，可以在近亲属或者其他与自己关系密切、愿意承担监护责任的个人、组织中协商确定自己的监护人。监护人在老年人丧失或者部分丧失民事行为能力时，依法承担监护责任。

老年人未事先确定监护人的，其丧失或者部分丧失民事行为能力时，依照有关法律的规定确定监护人。

无子女老人的养老规划

案例背景

傅军和妻子刘娜经常被人赞叹“干什么成什么”。事实也的确如此，两人从公司辞职后，先是跟着朋友做木材生意，赚到第一桶金后，又转行做起玉石生意。凭借着勤奋与智慧，两人的生意做得风生水起，积累了不少财富。

然而，“甘瓜苦蒂，物无全美”，不能有孩子一直是两人心中的一大缺憾。他们有钱，但钱并不能买来一切，尤其是亲情。所以，自从得知自己不能有孩子，傅军和刘娜便加倍地对亲人好，尤其是家中的小辈。

岁月流转，傅军和刘娜都已经年过六十。在一次家庭聚餐上，他们暗示，谁能给他们养老，谁就能得到他们的财产。

一石激起千层浪。众人对视片刻，傅军的侄子和刘娜的外甥女纷纷表示愿意承担这份责任。两个年轻人郑重又真诚的模样打动了傅军和刘娜，四人私下签订了一份简单的养老协议。

按照协议的约定，傅军和刘娜将部分财产提前转移给侄子和外甥女。但就是这笔财产，引起了这两个年轻人一系列微妙的变化。比如，刚得到财产时恨不得一天来看望三四趟，现在却一个月也来不了两趟；再比如，每次聊天的内容从询问身体好不好、胃口好不好，变成了在某地有没有房产、能不能投资他创业……

傅军和刘娜虽然老了，但是并不糊涂。他们已经意识到，自认为可靠的养老计划，不过是一种美丽的错觉。

案例分析

傅军和妻子刘娜的养老计划之所以落空，主要是因为存在以下三个方面的问题。

1. 养老协议缺少律师见证可能导致的问题

（1）法律效力受限。没有律师参与起草的养老协议，其内容通常不够严谨，法律效力自然就无法得到可靠的保证。如果有律师见证，便可以最大限度地确保养老协议的内容符合法律规定，并且可以对双方的权利和义务作出更加明确的界定。

（2）遗漏重要条款。律师能够帮助当事人识别和弥补养老协议中可能存在的漏洞，确保协议内容全面、合理，避免未来出现解释上的歧义或者争议。

（3）难以解决纠纷。在没有律师参与的情况下，一旦发生纠纷，协议双方可能因为缺乏法律知识和准备，难以有效解决问题。

2. 养老协议缺少有效监督制约机制可能导致的问题

（1）协议执行的不确定性。由于缺乏监督制约机制，执行协议只能完全依赖于双方的自觉性和诚信，一旦一方违约，另一方可能无法获得及时的救济。

（2）缺乏约束力。没有监督制约机制，可能导致协议被另一方轻易忽视或者违反，特别是在涉及长期养老和大量财产的情况下。

（3）纠纷处理的困难。一旦出现争议，没有第三方监督和调解，双方很难找到客观公正的解决办法。

3. 提前赠与财产可能导致的问题

（1）失去财产控制权。提前赠与财产，可能导致傅军夫妇失去对这些财产的控制权，导致未来在经济上失去保障。

（2）减少激励作用。提前赠与财产，可能导致两个年轻人失去继续履行养老责任的动力，因为他们已经获得了预期的收益。

科学建议

像傅军夫妇这样的无子女老人，可以参考以下养老方案。

方案一：通过近亲属实现养老

一般情况下，通过近亲属实现养老，双方会签订养老协议。但正如上述分析所说，如果像傅军夫妇那样仅在私下里签订一份简单的养老协议，很可能无法达成养老目的。因此，无子女老人在订立养老协议时，应当注意以下四点。

1. 养老协议内容明确、有效

（1）律师参与。请律师帮助起草和审查养老协议，确保协议内容符合法律规定，清晰界定各方的权利和义务。

（2）公证见证。在公证人员的见证下签订养老协议，可以增强其法律效力。

（3）明确协议的具体内容。比如，养老的具体要求、双方的责任和权利、违约责任等，确保无歧义。

2. 有监督制约机制

（1）第三方监督。请第三方（如律师、社会组织）负责定期检查养老协议的执行情况。

（2）明确违约责任。在养老协议中明确规定，如果近亲属未能履行养老责任应当承担的法律责任和经济赔偿责任。

3. 将养老责任与财产获取绑定

（1）条件性财产转移。将财产的转移与养老责任的履行挂钩，比如规定只有在履行了一定年限的养老责任后，才能获得相应比例的财产。

（2）阶段性财产转移。财产可以分阶段转移，每个阶段的转移都依赖于对方是否履行了相应期间的养老责任。

4. 财富递延传承

（1）延迟转移财产。不立即将所有财产转移给近亲属，而根据他们履行养老责任的情况逐步转移。

（2）设立家族信托。可以设立家族信托，将财产委托给信托公司管理，再由信托公司按照无子女老人的意愿逐步分配。

（3）保留部分财产。为了确保自身的经济安全，无子女老人应当保留部分财产，直至生命终结后再进行分配。

方案二：通过意定监护实现养老

对无子女老人来说，意定监护具有重要的意义。它不仅能让无子女老人在晚年时获得一份保障和安心，确保在需要时可以得到适当的照料和支持，还能帮他们提前规划并管理个人财产和医疗决策等事务。下面，我们来看一看实施意定监护的流程。

1. 选择监护人

这一步最重要的是找到一个既可信赖又有能力承担监护责任的人。理想的监护人通常是与无子女老人关系密切、对无子女老人的需求和偏好了解较多的人。此外，监护人应当身体健康，年龄适宜，最好与无子女老人的居住地距离较近，以便于在需要时提供及时的帮助和支持。

2. 制定书面意定监护协议

意定监护协议是确立监护法律关系的基本依据。这份书面协议应当明确规定无子女老人在丧失民事行为能力时，监护人的具体职责、权利范围，协议的生效条件、有效期限，以及在特定条件下如何终止监护关系。为确保协议内容的全面性和合法性，建议在律师的协助下制定。

3. 公证程序

对意定监护协议进行公证是确保其法律效力的重要步骤。这有助于保护无子女老人的人身、财产权益，防止未来可能出现的家庭纠纷或者法律诉讼。

4. 意定监护协议的执行与备份

为确保意定监护协议得到有效执行，无子女老人需要将这一安排告知其他近亲属、朋友以及相关服务机构（如社区服务、医疗机构）等。同时，还应当在安全的地方存储协议的副本，并确保监护人和必要时能调用的人了解副本的存放位置。这样做可以保证在紧急情况下快速有效地执行意定监护协议。

5. 定期评估和调整

随着时间的推移，无子女老人的情况和需求可能会发生变化，因此定期评估并调整意定监护协议是十分必要的。这包括检查监护人是否仍然适合和能够履行职责，以及协议条款是否仍然符合当前的需求。如果监护人无法继续履行其职责，应当及时进行调整。

6. 财产管理的综合规划

对无子女老人来说，财产管理是养老规划的重要组成部分。遗嘱能够帮助无子女老人明确财产的分配方式，信托能够帮助无子女老人更专业和安全地管理资产。这些财产安排与意定监护协议相搭配，可以满足无子女老人在经济上的安全需求。

需要说明的是，上述流程仅可作为参考。在实际操作过程中，建议咨询律师和财务规划师。

方案三：通过终身年金保险实现养老

对无子女老人来说，部分保险公司提供的结合养老社区服务的终身年金保险产品是一个相对不错的养老规划选择。

1. 生存年金的作用

（1）持续的收入来源。生存年金能够保障无子女老人在退休后拥有持续的收入，用以支付养老社区的费用，享受其中的高品质服务。

（2）带来财务安全感。无子女老人在晚年不必为经济问题担忧，可以专注于享受生活。

2. 养老社区的优势

（1）全面的健康照顾。这些养老社区通常提供从基本医疗照护到全面的健康管理服务。

（2）优质的生活设施。这些养老社区可以提供高品质的住宿条件，配有餐饮、休闲和娱乐设施。

（3）丰富的社交活动。这些养老社区会定期或者不定期组织各种文化和社交活动，满足老年人的社交需求。

通过这种方式，无子女老人可以实现一个无忧无虑、品质卓越的退休生活。建议大家在选择此类产品时，详细了解产品条款，评估养老社区的质量和服务，必要时可寻求专业顾问的意见。

法律依据

《民法典》

第三十三条 具有完全民事行为能力的成年人，可以与其近亲属、其他愿意担任监护人的个人或者组织事先协商，以书面形式确定自己的监护人，在自己丧失或者部分丧失民事行为能力时，由该监护人履行监护职责。

《老年人权益保障法》

第二十六条 具备完全民事行为能力的老年人，可以在近亲属或者其他与自己关系密切、愿意承担监护责任的个人、组织中协商确定自己的监护人。监护人在老年人丧失或者部分丧失民事行为能力时，依法承担监护责任。

老年人未事先确定监护人的，其丧失或者部分丧失民事行为能力时，依照有关法律的规定确定监护人。

财富的跨代传承——保险金信托的定向传承功能

案例背景

李先生兢兢业业数十载，一步步将一家小公司经营成为大型集团公司。他与爱妻育有一子，两人满怀期待地看着这个家庭的继承者长大成人。

然而，儿子今年已经 42 岁了，仍未能承担起发展企业的责任。相反，他却喜欢奢侈的生活方式，对那些奢华的酒会和花样多变的娱乐活动情有独钟，而对企业，他显得漠不关心，这让李先生十分失望。

虽然有个不争气的儿子，但好在儿媳是一个聪慧又明事理的女人，一直在努力维护着这个家。可李先生知道，如果没有自己的经济支持，儿媳和儿子的婚姻恐怕早已分崩离析。这种靠金钱维系的家庭关系是脆弱的。每当想起这些，李先生就会不由得生出一股无力感，对儿子的未来和家庭的命运感到担忧。

岁月不饶人，李先生日渐衰弱的身体和精神都不断提醒他，他已无力继续打理庞大的企业，儿子又无心承继父辈的权杖。无奈之下，李先生只好将企业出售，换来了一笔可观的资金。现在唯一让他感到欣慰的是他的孙子——那个 14 岁的孩子不仅学习成绩优秀，更有着超乎年龄的成熟和稳重。李先生在孙子的身上看到了自己年轻时的影子，他坚信这个孩子将来一定能成就一番事业。

李先生深知，自己与妻子不可能永远守护着这个家，一旦他们离世，那些辛苦积累的财富必将落入儿子和儿媳手中。儿子向来挥霍无度，家里的财富也许很快就会被他挥霍殆尽，而儿媳即使贤惠能持家，也无法保证她在未来不会与儿子离婚……

现如今，遗产的继承问题成了李先生最大的困扰。他的思绪在过往的岁月中徘徊，心中充满了对家庭未来的担忧。

案例分析

李先生对将来遗产继承的顾虑主要包括以下三个方面。

1. 关于儿子

李先生的儿子喜欢奢侈的生活方式，一旦他继承了遗产，可能会把李先生辛苦积累的财富随意挥霍掉。这违背了李先生希望家庭财富保值、增值的心愿。

2. 关于儿媳

儿媳在将来可能会离婚又再婚，导致李先生的家庭财富流入其他家庭。这种可能增加了遗产管理的难度，也使得李先生更加忧心家庭财富的分配与保护。

3. 关于孙子

对于孙子的未来，李先生抱有很大期望。他在孙子身上看到了潜力和能力，相信孙子能够成就一番事业，希望将来让孙子做家庭财富的守护人。因此，他希望通过遗产规划，确保孙子能够得到足够多的资源，以支持他的教育和个人发展。

科学建议

李先生可以将保险金信托作为解决其遗产管理问题的核心策略，按照以下步骤制定详细的解决方案。

1. 选择合适的保险产品

李先生需要根据自己的财务状况和保险需求，选择合适的保险产品。对于保险产品的选择，建议李先生咨询保险顾问，详细了解每种保险产品的特点、保险金、保费支付方式等。年金保险能提供稳定的现金流，增额终身寿险能在被保险人身故后支付较高的保险金。

2. 设立保险金信托

（1）选择信托公司。选择一家有良好声誉和专业能力的信托公司作为信托管理方。

（2）制定信托条款。与信托公司及法律顾问合作，制定信托条款，包括信托受益人的指定、资金的使用方式、分配时间和条件等。

（3）指定保险受益人。在保险合同中将信托公司指定为保险受益人，确保李先生身故后，保险金能直接进入信托账户。

需要补充的是，若要设立保险金信托，可以在保险公司的协助下完成。当前我国大多数保险公司都有成熟的保险金信托业务。

3. 设定信托受益人和信托财产分配规则

到这一步，李先生应当注意：

（1）明确孙子作为主要信托受益人。规定其按年龄和需求（如教育、生活支持等）领取受益金。

（2）明确孙子成年后的资金安排。可以设定当孙子 35 岁时，将信托内剩余的资金一次性支付给他，并终止信托。

（3）为儿子和儿媳设置受益金领取条件。给儿子和儿媳提供有条件的经济支持，比如规定他们在照顾孩子期间可以得到一定的受益金。

保险金信托作为一种财富管理工具，给李先生的家庭带来的好处是多方面的，主要体现在以下三个方面。

1. 孙子的教育与生活保障

（1）教育基金。通过保险金信托设立专门的教育基金，可以确保孙子从高中到大学，甚至到接受研究生教育的费用都能得到覆盖。

（2）生活费用的持续支持。保险金信托可以按月或者季度定期支付生活费，确保孙子的日常生活得到保障。这样的安排可以使孙子无须为经济问题担忧，更专注于学业和个人成长。

（3）对其特殊需求的考虑。如果孙子有特别的兴趣或者需求，比如出国学习、参加夏令营等，信托也能提供相应的资金支持。

2. 家庭财富的有效传承

（1）避免财富被挥霍。设定明确的分配规则和条件，可以防止儿子因不负责任的消费行为导致家庭财富受损。

（2）防止财富外流。信托的设置可以有效避免儿媳在离婚或者再婚的情况下将财富带走，确保家庭财富留在自己的继承人手中。

（3）长期资产增值。信托基金的管理人可以通过合理的投资策略实现资产的保值增值，为孙子提供更加稳固的经济支持。

3. 为儿子和儿媳提供长期的经济支持

（1）稳定的经济来源。信托可以为儿子和儿媳提供定期的经济支持，减轻他们的经济负担。

（2）激励机制。通过设置信托分配条件，可以鼓励儿子和儿媳作出积极的改变，比如必须工作或者参与社会服务才能获得信托资金。

（3）减少家庭矛盾。给予一定的经济支持，可以减少儿子和儿媳因金钱问题产生的家庭矛盾，帮助他们维护家庭和谐。

（4）应急资金。信托还可以设置应急基金，在儿子和儿媳遇到突发情况（如健康问题）时给他们提供资金应急。

通过以上的安排，李先生不仅能保障孙子的未来，也能为儿子和儿媳提供必要的经济支持，同时还能确保家庭财富的有效管理和传承。这样的安排考虑到了现实中可能出现的种种挑战和需要，也体现了李先生对家庭未来的关怀。

法律依据

《信托法》

第十六条 信托财产与属于受托人所有的财产（以下简称固有财产）相区别，不得归入受托人的固有财产或者成为固有财产的一部分。

受托人死亡或者依法解散、被依法撤销、被宣告破产而终止，信托财产不属于其遗产或者清算财产。

第二十七条 受托人不得将信托财产转为其固有财产。受托人将信托财产转为其固有财产的，必须恢复该信托财产的原状；造成信托财产损失的，应当承担赔偿责任。

第四十八条 受益人的信托受益权可以依法转让和继承，但信托文件有限制性规定的除外。

对有特殊需要的子女的照顾——信托让爱穿越时空

案例背景

翟女士与丈夫从校园恋爱走向婚姻，两人家境优渥，感情深厚，是旁人羡慕不已的恩爱夫妻。不久后，翟女士怀孕了。她和丈夫满怀喜悦和期待，等待孩子的到来。很快，女儿小果出生了。在众人的悉心照顾下，小果渐渐长大，但翟女士发现，女儿在身体和智力上的发育跟同龄孩子相比明显有些迟缓。这让翟女士和丈夫陷入了深深的焦虑与不安。

他们带女儿到好几家医院做了检查，但检查结果全都一样，因基因突变导致小果的身体和智力发育迟缓。

面对女儿的特殊情况，翟女士和丈夫经历了一段艰难的接受过程。他们逐渐放下了对“完美”家庭的期待。为了避免再生出这样的孩子，翟女士和丈夫就没有再生育子女。他们将全部的爱和精力都投入到小果的成长中，尽全力给予小果最好的教育和照顾。尽管小果进步缓慢，但在父母无微不至的关怀和照顾下，她的生活中充满了爱与幸福。多年来，也是小果的天真无邪和善良，给了夫妻俩面对一切困难的勇气。

随着年龄的增长，翟女士和丈夫开始变得焦虑不安。他们担心自己不在以后，小果没有能力照顾自己。另一个迫在眉睫的问题是，翟女士和丈夫年纪也大了，可能很快就需要人照顾。他们不愿意也不能把这个重担放在小果身上。为此，夫妻俩尝试了解不同的养老方案，也考虑过雇用专业的护工或者是入住高档的养老院，但这些方案都无法完全解决他们的问题。

每当夜幕降临，翟女士和丈夫都会陷入深深的思考，思考着自己的晚年生活，思考着他们最宝贵的女儿小果的命运。

案例分析

翟女士和丈夫的忧虑主要包括以下三个方面。

1. 如何保证小果可以安稳地度过一生?

这主要是对小果未来的生活质量和安全的担忧。考虑到小果的身体和智力发展情况，翟女士和丈夫担心他们离世后，小果不能得到妥善的照顾。更深层的原因则是他们担忧小果作为特殊需要人士，在社会中能否获得足够的支持和资源。这种担忧体现了翟女士和丈夫对遗产规划和女儿抚养责任的焦虑。

2. 翟女士和丈夫去世后，遗产由谁来打理?

这主要是对家庭财富的传承和管理的担忧。翟女士和丈夫家境优渥，他们的资产类型可能比较复杂，包括各种投资、房产和企业股权等。而小果作为他们的唯一继承人，并没有能力管理这些财富。这种担忧体现了两个人对实现家庭财富长期保存和传承，以及在遗产规划中妥善安排女儿的愿望。

3. 翟女士和丈夫晚年的生活由谁来照顾?

这主要是对自身养老问题的担忧。随着年龄增长，翟女士和丈夫可能会面临各种健康挑战。由于小果的情况特殊，他们无法指望日后小果在日常生活中提供帮助。这增加了他们未来养老的不确定性。这种担忧体现了两个人对现有养老系统和服务能否满足他们特定需求的疑虑，以及对晚年生活质量的关注。

科学建议

翟女士和丈夫可以通过银行渠道设立家族信托，解决他们的三大忧虑，让他们自己和女儿小果安稳地度过一生。具体方案如下。

1. 利用家族信托实现特殊需要

（1）选择银行的信托服务。利用银行的专业信托服务设立家族信托。银行作为信托服务提供者，能够提供专业的资产管理和法律、税务咨询等服务。

（2）制订特殊需要支持计划。在信托条款中明确小果的特殊需要，确保信托财产被用于她的教育、医疗和生活支持。

2. 利用银行的信托管理庞大的家庭财富

（1）资产配置与管理。银行的信托部门可以帮助翟女士和丈夫进行资产配置，包括选择合适的投资组合，以实现长期的财富增值和风险控制。

（2）明确遗产规划。翟女士和丈夫可以在信托条款中明确他们的财富传承计划，由银行信托部门进行信托财产的分配。

3. 通过家族信托规划翟女士和丈夫的晚年生活

（1）做好养老规划。在家族信托中设立专项资金用于翟女士和丈夫的养老，包括医疗费用、护理费用或者住养老院的费用等。

（2）制订应急计划。家族信托可以帮助翟女士和丈夫制订应对健康危机或者其他突发情况的应急计划。

总的来说，选择银行作为信托服务提供者的优势在于：

第一，专业。银行具有专业的资产管理和法律支持团队，能够为翟女士和丈夫提供专业的资产管理和遗产规划服务。

第二，安全。银行作为受到金融监管总局监管的机构，其信托服务的安全性和透明度较高。

第三，便利。银行提供的综合服务可以让翟女士和丈夫轻松管理信托事务，减轻管理负担。

需要注意的是，翟女士和丈夫通过银行设立家族信托时，应当深入了解不同银行提供的信托服务内容、费用结构以及服务条款，以便选择最适合自己家庭情况的服务。同时，也建议他们咨询专业的法律和财务专家，以获得更全面的建议和支持。

法律依据

《信托法》

第十六条 信托财产与属于受托人所有的财产（以下简称固有财产）相区别，不得归入受托人的固有财产或者成为固有财产的一部分。

受托人死亡或者依法解散、被依法撤销、被宣告破产而终止，信托财产不属于其遗产或者清算财产。

第二十七条 受托人不得将信托财产转为其固有财产。受托人将信托财产转为其固有财产的，必须恢复该信托财产的原状；造成信托财产损失的，应当承担赔偿责任。

第四十八条 受益人的信托受益权可以依法转让和继承，但信托文件有限制性规定的除外。

对于已婚子女，父母怎么赠与资金最稳妥?

案例背景

方琳的梦想在南方一座海滨城市的碧波之畔悄然萌芽。这座城市风景优美，又有政府的巨资投入，正在逐渐发展为旅游新城。方琳坚信，在这里开一家汽车租赁公司会是一项稳赚不赔的投资。但丈夫小崔对这个大胆的计划持保守态度。两人为此争执不休，直到方琳的父母决定出资支持她，这个计划才得以实施。

有了启动资金，方琳迅速行动起来——注册公司、租下店面、购买车辆、组建团队。不到两个月，公司便正式运营了。幸运的是，当地政府为了促进经济，开始大力发展旅游业。为了吸引游客，不仅赠送消费券，还邀请知名歌星来当地举办演唱会，甚至有些景区不收费。这一系列的活动吸引了源源不断的游客，方琳的汽车租赁公司乘着这股东风，发展得很不错。

随着公司利润的增长，小崔的态度也转变了，他看着源源不断的资金入账，内心的欲望悄然膨胀。他从原单位辞职，提出要跟方琳一起经营公司。方琳同意了，但她意料不到的是，丈夫的加入并没有给公司带来更多帮助，反而成了负担。

加入公司不久，小崔就偷偷将公司的收款码换成了自己的，收到的钱则全部用于个人享乐——他成了夜店、酒吧、洗浴中心的常客。对于公司的日常运营，小崔几乎不闻不问。方琳发现这一切后，与小崔发生了激烈的争吵，夫妻关系变得越来越差。

最终，方琳决定离婚。但在离婚过程中她才意识到，由于她父母在赠与资金时没有作出过任何约定，所以法律上会默认为那是她父母对她和小崔夫妻双方的赠与，属于夫妻共同财产，小崔有权要求分割。

这笔钱是方琳父母多年的积蓄，现在却不得不分给小崔一些，方琳的心中充满了不甘和无奈！

案例分析

方琳遇到的问题实际上是“夫妻婚内受赠的财产归属于谁”。我们可以根据法律规定，从以下三个方面来解答。

1. 夫妻共同财产的界定

根据《民法典》第一千零六十二条的规定，夫妻在婚姻关系存续期间取得的财产，除法律特别规定或者夫妻双方另有约定外，均为夫妻共同财产。夫妻婚内受赠的财产，一般属于夫妻共同财产。方琳在婚内收到父母赠与的资金，由于没有特殊的约定或者证据证明是父母赠与方琳个人的，因此这笔资金会被认定为夫妻共同财产。

2. 夫妻个人财产的界定

根据《民法典》第一千零六十三条的规定，遗嘱或者赠与合同中确定只归一方的财产，为夫妻一方的个人财产。由于方琳的父母在赠与时没有明确表示资金只属于方琳个人，因此这笔资金不能被认定为方琳的个人财产。

3. 离婚时财产分割的原则

根据《民法典》第一千零八十七条的规定，离婚时，夫妻的共同财产由双方协议处理；协议不成的，由人民法院根据财产的具体情况，按照照顾子女、女方和无过错方权益的原则判决。方琳父母赠与的资金既然被认定为夫妻共同财产，那么小崔作为方琳的配偶，离婚时就有权请求分割，但具体能够分得多少，还要由法院根据具体情况裁定。

科学建议

子女已婚，父母怎么赠与资金最稳妥呢？实际上，在赠与资金之前，方琳的父母可以采取以下措施，使赠与资金成为女儿的婚内个人财产。

1. 签订单独赠与合同

方琳的父母可以与女儿签订一份书面的单独赠与合同，明确指出赠与的资金仅属于方琳个人，与其丈夫小崔无关。这份书面合同应当详细列出赠与的金额、赠与的条件和目的等相关细节。

2. 办理赠与合同公证

为了增强赠与合同的法律效力，方琳的父母可以办理赠与合同公证。公证机关将审核赠与合同的内容，确认其符合法律规定，使之成为具有较高证明力的法律文件。

3. 保留转账记录

方琳的父母最好以银行转账的方式赠与资金，同时保留转账记录和相关证明，以便在必要时提供明确的资金来源证明。银行汇款单上应当注明转账的目的和性质，比如“赠与方琳个人使用”。

4. 资金的管理、使用保持独立

方琳的父母应当将这笔资金转入以女儿个人名义开设的银行账户，并提醒女儿这笔资金不能被用于夫妻共同生活或者共同投资，即资金的使用和管理应当完全独立于方琳的夫妻共同财产。

5. 咨询律师

在赠与前，建议方琳的父母先去咨询律师，确保赠与合同的法律效力，充分了解相关的法律规定和风险。

以上安排有助于保护赠与人（父母）的意愿和受赠人（己方子女）的权益，避免未来出现法律纠纷。

法律依据

《民法典》

第一千零六十二条　夫妻在婚姻关系存续期间所得的下列财产，为夫妻的共同财产，归夫妻共同所有：

（一）工资、奖金、劳务报酬；

（二）生产、经营、投资的收益；

（三）知识产权的收益；

（四）继承或者受赠的财产，但是本法第一千零六十三条第三项规定的除外；

（五）其他应当归共同所有的财产。

夫妻对共同财产，有平等的处理权。

第一千零六十三条　下列财产为夫妻一方的个人财产：

（一）一方的婚前财产；

（二）一方因受到人身损害获得的赔偿或者补偿；

（三）遗嘱或者赠与合同中确定只归一方的财产；

（四）一方专用的生活用品；

（五）其他应当归一方的财产。

第一千零八十七条　离婚时，夫妻的共同财产由双方协议处理；协议不成的，由人民法院根据财产的具体情况，按照照顾子女、女方和无过错方权益的原则判决。

对夫或者妻在家庭土地承包经营中享有的权益等，应当依法予以保护。

如何防范子女得到房产后肆意挥霍？

案例背景

赵总是一位经验丰富的建筑公司老板。他的公司专注于为房地产开发商建造高层住宅，干得不错。但前不久，他面临了前所未有的挑战——一位主要的开发商伙伴由于资金周转不灵，无法及时支付赵总的施工款，在双方的协商下，开发商以两栋住宅楼抵债，每栋楼拥有240套住宅。

当时，赵总别无选择，只能接受这笔交易。所幸，随着时间的推移，这两栋楼的价值也随之水涨船高。为了规避未来的税务风险和财产纠纷，赵总早早地将这些房产转移到了他唯一的儿子小赵名下，希望借此保全家庭财富。赵总自认为这是一个明智之举，却未曾想到，他的这个决定给家庭带来了灾难性的后果。

小赵从小就是衣来伸手，饭来张口，成年后经常混迹于各种娱乐场所，后来在某个朋友的诱惑下，渐渐染上了毒瘾。赵总和妻子发现儿子的变化后，开始用各种方式干预，但都无济于事。为了获得大笔的现金，被父母断了经济来源的小赵决定以低于市场20%的价格出售这些房产，并且只接受现金交易。这样的低价销售立刻引起了众多房产中介的极大兴趣，有些中介已经预先联系了一批有现金支付能力的客户，只等小赵一声令下，便可迅速成交。

此时的赵总如坐针毡，焦虑万分。他深知，一旦这些房产被低价出售，他们的家庭财富将遭受巨大损失。

于是，赵总想方设法地阻止儿子“干蠢事”。他先是将所有不动产权证书藏起来，希望借此打消儿子卖房的想法，但小赵直接跑去申请补办不动产权证书，导致他的阻断计划落空了。赵总气急了，便让公司的保安在两栋楼下轮流值班，以阻挠其他买家和中介前来看房，但这个计划同样以失败告终——已从小赵手里购买了房子的新业主对保安的出现感到不满，认为这影响了他们的正常生活，于是便报了警。警察很快出动，将赵总的保安赶走了。

这一系列的事件，让赵总心力交瘁。他一方面担心儿子的身体，另一方面则担忧自己辛苦积累的财富将会就此付诸东流。

案例分析

从法律的角度来看，赵总想要收回赠与儿子的房产，难度很大。

根据《民法典》的规定，赵总将房产赠与儿子是一种无偿转移财产的行为。一旦完成赠与，财产所有权就转移给了受赠人。因此，赵总将房产转移到小赵名下，就意味着小赵已经成为房产的合法所有者，有权处分房产。

那么，赵总有没有权利撤销赠与呢？根据《民法典》第六百六十三条的规定，赠与人在以下情形下可以撤销赠与：

（1）严重侵害赠与人或者赠与人近亲属的合法权益；

（2）对赠与人有扶养义务而不履行；

（3）不履行赠与合同约定的义务。

小赵沉迷于毒品并不直接构成上述情形，赵总也未在赠与合同中约定相关义务。此外，赠与人的撤销权，必须自知道或者应当知道撤销事由之日起一年内行使，即便赵总有撤销权，也已经超过了这个时限。

科学建议

赵总在赠与房产的同时应该保留控制权，以避免儿子因财富管理能力弱而导致财富流失。具体来说，有以下两种方案。

1. 房产反向抵押

（1）赠与房产。赵总可以依据《民法典》中关于赠与的规定，将房产赠与小赵。完成房产过户手续后，小赵便获得了房屋的所有权。

（2）签订借条。在赠与过程中，由小赵向赵总出具借条，写明其欠赵总一笔钱款（该钱款的金额等同于房产价值）。这一步是赠与和抵押的关键连接点，从此赵总在财务上对小赵有债权。

（3）房产抵押。小赵将受赠房产抵押给赵总，以借条上的金额作为抵押额。这一步需要两人到不动产登记中心办理相应的抵押登记手续，并办理《他项权证》。《他项权证》是证明房产设定了他项权（如抵押权）的法律文件。有了这个文件，赵总作为抵押权人，在法律上拥有对房产的控制权，可以在小赵违约时主张行使抵押权。

做了房产反向抵押后，房产名义上归小赵所有，但他若想处置这些房产（如出售、再抵押或者更改产权结构等），必须得到赵总的同意。这在一定程度上避免了未来可能征收的遗产税以及因小赵个人问题（如婚变）可能导致的财富流失。

2. 按份共有房屋产权

根据《民法典》的规定，房屋产权共有包括两种形式：按份共有和共同共有。举例来说，按份共有，就是 A 与 B 按照约定或者出资的比例对房屋享有所有权，比如 A 享有 30%，B 享有 70%；共同共有，就是 A 与 B 不分份额、平等地对房屋享有所有权，即 A 享有 50%，B 享有 50%。在按份共有中，按份共有人按照各自的份额对房屋享有权利，承担义务。共有关系存续期间，按份共有人有权转让其享有的共有份额。

了解了按份共有房屋产权，我们再来看赵总应该怎么做。

赵总需要带着小赵到不动产登记中心办理产权变更手续，将房产登记为按份共有，份额可以约定为：赵总 1%，小赵 99%。这一步需要双方签署相关的协议，并办理相应的登记手续。

将房屋产权登记为按份共有，有两个好处：一是小赵无法单独作出关于房产的重大决策（如出售、抵押或者更名），因为即便赵总只有1%的份额，但只要他不同意，小赵就无法办理相关手续，所以赵总实际上仍然对房产有控制权；二是若未来中国征收遗产税，小赵在继承赵总的遗产时，只需要对赵总所持有的小份额产权缴纳相应的税费，这可能会减轻其税务负担。但这个方案也有不足之处，即按份共有可能会导致房产手续变得更加复杂。例如，不动产权证书上会分别体现两个人各自的份额，在出售或者抵押房产时，需要两个共有人共同决策和签名。这可能会给房产的日常管理和使用带来一定的不便。

总的来说，按份共有房屋产权虽然能在一定程度上保护赵总的利益，使他对房屋保留一定的控制权，但也增加了操作上的复杂性。赵总在考虑采取这种做法时，应当仔细权衡利弊。

最后需要说明的是，上述解决方案仅供参考，具体的操作大家仍需要咨询专业的律师，以确保所有操作符合法律规定，同时应充分了解相应的法律后果和税务影响。

法律依据

《民法典》

第二百九十七条 不动产或者动产可以由两个以上组织、个人共有。共有包括按份共有和共同共有。

第二百九十八条 按份共有人对共有的不动产或者动产按照其份额享有所有权。

第二百九十九条 共同共有人对共有的不动产或者动产共同享有所有权。

第三百条 共有人按照约定管理共有的不动产或者动产；没有约定或者约定不明确的，各共有人都有管理的权利和义务。

第三百零五条 按份共有人可以转让其享有的共有的不动产或者动产份额。其他共有人在同等条件下享有优先购买的权利。

第三百零六条 按份共有人转让其享有的共有的不动产或者动产份额的，应当将转让条件及时通知其他共有人。其他共有人应当在合理期限内行使优先购买权。

两个以上其他共有人主张行使优先购买权的，协商确定各自的购买比例；协商不成的，按照转让时各自的共有份额比例行使优先购买权。

第三百九十四条 为担保债务的履行，债务人或者第三人不转移财产的占有，将该财产抵押给债权人的，债务人不履行到期债务或者发生当事人约定的实现抵押权的情形，债权人有权就该财产优先受偿。

前款规定的债务人或者第三人为抵押人，债权人为抵押权人，提供担保的财产为抵押财产。

第六百六十三条 受赠人有下列情形之一的，赠与人可以撤销赠与：

（一）严重侵害赠与人或者赠与人近亲属的合法权益；

（二）对赠与人有扶养义务而不履行；

（三）不履行赠与合同约定的义务。

赠与人的撤销权，自知道或者应当知道撤销事由之日起一年内行使。

忽视股权传承规划的后果——子女得到了股权却未必能得到公司

案例背景

说起潘总，人们常说他是“逆袭”的典范。潘总小时候家境贫寒，早早便跟哥哥一块儿辍学打工补贴家用。25岁时，潘总成了小包工头，因为工程质量高、诚信好，赢得了很多老板的赞誉。到后来，经验、口碑、人脉积攒得越来越多，于是他就拉着哥哥一起成立了一家公司，自己承包工程。努力经营多年后，公司发展成了一个拥有数亿资产的庞大企业。潘总也一跃成为当地的“商业传奇”。

对于公司的成功，潘总功不可没。虽然哥哥也参与公司的日常运营，但多数情况下，都是在潘总的带领下工作的，基本上扮演的是一个辅助的角色。在公司股权方面，潘总持股60%，哥哥持股40%。

不幸的是，一场突如其来的车祸夺走了潘总的生命，留下妻子和10岁的幼女。这给他的家庭和公司带来了极大的震动。由于潘总生前未留有遗嘱，他所持有的60%股权按照法定继承分配如下：他的妻子首先继承了其中的一半，即30%，这部分被视为夫妻共同财产；剩余的30%股权由潘总的父母及妻女平分，因此潘总的父母和妻女最终各得到15%和45%。

就在众人因潘总的逝世哀伤之际，潘总的哥哥却悄然劝服父母将股权赠与自己，理由是担心将来侄女结婚后，家族财富会流入外人手中，公司只有在自己手里，才能保证财富在潘氏家族中传承。

获得父母的那部分股权后，潘总的哥哥持股达到55%，顺利成为大股东，控制了公司，他随即将业务骨干逐步分流到他新成立的公司中。这导致潘总妻子和女儿的股权价值大幅缩水，两人最终得到的遗产与实际应得的遗产相去甚远。

案例分析

我们先来回答两个问题。

1. 潘总的父母得到潘总的遗产是否具有合法性?

答案是具有合法性。根据《民法典》第一千一百二十七条的规定，潘总的父母是潘总的合法继承人，而且是第一顺序继承人。既然潘总身故时没有留下遗嘱等文件对其遗产作出安排，那么他的遗产就会按照法定继承处理，其父母有权得到法律规定的遗产份额。

2. 潘总的父母将股权赠与大儿子，潘总的妻子有权阻止吗?

答案是无权阻止。只要公司章程没有限制，潘总的父母就有权将自己合法所有的 15% 的股权赠与他人。

总的来说，潘总的妻子和女儿虽然继承了近一半的公司股权，但仍无法阻止潘总的哥哥和父母联合起来夺取公司控制权，以至于她们只能眼睁睁地看着潘总的哥哥利用公司的资源“另起炉灶”。这样的结果也绝非潘总所愿。因此，对潘总这样的企业家来说，对个人的财富，尤其是公司股权，如果不提前制定任何风险预案，无疑是让自己的财富在风险中“裸奔”。

科学建议

如果潘总在世时能够早做安排，就能更好地保护妻女的利益，预防可能出现的不利结果。例如，他可以通过以下方法保护自己的股权，保证自己出现意外时股权可以全部转到女儿名下。

1. 订立遗嘱

（1）遗嘱类型。潘总可以选择自书遗嘱、公证遗嘱或者录音录像遗嘱等。

（2）遗嘱内容。遗嘱中应明确列出自己有哪些财产，这些财产分别由哪些人来继承。潘总可以写出自己所持股权的比例，并明确指定女儿为唯一继承人。

（3）遗嘱的变更和撤销。潘总可以随时更改或者撤销遗嘱，只要他具备完全民事行为能力。

（4）遗嘱的法律效力。遗嘱在潘总去世后即生效，且效力优先于法定继承。

2. 提前转移股权

（1）转移方式。潘总可以通过签订股权转让合同或者单独赠与合同的方式，将股权转移到女儿名下。其中，股权转让合同适用于股权有偿转移，而股权单独赠与合同适用于股权无偿转移。

（2）法律手续。转让或者赠与股权须符合《公司法》和《民法典》的相关规定，一般需要通知公司其他股东，并按照规定办理股权变更登记等手续。

（3）税务考虑。股权转让或者赠与可能会涉及税务问题，因此也需要提前规划。

3. 提前修改公司章程

（1）修改内容。潘总可以提议修改公司章程，加入关于股权继承或者转让的特别条款。例如，公司章程中可以规定潘总去世后，其股权由特定人继承，或者在转让股权时给予特定人优先购买权。

（2）法律合规性。修改公司章程须符合《公司法》的相关规定，通常需要由股东会作出修改公司章程的决议，并经代表三分之二以上表决权的股东通过。

上述方法可以在很大程度上确保潘总的财富，特别是公司股权，能够按照他的意愿传承给女儿。但每种方法都有其法律细节和实务操作上的考量，实施前应当咨询律师，确保符合法律规定，同时还要考虑对税务和公司治理的相关影响。

法律依据

《民法典》

第六百五十七条 赠与合同是赠与人将自己的财产无偿给予受赠人，受赠人表示接受赠与的合同。

第一千一百二十三条 继承开始后，按照法定继承办理；有遗嘱的，按照遗嘱继承或者遗赠办理；有遗赠扶养协议的，按照协议办理。

第一千一百二十七条第一款 遗产按照下列顺序继承：

（一）第一顺序：配偶、子女、父母；

（二）第二顺序：兄弟姐妹、祖父母、外祖父母。

《公司法》

第六十六条第三款 股东会作出修改公司章程、增加或者减少注册资本的决议，以及公司合并、分立、解散或者变更公司形式的决议，应当经代表三分之二以上表决权的股东通过。

第八十四条 有限责任公司的股东之间可以相互转让其全部或者部分股权。

股东向股东以外的人转让股权的，应当将股权转让的数量、价格、支付方式和期限等事项书面通知其他股东，其他股东在同等条件下有优先购买权。股东自接到书面通知之日起三十日内未答复的，视为放弃优先购买权。两个以上股东行使优先购买权的，协商确定各自的购买比例；协商不成的，按照转让时各自的出资比例行使优先购买权。

公司章程对股权转让另有规定的，从其规定。

第九十条 自然人股东死亡后，其合法继承人可以继承股东资格；但是，公司章程另有规定的除外。

如何使股权及未来收益和增值只属于已婚的儿子，并得到儿媳的支持？

案例背景

傍晚，老刘独坐在书房，面前摊着几张医院的报告单。医生给出的诊断结果对他来讲如同晴天霹雳。虽然医生宽慰他以现在的医疗技术，像他这样的患者，85% 都可以被完全治愈，但老刘还是觉得自己应该提前做一些安排。

最近他频繁思考的是关于公司股权的事。老刘的公司是他一手打造的，如今他想将股权传给自己的独子小刘。他知道这是自己唯一的选择，但一想到儿子与儿媳小静的夫妻关系不融洽，老刘的心就沉了下去。虽然小静与小刘的婚姻不算完美，但她跟小刘生下了两个可爱的男孩，这让老刘始终对儿媳感激不已。

晚饭时，家庭的气氛似乎比平时更加沉闷。老刘看着桌上热气腾腾的菜肴，心却是冷的。儿子和儿媳各自吃着饭，偶尔交谈几句。孙子们则在一旁嬉戏，对成人世界的紧张浑然不觉。

饭后，老刘把儿子叫到书房，试图跟儿子聊一聊股权转移的事，但话到嘴边又咽了回去。老刘自己年纪大了，现在又患了病，他很想把股权转给儿子。但他咨询过律师，如果直接把股权转移给儿子，也没有特别约定，那么股权就属于夫妻共同财产；如果做了特别约定，他又担心被儿媳知道，激化小夫妻的矛盾。万一儿子和儿媳为此离婚，两个孙子就没有完整的家庭了，这也是老刘无法接受的。

夜深人静，老刘思考着各种可能性，试图找到一个既不会让家庭财富流失，又不影响家庭和睦的方案……

案例分析

老刘的顾虑主要包括以下三个方面。

1. 财富外流

老刘希望将自己一手打造的公司的股权传承给儿子小刘，但他意识到直接转移股权会使股权成为儿子与儿媳的夫妻共同财产。假如未来儿子与儿媳离婚，自己给儿子的股权就会被分割。

2. 对儿子夫妻关系的影响

根据《民法典》的规定，婚后获得的财产，除法律特别规定或者夫妻双方另有约定外，会被认定为夫妻共同财产。老刘既不希望股权变成儿子的夫妻共同财产，也不希望因为自己特别约定股权属于儿子一人，而影响到儿子和儿媳的夫妻关系。他不想因为财产问题让儿子和儿媳的关系产生更大的裂痕。

3. 对孙子成长环境的影响

老刘心中始终有一种责任感，他认为保障孙子们的幸福和家庭的完整性是非常重要的。因此，他很担心儿子和儿媳会因为股权转移和财产分配问题而离婚，给孙子的成长带来不利影响。

对老刘来说，做股权传承不仅要考虑法律层面的问题，还要尽量避免影响家庭关系和孙子们的幸福。这无疑是一个复杂的决策过程，需要谨慎处理各方面的关系。

科学建议

老刘在考虑将股权传承给儿子时，面临的主要问题是如何确保股权在传承过程中不影响家庭和睦，特别是不影响儿子与儿媳之间的关系，以及孙子们的幸福。对此，他可以考虑以下两种方案。

方案一：设立家族信托

1. 利用家族信托管理和传承股权

老刘可以通过设立家族信托来管理和传承股权。具体做法是，老刘作为委托人，将公司股权交付给信托公司，信托公司作为受托人，以老刘的公司股权为信托财产设立家族信托，并按照家族信托文件的要求管理、处分信托财产，向受益人分配信托利益。

2. 定制信托条款

老刘可以在家族信托文件中设置详细的股权运作管理和股权利益分配条款，确保股权的管理和受益按照他的意愿进行。例如，他可以指定小刘作为主要的信托受益人，同时规定在特定条件下（如小刘发生婚变）股权的管理和利益分配方式。

这样一来，股权将不直接属于小刘，而是由家族信托持有。即使未来小刘与小静离婚，这些股权也不会被当作夫妻共同财产进行分割。这样做可以在一定程度上降低离婚对股权的直接影响，避免家庭内部因财产分配问题而产生矛盾。

总的来说，家族信托为老刘提供了一个灵活且有效的方式来处理他的股权问题，确保了股权在家族内部按照老刘的愿望进行传承，同时还兼顾了家庭和睦和长期财富管理的需要。然而，设立和管理家族信托，尤其是以公司股权作为信托财产的家族信托，是一个相当复杂的过程，其中涉及法律、财税等多方面的知识，需要有专业的法律和财务顾问全程协助，为老刘量身定制信托条款。

方案二：签订婚内财产协议+购买年金保险

1. 签订婚内财产协议，确定股权归属

婚内财产协议，是指夫妻双方可以对其婚内所得财产权属进行约定，可以约定为归各自所有、共同所有或者部分各自所有、部分共同所有。只要协议内容是

双方真实意思表示，且不违反法律法规的禁止性规定，该协议就是合法有效的。即便离婚，法院也会尊重当事人之间的约定，按照协议约定的内容作出财产分割的判决。

老刘可以建议儿子与儿媳签订一份婚内财产协议，明确约定小刘从父亲那里得到的股权及未来收益和增值属于小刘的个人财产。

2. 为儿媳购买终身年金保险作为补偿

签订婚内财产协议很可能会引起小静的不满，甚至加剧她与小刘婚姻的破裂。对此，老刘可以考虑为儿媳购买一份终身年金保险作为补偿。具体做法是由老刘为儿媳提供购买保险的资金，儿媳自己做投保人和被保险人，两个孙子做身故受益人。儿媳可以获得与其生命等长的现金流（保险的生存年金）。这样做既能够为儿媳提供长期的经济支持，也有助于保持她与小刘的婚姻稳定。

3. 选择灵活的保费支付周期

老刘可以选择一个较长的保费支付周期，比如 5 ~ 10 年的交费期。在此期间，如果儿子与儿媳发生婚变，老刘作为购买保险的出资人，可以根据实际情况调整策略，及时止损。

“签订婚内财产协议 + 购买年金保险”的方案，不仅能确保股权传承给小刘一个人，也在一定程度上维护了稳定的家庭关系。

法律依据

《民法典》

第一千零六十五条 男女双方可以约定婚姻关系存续期间所得的财产以及婚前财产归各自所有、共同所有或者部分各自所有、部分共同所有。约定应当采用书面形式。没有约定或者约定不明确的，适用本法第一千零六十二条、第一千零六十三条的规定。

夫妻对婚姻关系存续期间所得的财产以及婚前财产的约定，对双方具有法律约束力。

夫妻对婚姻关系存续期间所得的财产约定归各自所有，夫或者妻一方对外所负的债务，相对人知道该约定的，以夫或者妻一方的个人财产清偿。

如何做到不仅能让子女一时富裕，还能让子女一世富裕？

案例背景

刘先生是某地产集团公司的创始人，属于当地的“地产大亨”。虽然他的事业到达了常人难以企及的高度，他也成为无数人学习的楷模，但他的内心和每个普通的父亲一样，有着对子女殷殷的期盼和深切的担忧。

刘先生的独子刘乐，是含着金汤匙出生的。殷实的家境与家人的溺爱，养成了刘乐肆意妄为的性格。因为心思不在读书上，他连大学学业也未能完成。刘先生担心儿子整日不务正业，于是将儿子安排到自己的公司担任高管，希望工作能够磨炼儿子的意志，让儿子成为一个合格的继承人。

然而，事与愿违，刘乐在公司里的表现让刘先生失望至极。且不说刘乐对待工作十分懈怠，更令刘先生无法容忍的是，刘乐经常私自从公司账户中支取资金，用于购买豪车、名表等个人消费。在一次高管会议上，刘先生宣布解除刘乐的职务。

失去工作的刘乐，恢复了往日的浪荡生活，还结识了一些道上的“兄弟”。这些人看中了刘乐的阔绰，像寄生虫一样吸取着他的财富。刘先生得知后，几次要求刘乐远离那些狐朋狗友，但刘乐始终不听劝。无奈之下，刘先生切断了对儿子的经济支持。

没了钱的刘乐，既惶恐又愤怒。在别人的怂恿下，刘乐策划了一场虚假的“绑架案”，试图从父亲那里获取巨额赎金。刘先生听到儿子“被绑架”的消息，心急如焚，立刻报警，又紧急筹钱凑赎金。

警方很快便揭露了这场“绑架案”的真相。这一丑闻不仅使刘乐面临牢狱之灾，也让刘先生和公司的声誉大受打击。为此，刘先生整日郁郁寡欢，对公司的经营也逐渐力不从心。曾经辉煌的地产帝国如今正在摇摇欲坠，刘先生积累了半生的财富，也在这场风波中逐渐消散。

案例分析

从财富管理的角度来看，刘先生主要存在以下问题。

1. 没有培养儿子正确的财富观

财富观主要包括学会节俭、理解金钱来之不易、认识到财富的社会责任等。它对于培养一个能够合理管理和继承财富的继承人至关重要，但刘先生未能帮助儿子正确理解财富的价值和具体管理方法，致使刘乐缺乏金钱管理能力。

2. 缺少企业传承规划

理想的企业传承规划应该是一个长期、系统的过程，包括对继承人能力的评估、专业知识和技能培训、工作经验的积累等，同时还要有一个公正的评价体系，以确保继承人真正具备领导企业的能力。刘先生在未认真考虑儿子的资质、兴趣的情况下，直接将儿子安排到公司的高层职位，这是一种典型的企业传承失误，也说明刘先生缺乏对企业传承的具体规划。

3. 对儿子过度溺爱，缺乏财务上的监管

刘乐能够在公司毫无阻碍地支取巨额资金，反映了刘先生对财务工作疏于监管。刘先生应当设置清晰的财务规则和预算限制，以及对资金使用的透明监督机制，同时让刘乐学习财务知识，培养他的责任感。

4. 家庭和企业缺乏风险管理机制

面对子女的不当行为，仅采取切断经济支持的措施是远远不够的，父母还需要提供情感支持、心理帮助，甚至是职业指导。刘先生一家的悲剧之所以发生，原因之一就在于他的企业和家庭均缺乏风险管理机制。

5. 个人情绪影响企业经营

刘先生因为儿子“绑架案”一事萎靡不振，未能将个人情绪与企业经营管理分离。企业领导者应当管理好个人情绪，避免将个人问题代入工作，同时要建立完善的管理制度，组建优秀的管理团队，确保在企业领导者面临个人困难时，企业也能够平稳运行。

科学建议

当刘先生发现儿子挥霍无度且不适合接班时，就应立即调整企业的经营策略和家庭财富管理方式。在这种情况下，消极应对或者推迟决策只会加剧问题的严重性，导致企业发展受阻、家庭财富流失。作为一位负责任的企业领导者，刘先生应当积极采取措施，避免局面进一步恶化。具体来说，刘先生可以参考以下建议。

1. 调整公司战略

（1）评估业务与聚焦核心业务。刘先生应对公司的业务进行全面评估，确定哪些是核心业务，哪些是非核心或者表现不佳的业务。核心业务通常是公司最具竞争力和盈利能力的部分，应予以保留和加强。

（2）出售非核心业务。对于非核心业务或者外围公司，刘先生可以考虑出售，以减轻公司负担，将资源和精力集中在核心业务上。

（3）制订长期退出计划。考虑到刘先生年龄增长、体力下降，他可以制订一个长期的退出计划。例如，通过管理层收购（MBO）或者将公司股权出售给第三方。这需要刘先生提前规划，与管理层和潜在买家进行沟通。

2. 管理家庭财富

（1）设立家族信托。刘先生可以设立一个家族信托，将部分家庭财富装入其中。家族信托可以由专业的信托公司或者银行管理，以确保资产的合理分配和有效管理。

（2）明确信托受益人。信托的受益人可以是刘先生本人、配偶、儿子、儿媳、孙子女等。家族信托文件中可以明确资金的使用目的和条件，比如用于教育、医疗、生活支持等。

（3）控制资金分配。为了避免刘乐挥霍，家族信托中的资金分配可以设置一定的限制条件。例如，要求刘乐必须完成某些教育培训课程，在企业或者其他机构实习一段时间，才能获得相应的资金支持。

（4）教育和培训。安排专业人士对刘乐进行财富管理、投资理财等方面的培训，提高其财务管理能力和责任感。

3. 持续监督与调整

（1）定期评估。定期评估公司的发展情况和家族信托的运作情况，确保一切按照既定计划进行。

（2）灵活调整。根据市场环境、家庭需求和个人状况的变化，适时调整公司战略和家族信托设置条件。

上述建议旨在帮助刘先生在确保企业持续稳定发展的同时，也为家庭财富的长期稳定和传承打下坚实基础。这样的安排不仅能避免刘乐肆意挥霍家庭财富，更能让刘先生的财富平稳地传承给后代。

法律依据

《信托法》

第十六条 信托财产与属于受托人所有的财产（以下简称固有财产）相区别，不得归入受托人的固有财产或者成为固有财产的一部分。受托人死亡或者依法解散、被依法撤销、被宣告破产而终止，信托财产不属于其遗产或者清算财产。

第二十七条 受托人不得将信托财产转为其固有财产。受托人将信托财产转为其固有财产的，必须恢复该信托财产的原状；造成信托财产损失的，应当承担赔偿责任。

第四十八条 受益人的信托受益权可以依法转让和继承，但信托文件有限制性规定的除外。

再婚人士的财产传承规划

案例背景

赵总的一生可谓饱经风霜。早年，他与妻子一起经营运输生意，起步十分艰难。两人有一个儿子小赵，性格内向、懂事。一家三口生活得十分幸福、美满。

直到一场意外车祸，彻底改变了一切。在那次事故中，赵总身受重伤，而他深爱的妻子不幸去世。从此，赵总就完全投入到工作中，试图通过努力工作来弥补内心的创伤。

几年过去了，赵总的父母和朋友们都建议赵总再婚，但赵总拒绝了。他担心自己再婚会对儿子有影响，也怕新的妻子对儿子不好。赵总将所有的爱和关怀都倾注在小赵身上。无论小赵提出什么要求，赵总都会尽力满足，希望以此弥补儿子缺失的母爱。

最近几年，赵总发现运输生意越来越难做。于是，他决定将公司转让出去，拿到现金后去过清闲的生活。不过，突然闲下来的日子并没有赵总想象的那么好，他很快感到了孤单和空虚。此时的赵总已经50多岁了，除了儿子也没有其他家人，他感到人生漫长，开始渴望再次找到能共度余生的伴侣。

经人介绍，赵总遇到了刘女士。尽管刘女士的文化程度不高，但她的开朗和善良给赵总带来了巨大的慰藉。赵总决定与刘女士结婚，开始新的生活。小赵得知后极力反对。赵总非常难过，他不明白自己多年的付出，为何换不来儿子的理解和支持。

尽管儿子反对，但赵总还是与刘女士结了婚，并很快迎来了新的生命——可爱的女儿乐乐。可惜这样的幸福生活并未持续太久。一天早上，赵总突发脑溢血，生命垂危。在这段艰难的日子里，刘女士始终在医院不离不弃地照顾赵总。

与此同时，小赵趁机潜入家中，取走了赵总的银行卡、不动产权证书和名贵手表等重要物品。

最终，赵总还是去世了，但他没有留下遗嘱。为了赵总的遗产，小赵与刘女士发生了正面冲突。他认为刘女士与赵总只是“半路夫妻”，无权分得赵总的遗产。小赵只愿意给刘女士和乐乐 100 万元现金，并要求她们在三天内搬离赵家。刘女士希望小赵念在乐乐是他同父异母的妹妹的分儿上，分给她们母女一套房子和 200 万元现金，以保障乐乐的成长和教育。小赵断然拒绝了刘女士的请求。无奈之下，刘女士走了法律途径，起诉分割赵总的遗产。

经法院审理，赵总的遗产最终平均分配给了小赵、刘女士和乐乐三人。刘女士和乐乐最终得到的遗产，远比当初向小赵要的多得多。

案例分析

根据《民法典》的规定，继承开始后，被继承人没有遗嘱或者遗赠扶养协议的，遗产按照法定继承办理。同一顺序继承人继承遗产的份额，一般应当均等。

赵总去世时没有留下遗嘱，其遗产应当按照法定继承办理，由他的法定继承人继承。赵总的儿子小赵、女儿乐乐和配偶刘女士，都属于《民法典》规定的第一顺序继承人，所以遗产应当均等分配给这三个人。这样的规定，体现了法律对法定继承人权益的保护。

科学建议

与非再婚家庭相比，再婚家庭的成员更复杂，比如再婚双方可能都有前婚子女，甚至有其他非婚生子女等，导致子女之间存在利益冲突。此外，在再婚家庭中，再婚配偶被继子女赶出家门的情况也时有发生。像小赵就在父亲去世后，要求刘女士带着乐乐限期搬离赵家。

为了避免不必要的家庭纠纷，也为了保护再婚配偶和所有子女的权益，再婚人士有必要提前规划财产传承事宜。具体建议如下。

1. 订立遗嘱并定期更新

在遗嘱中明确写出自己的遗产分配给谁、如何分配，可以有效防止遗产纠纷，但前提是遗嘱合法有效。

此外，随着时间的推移，家庭成员和财产状况都有可能发生变化。遗嘱人需要定期更新遗嘱，确保遗嘱能体现最新的家庭状况和财产分配意愿。

2. 签订婚前财产协议

对于在再婚前就有较多资产的人士，建议与新的配偶签订婚前财产协议。这种协议可以明确双方的财产权利，以及在离婚或者一方去世时的财产处理方式。虽然签订婚前财产协议在中国不太常见，但它对于保护个人财产、预防未来的家庭纠纷极为有效。

法律依据

《民法典》

第一千一百二十三条 继承开始后，按照法定继承办理；有遗嘱的，按照遗嘱继承或者遗赠办理；有遗赠扶养协议的，按照协议办理。

第一千一百三十条第一款 同一顺序继承人继承遗产的份额，一般应当均等。

第三章

家企篇

企业家的财富保全智慧——四种可选方案

案例背景

一

这些年，李总将企业经营得十分出色，赚了不少钱，生活水平也直线上升——住别墅、开豪车，两个子女也在国外的名校就读。在他人眼中应该是春风得意的李总，最近却笑不出来了。

由于早年创业时税务监管不严，他在税务方面并没有做到完全符合规范。虽然随着企业经营规模的扩大和自身经验的积累，他逐步完善了公司的财务制度，目前已经达到了税务要求，但行业内出现的企业纳税问题“倒查 30 年”的传闻依旧让他坐立不安。他明白，如果自己企业的税务被倒查 30 年，那些早期不规范的税务问题将暴露无遗。

二

丁老板从事化工行业多年，他的工厂规模庞大，生产线长时间超负荷运转。尽管他采取了相应的技术手段和管理措施来防范化工事故，但化工生产过程的高风险性质无法改变，一场化工事故可能会造成大量的人员伤亡和财产损失，而由此产生的天价赔偿金恐怕会让他倾家荡产。除此以外，随着国家的环保政策日益严格，环保部门的检查越发频繁和严格，丁老板自知他的工厂的环保标准只是勉强达标，如果有一天环保标准再提高，哪怕只是提高一点，都有可能导致他的工厂倒闭，甚至牵连他的家庭财产。

这些忧虑像沉重的石块压在丁老板的心头，令他喘不过气来。

三

孙老板在各大商场开设了自己的服装专卖店，利润曾十分丰厚。然而，随着时代的变迁，越来越多的年轻人选择网购，这使得孙老板的商场渠道优势不再明显，他曾经引以为傲的线下布局也逐渐失去了竞争力。而且，互联网加速了价格透明化，使得行业利润降低。面对这样的局面，孙老板不得不承认，尽管这些年他代理了不少品牌，但并没有积累下多少个人财富。他苦心经营的线下渠道不仅没能给他带来预期的回报，还在不断消耗他多年积累的财富。再这样下去，自己半生积累的财富，岂不是要打水漂了？

案例分析

李总、丁老板、孙老板的忧虑，其实有一个共同点，那就是不希望企业的经营风险牵连家庭财产。但事实是：

1. 企业家很难做到家庭财产与企业经营风险的完全隔离

企业家普遍存在以下高危行为，导致其家庭财产容易受企业经营风险牵连：

（1）以个人名义为企业债务承担连带责任。在创业初期，为了获得更多的资金支持，企业家往往会签订个人连带责任承诺书，以个人名义为企业债务承担连带责任。当企业经营出现问题资不抵债时，债权人有权追讨企业家的家庭财产。

（2）个人账户与企业账户混用。在企业经营过程中，很多企业家为了方便，会将个人账户与企业账户混用，比如直接用个人账户收取企业货款，或者将个人消费的发票拿到企业报销。这些行为虽然在短期内降低了财务操作的复杂性，但从长期来看，会使家庭财产与企业财产难以区分，增加了法律和税务风险。一旦企业出现财务问题，企业家的家庭财产也会受到影响。

（3）用家庭财产（如房产、车辆）为企业贷款提供抵押担保。这样做虽然能帮助企业顺利获得贷款，缓解企业的资金压力，但同时也将企业家的家庭财产与企业债务捆绑在了一起。一旦企业无法偿还贷款，企业家的家庭财产将面临被强制执行的风险。这不仅会威胁到家庭的经济安全，还可能会对企业家个人的信用记录产生不利影响。

（4）不按规定进行股东分红，随意从企业账户提取资金。企业家可能以借款或者报销的形式，从企业账户中随意提取资金。这样做不仅容易引发财务管理混乱，还可能会损害其他股东的利益，进一步增加企业和个人的法律风险。

2. 企业家的家庭财产无力抵抗偿还企业债务

为什么企业家的家庭财产无力抵抗偿还企业债务呢？这通常与企业家及其配偶拥有家庭财产的三项权利——所有权、控制权与受益权有关。

（1）所有权。企业家夫妻名下的财产，无论是房产、车辆还是存款，所有权都在夫妻双方手中，属于双方的责任财产。当企业家签订个人连带责任承诺书或者以家庭财产为企业贷款提供抵押时，只要企业资不抵债或者无法偿还贷款，债权人就可以合法地要求企业家用其责任财产清偿债务。

（2）控制权。企业家不仅拥有家庭财产的所有权，还拥有控制权，可以自由支配这些财产用于家庭生活或者支持企业运营。这种控制权的集中，使得家庭财产很容易被用于企业经营活动，从而增加了企业经营失败时家庭财产所面临的风险。

（3）受益权。企业家通过家庭财产获得的收益，比如租金、利息或者其他投资回报，通常也用于家庭支出或者企业投资。当企业陷入财务困境时，债权人有权要求企业家用财产收益偿债。这进一步削弱了家庭财产的独立性和抗风险能力。

如果家庭财产的三项权利全都在企业家及其配偶的名下，债权人和法院便很容易通过大数据和联网系统找到企业家夫妻名下的所有财产信息，并在企业欠债难以偿还时予以追索。

科学建议

企业家想要保全家庭财富、隔离企业经营风险，最有效的方法是：保留对财富的控制权，同时剥离对财富的所有权和受益权。具体来说，企业家可以选择以下几种方案。

1. 资产代持

企业家可以将资产转移到自己信任的人名下，并与对方签订资产代持协议。这种方案的优点在于：

（1）操作简单。相对于其他复杂的法律和财务安排，资产代持操作简单，只需要将资产过户到代持人的名下，并与代持人签订一份书面的资产代持协议，明确资产的实际控制权和受益权仍归企业家（实际所有人）所有，同时规定代持人的权利和返还资产的义务。

（2）不易被发现。做了资产代持的资产，其所有权在法律上属于代持人，外界难以通过法律文件和公开记录追踪到实际所有人，从而使债权人难以找到与企业家相关的财富线索。因此，代持安排能够有效隐藏实际所有人的身份，增加企业家财富的隐蔽性。

（3）可代持的资产类别广泛。资产代持适用于多种类型的资产管理，企业家可以将住宅、商业地产、土地、交通工具、股票、基金份额、珠宝和艺术品等贵重物品转移到代持人的名下，控制权和实际收益仍由企业家掌握，这种广泛适用性使资产代持成为一种灵活且全面的财富保护手段。

（4）避免债务风险。代持资产在法律文件和公共记录中显示为代持人所有，能够有效地将资产与企业家的债务隔离开来。即使企业家因企业经营问题陷入债务纠纷或者破产，代持资产也不会被用于偿还企业债务。

缺点在于：

（1）代持人的道德风险。代持人可能会因为各种原因违反资产代持协议的约定，拒绝将资产归还给实际所有人。由于代持人是法律上的资产所有者，企业家可能需要通过法律手段追回这些资产，而这往往会耗费大量的时间、金钱和精力，而且结果不一定理想。

（2）代持人的债务风险。当代持人自身出现债务问题时，其名下的资产（即便是替人代持的资产）可能会被用来偿还其个人债务，导致企业家损失代持资产。目前法律上还没有明确的规定来保护这些资产免受代持人个人债务的影响。

（3）代持人的婚姻风险。当代持人的婚姻出现问题时，代持资产可能作为代持人的夫妻共同财产进行离婚分割，这样的话会威胁企业家的财产安全，打乱其财富管理计划。

（4）代持人随意处置代持资产的风险。代持人可能会擅自处置代持资产，包括出售、抵押等。由于代持人是法律上的资产所有者，所以其有权对资产进行处理，甚至在没有通知企业家的情况下进行交易。同样地，即使企业家通过法律手段追回这些资产，也会耗费大量的时间、金钱与精力，而且在资产已经被转移或者抵押的情况下，实际追回的难度和成本将显著增加。

（5）代持人的意外身故风险。如果代持人意外身故，代持资产可能会被代持人的继承人瓜分。届时，企业家不仅要面临失去这些资产的风险，还要面临与代持人的继承人之间复杂的法律纠纷，增加财务和心理负担。

2. 投保增额终身寿险

由于增额终身寿险的所有权、控制权和现金价值增长带来的受益权均归投保人所有，所以只要将投保人设定为家庭中没有债务风险或者债务风险最小的家庭成员，就可以实现企业家的财富保全。当然，企业家也可以在投保初期暂时做投保人，当企业面临债务风险时，再将投保人变更为没有债务风险或者债务风险最小的家庭成员。这种方案的优点在于：

（1）本金安全且锁定长期收益。增额终身寿险具有保证本金安全的特点，并且能够锁定长期收益（保险公司将增额终身寿险的收益用现金价值表的形式附在保险合同中，以便客户可以获得确定的收益），可以作为企业主家庭的一个长期、稳定的被动收入来源。这种保障与收益相结合的特点，不仅为企业主家庭提供了财务上的安全感，还为其未来的生活和紧急需求提供了坚实的经济支持。

（2）配置方式简单。投保增额终身寿险的过程相对简单，只需要选择适合的保险产品，并确定投保人和身故受益人即可。这种方式无须做复杂的法律和财务安排，减少了在财产保全上的操作难度，能够帮助企业家更高效地保护和管理财富。

（3）能够实现债务隔离。如前所述，将投保人设置为家庭中没有债务风险或者债务风险最小的家庭成员，可以使保单与投保人（企业家）的债务相隔离。此外，身故受益人获得的身故保险金属于其个人财产，如果受益人欠债，身故保险金自然也要用于还债。因此，保单的身故受益人也应当由债务风险最小的家庭成员担任。

（4）绕过法定继承程序。在增额终身寿险中，企业家可以明确指定自己的子女为保险的身故受益人。根据《保险法》的相关规定，明确指定受益人的保险金不作为被保险人的遗产，由保险公司按照《民法典》的规定向受益人给付保险金，绕过了法定继承程序。此外，身故受益人获得的身故保险金属于其个人财产，不属于夫妻共同财产，这不仅简化了财产分配过程，还避免了遗产分割可能带来的家庭纠纷和法律争端，确保财富能够平稳、迅速地传承。

（5）保单贷款优势明显。增额终身寿险保单可以作为优质的金融资产，用于抵押贷款。与其他贷款方式相比，保单贷款具有费用低、放款速度快、获批率高的优势。企业家可以灵活利用保单的现金价值进行融资，满足短期或者紧急的资金需求，而不必出售或者变现其他资产，提高了财务的灵活性和稳定性。这不仅为企业家提供了额外的资金支持，还确保了企业家整体财务状况的稳健和安全。

（6）通过期交保费实现投保资金的杠杆功能。企业家可以在一定时间内，逐年支付保费，最大化地利用资金。例如，企业家希望购买一份总保费为 500 万元的增额终身寿险，他可以选择 5 年交费期，每年交纳 100 万元保费。这样做的优点包括：其一，保费分摊到多个年度，避免企业家在投保初期因一次性支付大额保费产生财务压力；其二，分期交纳保费有助于企业家在有能力支付保费的同时，还能保持企业资金的流动性；其三，逐年支付较小额度的保费，最终可以获得远高于支付总保费的保额，这种资金的杠杆效应可以帮助企业家在保障家庭财富安全的同时，实现财富的有效传承和保值增值。

当然，增额终身寿险也有一定的缺点。主要在于：

（1）高保费成本。投保（大额）增额终身寿险通常需要支付较高的保费，这可能会给企业家的现金流造成压力，尤其是在企业成立初期或者资金紧张时期。因此，企业家必须确保有足够的现金来支付这些保费，否则可能会面临短期资金短缺的问题，从而影响企业的正常运作和发展计划。

（2）流动性限制。增额终身寿险具有一定的流动性限制。在投保的前几年，现金价值通常较低，企业家若需要提前取款或者退保，可能会面临较高的退保费用或者严重损失保费。所以，投保后，企业家在前几年是无法灵活使用这部分资金的。

综上所述，尽管增额终身寿险在财富保护和管理方面具有显著优势，但企业家在选择这一工具时，还需要充分考虑其保费成本高、流动性受限等因素，以作出符合自身财务状况和未来规划的明智决策。

3. 设立保险金信托

企业家先作为投保人为自己投保大额保单（通常为增额终身寿险或者终身年金保险），再作为保险金信托的委托人，将保单受益人变更为信托公司，指定家庭成员为信托受益人。这种方案的优点在于：

（1）有一定的风险隔离功能。保险金进入信托账户后，就会成为独立的信托财产，与企业家未设立信托的其他财产相区别。当有保险金进入信托账户时，保险金信托的风险隔离功能就会启动，若委托人发生债务或者税务风险，已经进入信托账户的保险金则不受影响。

（2）能够实现精准传承与持续传承。保险金信托允许企业家在信托文件中设定灵活的信托财产管理和分配条款。这意味着企业家可以根据个人和家庭状况，有条不紊地规划财富的传承。例如，企业家可以指定信托受益人为子女或者其他亲属，并规定信托受益人只有达到特定年龄或者某些条件（如完成学业、结婚等）后才能获得信托利益，或者设定按年或者按月分配部分信托利益给受益人。这不仅能够实现财富的合理和有序管理，还能够保证财富按照企业家的心愿传承，避免因法定继承可能带来的财产纠纷或者损失，并防止心智不成熟的继承人因过早获得大额财富而出现不良行为。

（3）保留了保单的灵活性。未理赔的保单，其保单贷款、减保取现，甚至退保获取现金价值的功能都不受影响。当企业家需要资金周转时，保单的这些功能还可以为企业家提供资金支持。

缺点在于：

（1）需要支付设立费和管理费。设立费一般包括信托文件的起草费、法律咨询费以及信托公司的服务费等，有些保险公司或者银行可能会代为支付部分或者全部费用；管理费则是指信托账户管理费，当有保险金进入信托账户时，信托公司就会收取信托账户管理费。

（2）设立初期对资金有要求。设立保险金信托，需要先购买保险产品，这要求企业家必须具备足够的流动资金。

（3）设立流程和管理过程相对复杂，需要专业人士的协助。保险金信托涉及法律、金融等方面的专业知识，其设立流程和管理过程通常需要专业人士（如律师、财务顾问、信托专家）的协助，以确保设立的信托合法有效。

4. 设立家族信托

企业家作为委托人，设立家族信托，指定家庭成员为信托受益人。这种方案的优点在于：

（1）能够实现风险隔离。由于信托财产的独立性，所以信托财产的所有权、控制权和受益权是分离的。企业家将财产交付给信托公司后，这些财产的所有权、控制权就不再属于企业家本人，因此即使企业家发生债务、税务、婚姻、身故等风险，这些财产也不会被用于偿债、继承或者分割。

（2）能够实现精准传承。与设立保险金信托相同，企业家也可以在家族信托的信托文件中设定灵活的信托财产管理和分配条款。

（3）能够实现税收筹划。首先，在筹划遗产税与赠与税方面，目前我国并未开征遗产税及赠与税，但根据《信托法》的相关规定，参照其他开征遗产税及赠与税国家或者地区的经验，家族信托的受益人获得的信托利益大概率无须缴纳遗产税及赠与税。其次，在优化税务结构方面，企业家可以通过设立家族信托（境内或者境外）实现收入的分散和延迟纳税，确保更多的财富传承给后代。

（4）具有较强的隐私保护功能。受益人、受益比例、信托利益领取条件等，都属于家族信托的内部信息。而《信托法》中规定，信托公司对委托人、受益人以及处理信托事务的情况和资料负有依法保密的义务。因此，通常只要委托人（企业家）不主动公开，其他人是很难获知家族信托的内部信息的。

（5）持续的专业管理。信托公司作为具备专业投资能力的资产管理机构，拥有丰富的资产管理经验和专业人才，可以发挥全市场投资优势，遵循诚实、信用、谨慎、有效的原则管理信托财产[①]，最大限度地保护企业家的财产与收益安全，实现信托财产的保值增值。在信托管理过程中，信托公司还会根据市场变化和受益人的需求，灵活调整管理策略，确保信托有效运行。

设立家族信托同样需要支付设立费和管理费。另外，家族信托还有以下缺点：

（1）设立门槛较高。设立家族信托的财产，其金额或者价值不能低于1000万元，这是很多人对家族信托望而却步的一大原因。因此，设立家族信托会给企业家带来较大的资金压力。

（2）设立流程较为烦琐、复杂。相比于资产代持、投保增额终身寿险和设立保险金信托，家族信托的设立流程更加烦琐、复杂，而且信托公司对于家族信托的信托目的、信托财产的尽职调查也比较严格。

（3）信托财产的流动性较差。已经装入家族信托的财产，所有权已经转移到信托，如果没有触发信托分配条款，信托受益人一般是不能领取信托利益的。

需要注意的是，无论是设立保险金信托还是家族信托，其实现的前提都是信托合法有效。

---

① 李升，江崇光. 家族信托及保险金信托100问[M]. 北京：电子工业出版社，2023.

法律依据

《信托法》

第十一条 有下列情形之一的，信托无效：

（一）信托目的违反法律、行政法规或者损害社会公共利益；

（二）信托财产不能确定；

（三）委托人以非法财产或者本法规定不得设立信托的财产设立信托；

（四）专以诉讼或者讨债为目的设立信托；

（五）受益人或者受益人范围不能确定；

（六）法律、行政法规规定的其他情形。

第十五条 信托财产与委托人未设立信托的其他财产相区别。设立信托后，委托人死亡或者依法解散、被依法撤销、被宣告破产时，委托人是唯一受益人的，信托终止，信托财产作为其遗产或者清算财产；委托人不是唯一受益人的，信托存续，信托财产不作为其遗产或者清算财产；但作为共同受益人的委托人死亡或者依法解散、被依法撤销、被宣告破产时，其信托受益权作为其遗产或者清算财产。

第三十三条 受托人必须保存处理信托事务的完整记录。

受托人应当每年定期将信托财产的管理运用、处分及收支情况，报告委托人和受益人。

受托人对委托人、受益人以及处理信托事务的情况和资料负有依法保密的义务。

延伸阅读

企业家的债务隔离保险方案

对企业家来说，其家庭财富往往笼罩在企业经营风险的阴云之下，当企业发生经营危机时，企业家的家庭财富也常常会受到牵连。保险作为一种金融工具，其债务隔离功能已经受到越来越多的人的关注。那么，企业家该如何利用保险隔离债务风险呢？

方案一：购买终身年金保险

1. 隔离低债务风险保单架构

隔离低债务风险保单架构

投保人	被保险人	身故受益人	保险产品
企业家或者配偶	企业家	企业家的父母或者子女	终身年金保险

2. 隔离高债务风险保单架构

隔离高债务风险保单架构

投保人	被保险人	身故受益人	保险产品
企业家的父母或者成年子女	企业家	企业家的父母或者子女	终身年金保险

3. 方案好处

（1）隔离低债务风险保单架构可以在家庭遭遇债务风险时通过保全变更，将投保人变更为没有债务风险或者债务风险最小的家人，最大限度地保护保单资产安全。

（2）隔离高债务风险保单架构使得保单的所有权在没有债务风险或者债务风险最小的家人名下，资产安全无忧。

（3）保单抵押贷款金额高、费用低、可靠性强。

（4）生存年金的发放周期与被保险人的生命等长，可以解决企业家晚年生活费用来源问题。

方案二：购买增额终身寿险

1. 隔离低债务风险保单架构

隔离低债务风险保单架构

投保人	被保险人	身故受益人	保险产品
企业家或者配偶	企业家	企业家的父母或者子女	增额终身寿险

2. 隔离高债务风险保单架构

隔离高债务风险保单架构

投保人	被保险人	身故受益人	保险产品
企业家的父母或者成年子女	企业家	企业家的父母或者子女	增额终身寿险

3. 方案好处

（1）隔离低债务风险保单架构可以在家庭遭遇债务风险时通过保全变更，将投保人变更为没有债务风险或者债务风险最小的家人，最大限度地保护保单资产安全。

（2）隔离高债务风险保单架构使得保单的所有权在没有债务风险或者债务风险最小的家人名下，资产安全无忧。

（3）保单抵押贷款金额高、费用低、可靠性强。

（4）锁定长期收益，使企业家有让家人生活无忧的费用来源，有东山再起的资本。

企业家的融资新思路——保单贷款

案例背景

一

卢老板经营着一家体育用品公司，多年来赚了不少钱。这些收入并没有被闲置，而是被他投进了房地产，他期望通过稳健的房地产市场获取更高的回报。某天，一位大客户带来了一笔大订单，卢老板心动不已，但要完成这个订单，需要大量的资金。

他首先想到用自己手中的房产作为抵押，从银行贷款。然而，当他去银行办理贷款时，却发现事情并不如他想象的那般顺利。银行的抵押贷款周期较长，房产的估值也低于他的预期，这意味着即便他能顺利从银行贷到款，整个过程也需要耗费大量时间。而这段时间，足以让这次难得的商机从他的手中溜走。

眼看着机会从自己的眼前流失，卢老板深感无奈和焦虑。原以为可以迅速变现的房产，此刻却没能起到任何作用。

二

刘总经营着一家建材公司，由于建材行业的资金投入较大，公司的运营一直以来都是靠银行贷款支撑的。如今银行贷款已到期，刘总为了周转资金，便向一个发放高利贷的民间组织借了一大笔钱作为过桥资金。他计划先用这笔借款来偿还银行贷款，再通过新的银行贷款来偿还这笔借款。

然而，事与愿违，银行对房地产上下游行业的信用评分进行了下调，刘总的公司未能顺利拿到预期的贷款。高利贷的利息令他压力倍增。为了偿还这笔高额的借款，刘总不得已卖掉了自己的房子和车子，但即便如此，仍无法还清欠款。

刘总本想借助高利贷在短期内缓解资金压力，没想到却掉入了更深的财务泥潭。高昂的利息像无形的枷锁，紧紧地束缚住了他，令他无法挣脱。

案例分析

卢老板和刘总的故事揭示了企业家在资金周转过程中所面临的困境。

1. 中小型企业的融资渠道有限

中小型企业在融资时往往会面临渠道有限的问题。与大型企业相比，中小型企业缺乏稳定的现金流和足够的抵押物，融资选择少，议价能力弱，这导致它们在需要大量资金时，往往只能选择高风险的融资方式，比如民间借贷和高利贷。

2. 银行贷款审批程序烦琐且周期长

企业申请银行贷款，往往需要经过严格的审查程序，包括信用评估、资产评估、财务状况审核等。卢老板希望通过抵押房产来获取资金，但银行的审查时间较长，房产估值也不如预期，导致他无法及时获得所需的资金。这一问题凸显了银行贷款的周期性限制，特别是在紧急情况下，企业很难迅速获得资金支持。

3. 资产估值与实际需求的差距

银行对抵押资产的估值通常比较保守，这使得企业家在紧急情况下难以获得足够的贷款。卢老板的房产估值低于预期，直接影响了他能够获取的贷款额度。这种情况在实际操作中并不少见，特别是当市场波动较大时，银行对抵押资产的评估会更加谨慎。

4. 行业信用评分与融资环境

银行对不同行业的信用评分，也就是对不同行业还款能力的评估，会影响贷款的审批结果。刘总正是因为银行下调对房地产上下游行业的信用评分，所以未能顺利获得新的贷款。可以说，企业的融资能力会直接受到银行对其所处行业信用评级的影响，特别是在行业不景气时，企业的融资难度会大幅增加。

5. 高利贷的风险与代价

高利贷，是指索取特别高额的利息，以致超过法律保护上限的民间借贷。法律保护的民间借贷年利率上限为合同成立时一年期贷款市场报价利率的 4 倍。超过这个标准的年利率，即为高利贷。刘总为偿还到期的银行贷款，去借高利贷作为过桥资金，而高利贷的利息高昂，一旦企业未能及时偿还，将面临巨大的利息负担和财务压力，甚至导致债务恶性循环。因此，企业家在资金紧张时，应当谨慎选择融资渠道。高利贷虽然能解燃眉之急，但风险极高。

科学建议

企业需要资金周转，除了银行贷款、民间借贷和高利贷，其实还有一种融资渠道——保单贷款。

保单贷款，全称保单质押贷款，是指保险公司按照保险合同的约定，以投保人持有的保单现金价值为质，按照保单现金价值的一定比例，向投保人提供的一种短期资金支持。保险公司开展的保单贷款是基于保险主业的一项附属业务，是为方便投保人而对其开展的保单增值服务。

企业家可以选择以下保单架构，投保增额终身寿险。

增额终身寿险的保单架构

投保人	被保险人	身故受益人
企业家	企业家	企业家的父母或者子女

这样做有以下优势。

1. 贷款具有确定性

相对于从银行获取贷款的不确定性，进行保单贷款具有更高的确定性。只要保险公司有保单质押贷款业务，且保单也在有效期内，保险公司就可以按照保单现金价值的一定比例向投保人提供贷款。这无疑为企业提供了一种稳定、可靠的资金来源。

2. 贷款额度高

通常情况下，投保人可以通过保单贷款获得最高达“保单现金价值的80%”的贷款额度。这种不需要抵押房产的贷款方式，使得企业可以用更少的资产获得更多的资金支持。

3. 贷款成本低

增额终身寿险的一大特点，就是保额会随着时间的推移而增加。将贷款成本与保险收益相抵消后，贷款的实际成本就非常低了。所以，用增额终身寿险做保单贷款是一种成本极低的融资方式。

4. 贷款使用周期灵活

银行贷款通常对贷款使用周期有严格要求，比如一年期的贷款必须在一年内还清。相比之下，保单贷款的贷款使用周期更加灵活，投保人如果想长期使用贷款，只需每半年支付一次贷款利息，在保单有效期内想贷多久就可以贷多久。这为企业提供了更大的资金使用弹性。

5. 不影响征信记录

与银行贷款不同，保单贷款未能按时还款，不会记录在个人征信报告中，投保人也不会被列入失信被执行人名单。这降低了违约对个人的长期影响。

6. 隔离部分安全资产

保单所有权在投保人手中，这意味着在面临债务风险时，可以通过变更投保人为成年子女或者父母，避免保单被债权人追索，从而可以隔离企业家的一部分资产。这部分安全资产可能会在企业面临经济困难或者债务危机时起到极大作用。

法律依据

《最高人民法院关于审理民间借贷案件适用法律若干问题的规定》（法释〔2020〕17号）

第二十五条 出借人请求借款人按照合同约定利率支付利息的，人民法院应予支持，但是双方约定的利率超过合同成立时一年期贷款市场报价利率四倍的除外。

前款所称“一年期贷款市场报价利率”，是指中国人民银行授权全国银行间同业拆借中心自2019年8月20日起每月发布的一年期贷款市场报价利率。

“一碗水端平”带来的巨大隐患——不可将股权平均分配

案例背景

钱总是一位传奇人物，他一手创立的餐饮连锁企业在中国可谓遍地开花。他的大儿子钱伟，总体负责公司的运营，而小儿子钱峰则负责采购及财务等核心部门。钱总的妻子已去世多年，他自己也因年老体弱，早早做好了企业传承的准备——将公司的股权平均分配给两个儿子，每人拥有 50% 的股权。没过多久，钱总因病去世，留下了一个庞大的企业和两位各有主张的继承人。

钱伟和钱峰刚开始时团结一致，立志要将父亲创立的公司发展壮大。然而，突如其来的新冠疫情让餐饮行业遭受了前所未有的打击，公司的盈利能力大幅下降。幸运的是，钱总生前经营有方，为企业积累了充足的现金流，但兄弟二人仍面临着如何在逆境中维持并发展公司的难题。

钱伟主张稳扎稳打，守住现有的店面，控制成本，减少投资，等待市场回暖。他认为，当务之急是保住企业的根基，避免冒进。钱峰则不以为然，他认为新冠疫情只是暂时的，市场迟早会恢复，甚至回暖。他主张趁机兼并同行出让的店面，扩张业务，将企业做大做强。

最初，两人只是意见不合，并没有将矛盾公开化。然而，在一次公司内部会议上，局面彻底失控。钱伟和钱峰因为发展策略的问题吵得不可开交，互不相让。会议室里的气氛十分紧张，管理层其他人员面面相觑，不知所措。

会议结束后，兄弟俩的矛盾进一步升级。他们各自开始拉拢公司的管理层，形成了两个对立的团体。钱伟的团队主张稳健经营，而钱峰的团队则支持积极扩张。但由于两人持股相同，始终无法作出有效的决策。公司内部忙于搞“派系斗争”，人人自危，工作效率大打折扣。

随着内斗加剧，公司的管理越来越混乱，日常运营几乎陷入停滞。原本充足的现金流很快被消耗殆尽，企业债务危机迫在眉睫。

不久之后，这个曾经辉煌的餐饮连锁企业宣告破产。兄弟二人站在乱糟糟的办公室里，悔不当初。此时此刻，他们才意识到团结合作的重要性，但一切都已经晚了。

案例分析

将股权平均分配给继承人，的确存在诸多风险。

1. 经营管理权分散，容易造成决策僵局

股权平均分配，意味着每位继承人都有平等的权利，这无疑会使企业的经营管理权分散。一旦继承人之间存在理念分歧，不能就经营策略达成一致意见，企业就会陷入决策僵局，因为股权占比相同，谁也无法制衡谁。这不仅会阻碍企业在关键时刻迅速作出反应，延误最佳决策时机，还会严重影响企业的生存和发展。

钱伟和钱峰各自持有50%的股权，两人却因为经营策略不同而争吵不休，决策效率极其低下。

2. 内部矛盾激化

股权平均分配，容易导致继承人之间的竞争和矛盾。每位继承人都希望自己的意见被采纳，因此两人的竞争逐渐升级为冲突。

钱伟和钱峰为了让自己的发展策略被采纳，主动拉拢管理层和员工，挑起派系斗争。这不仅严重影响了企业的日常运营，还导致了管理层团队分裂，进一步削弱了公司的凝聚力和战斗力，使整个公司陷入内耗之中。

3. 财务管理风险

股东之间的矛盾和分歧会直接影响公司的财务管理。如果继承人无法就财务管理策略达成一致，资金使用上的混乱将对企业的现金流管理造成严重影响。例如，股东之间就投资策略无法达成一致，可能导致资金被闲置（错失一个潜在的高回报投资机会）或者错投（因为错误的投资决策而浪费资金）。

钱伟和钱峰的公司本就受新冠疫情影响盈利能力大幅下降，如果两人无法统一财务支出方向，那么公司就可能错过最佳调整运营策略的时机，进一步加剧公司的财务困境。

4. 公司治理结构混乱

股权平均分配可能会导致公司治理结构混乱，因为如果一家公司没有明确的领导者和决策机制，治理上就极容易出现问题。例如，涉及环境保护、劳动法合规等问题时，如果缺乏明确的决策者，公司可能无法迅速响应监管机构的要求，增加了被罚款和诉讼的风险。

此外，治理结构混乱还会使公司在制定和执行内部规章制度时困难重重，内部管理效率下降，容易出现腐败和违规行为。例如，在财务审计和内部控制上，缺乏统一领导的公司更容易出现账目不清、财务报表失真等问题，进一步增加法律风险。

5. 公司外部形象受损

股东间的矛盾和公司治理结构混乱被外界察觉后，会影响公司的外部形象，导致客户、合作伙伴或者投资者对公司的信心下降，从而影响公司的市场地位和竞争力。例如，客户可能会因负面消息，认为这个公司不再可靠，转而选择竞争对手；合作伙伴可能会担心合作项目的进展和资金安全，减少或者终止合作；而投资者看到公司内部不稳定，可能会撤资或者不再继续投资，造成公司资金紧张，进一步加剧公司财务困境。

6. 影响家庭关系

股权平分不仅会影响企业运营，还会对家庭关系造成负面影响。继承人之间的争斗可能会破坏原本和谐的家庭关系，影响家庭成员之间的信任和感情。钱伟和钱峰的情况就是一个典型。

科学建议

每位继承人持有相同比例的股权，对公司事务有平等的话语权——这种分配方式虽然对继承人来说很公平，却为公司后续的发展埋下了隐患。

想要规避案例分析中提到的种种风险，方法其实很简单，即每位继承人的股权比例仍保持相同，仅对“表决权”作出不同的安排。这是因为，公司股权主要分为两种权利：一是经济性权利，主要表现为股东有权按照股权比例获得利润；二是参与性权利，主要表现为股东的表决权，其实质是股东对公司经营决策的控制力。

根据《公司法》第六十五条的规定，有限责任公司的股东，按照出资比例行使表决权，但公司章程另有规定的除外。也就是说，有限责任公司的股东可以在公司章程中对表决权另作安排，使最适合经营公司的继承人能够在决策中拥有更大的控制权。例如，可作出如下安排。

（1）继承人A（最适合经营公司的人）

股权比例：持有50%的股权。

表决权比例：拥有70%的表决权。

控制权：这种安排使继承人A在公司重大决策中拥有更多的控制权。即使两位继承人意见不一致，继承人A也能够通过其较高的表决权比例在决策中占据主导地位，从而避免决策僵局，确保公司能够迅速作出关键决策。

（2）继承人B

股权比例：持有50%的股权。

表决权比例：拥有30%的表决权。

经济利益：尽管继承人B在表决权上处于劣势，但其经济利益没有受到影响。继承人B仍享有与其股权比例相符的分红权，保证了其在公司利润分配中的公平性。这种安排能够平衡继承人B在经济利益和决策权之间的关系，减少因表决权劣势可能引发的不满情绪。

这样的安排有以下三个重要意义。

1. 经济利益的公平性

在股权平均分配的情况下，每位继承人都能够按照持有的股权比例平等地分享公司的利润。这意味着，无论是公司的年度盈利、股东分红还是其他经济收益，继承人都能按 50% 的比例公平获得。这种公平的分配机制，有助于减少继承人之间因经济利益不均而可能引发的矛盾和纷争，从而维护家庭内部的和谐关系。此外，确保每位继承人都能在经济上得到同等回报，还能够增强他们对公司发展的信心。

2. 所有权的对等性

股权平均分配意味着每位继承人对公司拥有相同的所有权份额，即各自持有 50% 的股权。这种对等的所有权结构，能够有效防止其中一方因为股权较少而感到被忽视或者边缘化，有助于保持继承人之间的信任与合作。对公司来说，这种平衡的所有权安排能够在一定程度上减少内部摩擦，促进决策过程中的透明度和公正性。同时，对等的所有权也能够增强继承人对公司的归属感和责任感，使他们更加积极地参与公司的运营和管理。

3. 控制权的稳定性

当未来有新的投资人加入时，通过公司章程中的特别规定，可以确保继承人 A 在公司决策中的主导地位。例如，虽然新投资人可能会持有一定比例的股权，但可以通过设定不同的表决权比例，使继承人 A 的表决权比例保持在较高水平。这种安排能够防止继承人 A 的控制权被稀释，从而保障公司管理的稳定性和连续性。此外，这种在公司章程中明确规定控制权的分配方式，还能够预防因外部投资人的介入而引发的权力争夺和管理混乱，确保公司的决策过程能够顺利进行，有利于公司的长期稳定发展。

法律依据

《公司法》

第六十五条 股东会会议由股东按照出资比例行使表决权；但是，公司章程另有规定的除外。

不会产生纷争的股权传承方案

案例背景

50 多岁的唐女士从事化妆品行业已有数十年。她从一个小小的美容院起家，靠着聪明才智和不懈努力，创立了自己的化妆品公司。如今，公司的发展如日中天，旗下的品牌在市场上也占有一席之地，销售业绩节节攀升。她也因此积累了丰厚的资产，成为业界的风云人物。正是因为对公司有巨大的付出和深厚的感情，她对公司未来的继承问题十分苦恼。

唐女士的女儿林萱，32 岁，聪明能干，是公司的得力干将。自大学毕业后，林萱便进入公司工作。如今，林萱已经结婚，有了两个可爱的孩子，家庭生活幸福美满。在工作中，林萱表现出色，公司的许多事务她都处理得井井有条，得到了唐女士的高度信任和认可。

相比之下，儿子林阳的表现就差得远了。25 岁的林阳，没有继承母亲的商业头脑和干劲。他从小就对游戏充满热情，大学期间更是沉迷于各类网络游戏。尽管大学毕业已有两年，但他从未认真考虑过找一份正式的工作，而是整日沉浸在成为电竞职业选手的幻想中。然而，两年时间过去了，林阳并没有在游戏领域取得任何实质性的成就。这让唐女士深感失望和无奈。

唐女士心里清楚，林阳并没有经商的天赋，也缺乏必要的责任感和毅力，如果自己硬把公司交给他，公司肯定不会有前途，倒闭是迟早的事。然而，她又无法接受将自己一生的心血全部交给女儿。虽然林萱能力出众，但毕竟已经嫁人，有了家庭和孩子，自己在时可以保证他们姐弟俩团结一致，也可以保证儿子能得到公司的一份收入，若自己不在了，一切就不好说了。这种两难的境地，让唐女士陷入了深深的矛盾和困扰之中。

案例分析

唐女士的困扰主要源于以下两点。

1. 对子女的深厚爱意与公司产出分配机制之间的矛盾

唐女士希望两个孩子都能过上富足的生活，这是母亲的本能使然，但在实际操作中，公司的产出分配需要根据各自对公司的贡献来进行。女儿林萱在公司表现出色，贡献巨大，理应获得更多的经济回报，这不仅是对她个人努力的认可，也是对公司整体利益的维护；儿子林阳对公司没有任何实质性的贡献，如果按照对公司贡献的多少来分配经济回报，他的权益自然会受到影响。

对唐女士来说，她在确保女儿和儿子都能得到应有的生活保障的同时，不得不在股权分配上作出权衡，以期找到一个既能体现对女儿的认可，又能保障儿子的利益的平衡点。

2. 对儿子的爱与家庭内部复杂的利益关系之间的矛盾

作为母亲，唐女士可以无条件地给予儿子经济上的支持和生活保障，但女儿林萱已经有了自己的家庭，其决定和行为必然会受到丈夫和孩子的影响。林萱承担了公司更多的责任，但如果看到弟弟在公司内无所作为却依然分享公司的收益，可能会产生不满情绪。而林阳在公司管理和运营方面明显处于弱势地位，如果没有作出适当的安排和保护，他的权益很可能会被忽视。

唐女士希望在保障儿子的基本权益的同时，不损害公司的整体利益和女儿的利益，以防止未来可能产生的家庭矛盾。

科学建议

唐女士应当如何解决公司的继承问题呢？

1. 对现有财富与未来财富的特殊安排

唐女士可以将房产、存款等现有财富，大比例分配给儿子，小比例分配给女儿；将公司股权等未来财富，大比例分配给女儿，小比例分配给儿子。这样做可以保证儿子林阳在现阶段和未来有足够的生活保障，且不会因为对公司无贡献而影响公司的运营和女儿的回报，女儿也可以依靠自己的努力获得源源不断的财富。

2. 对股权分配的特殊安排

在股权分配上，唐女士可以设计一种股权结构，使得林萱在公司的决策和管理上具有绝对的控制权，而林阳的股权主要用于享受公司的分红收益，不参与公司的实际经营决策。这样做可以有效防止未来因儿子或者儿媳参与公司经营而引发的不确定性和潜在的家庭矛盾，从而确保公司在林萱的带领下持续稳定发展。

3. 利用保险金信托将财富传给儿子

为了确保儿子能够长期拥有财富，唐女士可以将传给儿子的财富更多地以保险金信托的方式传承。具体来说，唐女士夫妇在世时可以自己控制这部分财富，确保这部分财富在他们的监督下被妥善管理；唐女士夫妇去世后，可以由信托公司按月或者按年发放给儿子，将财富传给他。这样的安排不仅能确保林阳有长期稳定的收入来源，也能防止他因缺乏理财能力或者其他原因而一次性挥霍掉大笔财富。

4. 利用保险将财富传给女儿

为了确保女儿在经营公司过程中即使遇到困难也能得到保障，唐女士可以将分配给女儿的现有财富直接买成保险。与保险金信托相比，保单具有更高的灵活性。女儿可以通过保单贷款获得应急资金，渡过难关，避免其本人及家庭因企业经营风险而陷入困境。

上述四种安排，能够帮助唐女士尽可能公平公正、无纷争地解决公司传承问题，实现家庭和谐与公司健康发展的双重目标。

将股权赠与已婚子女的智慧

案例背景

李治留学归国后，与相恋多年的女友进入了婚姻的殿堂，并顺利就职于父亲李总的矿业公司，从事公司的管理与运营工作。得益于从国外带来的新的管理理念和先进技术，只用了几年时间，李治便成功将公司带到了即将上市的辉煌时刻。

李总见儿子如今不仅家庭和美，事业上也如此争气，便决定退休，享受清闲的晚年生活。于是，李总在一次股东会上宣布，将价值9000万元的公司股权无偿转让给李治，在得到其他股东的认可后，顺利完成了股权的转移。

得到股权的李治，深感肩上的责任之重，他要用行动向父亲证明，自己不会辜负父亲的期望。

随着公司的快速发展，有越来越多的事务需要他处理，也有越来越多的项目需要他跟进。李治每天的行程都安排得满满当当，以至于对家庭的关注越来越少。对此，李治时常感到愧疚。他下定决心，等自己忙完这一阵，一定会好好陪陪家人。

李治的妻子梁静，是李治的同学。两人已结婚五年，育有一个可爱的女儿。结婚的头两年，他们夫妻俩尚且能在家一起吃个饭、看个电影；如今，家对李治来说更像一间旅馆，睡一觉就走了。夫妻间的交流越来越少，这让本就有较强情感需求的梁静感到孤独和被忽视。

后来，李治发现妻子有了婚外情，经过痛苦的挣扎，他决定与梁静离婚。于是，两人签订了离婚协议，将家庭财产做了相对平均的分配。

然而，事情到了这里还没有结束。离婚后，梁静向法院提起诉讼，要求分割李治名下的矿业公司股权，因为当初的离婚协议中没有提及分割李治婚内受赠的那部分股权。

李治知道，股权本身就价值不菲，如果公司成功上市，股权价值可能会翻倍。梁静此时要求分割股权，不仅会使李治遭受巨大的经济损失，还会使公司的上市计划受到阻碍。

案例分析

梁静有权在离婚后对前夫李治名下的股权进行分割吗？

根据《民法典》的规定，夫妻在婚姻关系存续期间继承或者受赠的财产，除遗嘱或者赠与合同中明确约定只归一方的财产外，均为夫妻共同财产，归夫妻共同所有。李总在李治婚内无偿赠与股权，且并未明确约定该股权为李治的个人财产，因此这部分股权原则上属于李治的夫妻共同财产。

《民法典婚姻家庭编司法解释（一）》第八十三条规定："离婚后，一方以尚有夫妻共同财产未处理为由向人民法院起诉请求分割的，经审查该财产确属离婚时未涉及的夫妻共同财产，人民法院应当依法予以分割。"也就是说，对于离婚协议中未涉及的夫妻共同财产——股权，梁静有权要求再次分割。

科学建议

鉴于股权确实属于离婚时未涉及的夫妻共同财产，法院很可能会支持梁静的分割请求。为了避免影响公司上市，建议李治与梁静协商股权的归属，避免直接分割股权。若双方对股权归属不能协商一致，将由法院判决是直接分割股权，还是评估股权价值由一方给予另一方折价款，抑或是其他方案。此时，李治作为公司的实际经营者，应当在诉讼中尽可能证实直接分割股权可能会造成公司治理僵局，主张给予梁静折价款，努力把分割股权这件事对公司的影响降到最低。

由此，我们可以从李治的故事中吸取一些教训。实际上，如果李总在赠与股权时就做好规划，确保股权在法律上属于儿子的个人财产，而非夫妻共同财产，那么便不会出现后面的纠纷。具体来说，李总在赠与股权时，应当做到：

（1）在赠与合同中写明股权属于李治的个人财产，并细化赠与的具体内容和条件，包括股权比例、股权价值、赠与股权的目的（如对李治个人成就的奖励或者基于特殊安排）。

（2）选择有资质的公证机构，对赠与合同进行公证，确保赠与程序和文件的合法性和正式性。与此同时，在公证过程中详细记录赠与的所有细节，包括双方当事人的意愿、赠与物（股权）的详细描述以及赠与的具体条件。最后，保留好公证文书，因为公证文书可以作为将来可能出现的任何法律争议的重要证据。

（3）光靠李总严格按照上述建议操作还不够，李治在得到股权后，应当与妻子签订婚内财产协议，约定所得股权与股权未来收益归个人所有，并避免使用夫妻共同财产对股权进行投资或者管理。换句话说，李治需要明确区分个人财产和夫妻共同财产在公司运营或者股权管理中的投入和使用，并在必要时设立独立的账户或者管理机制，以保证股权相关的财务活动与夫妻共同财产分离，从而在法律上尽可能确保这部分股权为其个人财产，减少未来可能出现的财产纠纷。在此过程中，务必咨询专业的律师，避免潜在的法律风险。

法律依据

《民法典》

第一千零六十二条 夫妻在婚姻关系存续期间所得的下列财产，为夫妻的共同财产，归夫妻共同所有：

（一）工资、奖金、劳务报酬；

（二）生产、经营、投资的收益；

（三）知识产权的收益；

（四）继承或者受赠的财产，但是本法第一千零六十三条第三项规定的除外；

（五）其他应当归共同所有的财产。

夫妻对共同财产，有平等的处理权。

《民法典婚姻家庭编司法解释（一）》

第八十三条 离婚后，一方以尚有夫妻共同财产未处理为由向人民法院起诉请求分割的，经审查该财产确属离婚时未涉及的夫妻共同财产，人民法院应当依法予以分割。

影响企业家财富安全的最大风险——企债家偿

案例背景

赵明诚是某商会中颇具影响力的人物，他的地产公司在业内以规模庞大著称。对赵明诚来说，公司就是他的第二个家——当公司资金面临困境时，他会毫不犹豫地将自己的个人资金投入其中，用以缓解公司的资金压力；同样地，当公司财务状况好转时，他也习惯性地用公司的资金来支付自己的个人消费，比如家庭旅游、朋友聚会等。赵明诚的想法很简单：这是我开的公司，公司的钱就是我的钱。

随着时间的推移，房地产市场逐渐不景气。那些曾经热销的房产开始滞销，赵明诚的公司也陷入了前所未有的资金危机中。为了渡过难关，赵明诚四处筹措资金，但房地产市场的低迷远超过他的预期。终于，在持续的经济压力下公司宣告破产。

在赵明诚的认知中，他成立的有限责任公司的债务，应当由公司以注册资本为限承担。然而，在公司破产过程中，众多债权人将他告上了法庭。由于他的个人账户与公司账户混用的情况严重，导致公司的独立法人人格被否认，最终法院判决他对公司债务承担连带清偿责任。

事情远比赵明诚预想的要糟糕。经债权人举证，公司债务被法院认定为赵明诚的夫妻共同债务，妻子名下的资产也受到了牵连。而在债权人坚持不懈的追讨下，法院下令查封了赵明诚公司的所有资产，以及他们夫妻二人名下的房产、股票等家庭财产。

在很短时间内，赵明诚就从富甲一方变得一贫如洗。他们从豪华别墅搬到了一处租住的老旧民宅，勉强维持着基本的生活。原本在国外念高中、上大学的儿女也不得不中断学业，回到这个狭小的民宅跟父母一起艰难度日。

案例分析

我们通常将企业家的家庭财产与公司财产混同的现象称为“家企不分”。“家企不分”有哪些常见情形？除了需要对公司债务承担连带责任，“家企不分”的企业家还可能面临哪些风险？

1. 用公司资金支付个人消费带来的风险

企业家用公司资金支付个人消费（如个人旅行、购物或者子女教育支出等），一是违反了《公司法》有关公司财产独立的规定，影响公司财务透明度和信誉度；二是可能会触发税务审计，产生额外的个人所得税负担。《财政部、国家税务总局关于规范个人投资者个人所得税征收管理的通知》（财税〔2003〕158号）中规定：“除个人独资企业、合伙企业以外的其他企业的个人投资者，以企业资金为本人、家庭成员及其相关人员支付与企业生产经营无关的消费性支出及购买汽车、住房等财产性支出，视为企业对个人投资者的红利分配，依照‘利息、股息、红利所得’项目计征个人所得税。”

2. 用个人账户支付公司支出带来的风险

企业家用个人账户支付公司支出（如办公室租金、员工工资等），一是可能会导致公司财务记录混乱，影响公司财务的透明度和合规性；二是可能会导致税务机关质疑支出的真实性，增加税务风险。

3. 将公司资金转入个人账户带来的风险

企业家将公司资金转入个人账户，一是涉嫌利用职务便利将本单位财务非法占为己有或者挪作个人使用，构成职务侵占罪或者挪用资金罪；二是违反了税法的规定，面临很大的税务风险。

4. 用公司资金偿还个人债务带来的风险

企业家用公司资金偿还个人债务，属于利用职权牟取不正当利益，严重违反董事忠实义务，侵害了公司的权益。企业家不仅需要归还公司资金，给公司造成损失的，还需要承担赔偿责任。

5. 在会计记录和财务报告中未能区分个人和公司财务数据带来的风险

如果会计记录和财务报告中未能清晰区分个人和公司的财务数据，可能会导致公司财务报告的准确性受到质疑，从而影响公司的信用评级和投资者信心。

赵明诚随意使用公司财产进行个人消费，又使用家庭财产填补公司的资金缺口，已经构成了家企不分。根据《公司法》的规定，有限责任公司的债务清偿责任并不是由公司以注册资本为限承担的，而是由公司以其全部财产承担的。有限责任公司的股东以其认缴的出资额为限对公司债务承担责任。也就是说，公司的债务应当优先使用公司财产偿还，公司财产不足以偿还的，再由股东在认缴的出资额范围内承担。但由于赵明诚家企不分，导致了企债家偿，所以他对公司债务的清偿责任不再以认缴的出资额为限，而是必须对公司债务承担无限连带责任，所以他的绝大部分财产都被用来还债了。

科学建议

从赵明诚的经历中，企业家应当意识到严格区分公司账户与个人账户的重要性。对此，企业家可以采取以下措施。

1. 设立和维护独立的银行账户

企业家应当为个人和公司分别设立独立的银行账户。公司账户只用于处理公司相关的财务事务，比如发放员工工资、支付日常运营费用等；个人账户则用于处理个人的消费和开支，比如家庭支出、个人投资和个人债务偿还等。

2. 严格遵守会计分录规范

企业家应当确保公司的会计记录（包括对所有交易的性质、金额和时间的记录）清晰、准确。具体来说，公司财务的每一笔交易和个人大额消费的交易都应当有清晰的文档证明，并由合格的会计人员审核。

3. 制定和执行内部控制政策

公司应当制定严格的内部控制政策，包括对财务交易的审批流程、资金使用权限和审计机制，确保所有财务活动都符合公司政策和法律要求。

4. 定期进行财务审计

企业家应当定期邀请外部审计师对公司的财务进行审计。这有助于发现和纠正可能的账户混用问题，确保财务透明和合规。

5. 提高法律和税务知识

企业家应当了解有关公司财务管理、税法和公司法的知识。这有助于理解账户混用的法律风险，从而更好地遵守相关规定。

6. 个人消费和投资的独立管理

企业家应当使用个人资金来支付个人消费、进行个人投资。任何与公司无关的个人消费性支出，比如家庭支出、个人旅行等，都不应由公司账户支付。

7. 明确资产所有权

企业家应当在公司的会计记录中明确标明公司资产和个人资产。任何个人资产用于公司目的，或者公司资产用于个人目的的，都应当有明确的记录和适当的转移程序。

8. 教育和培训员工

公司应当定期对员工进行财务管理、法律合规和内部控制方面的教育和培训。这有助于建立一种遵守规则和开放透明的公司文化。

9. 咨询专业意见

面对复杂的财务和法律问题时，企业家应当寻求会计师、律师或者专业顾问的意见。

通过上述措施，企业家可以有效地区分个人账户与公司账户，避免财务混淆，确保公司的合法运营和财务健康，降低因账户混用可能引发的法律和税务风险。

法律依据

《公司法》

第三条 公司是企业法人，有独立的法人财产，享有法人财产权。公司以其全部财产对公司的债务承担责任。

公司的合法权益受法律保护，不受侵犯。

第四条 有限责任公司的股东以其认缴的出资额为限对公司承担责任；股份有限公司的股东以其认购的股份为限对公司承担责任。

公司股东对公司依法享有资产收益、参与重大决策和选择管理者等权利。

第二十三条 公司股东滥用公司法人独立地位和股东有限责任，逃避债务，严重损害公司债权人利益的，应当对公司债务承担连带责任。

股东利用其控制的两个以上公司实施前款规定行为的，各公司应当对任一公司的债务承担连带责任。

只有一个股东的公司，股东不能证明公司财产独立于股东自己的财产的，应当对公司债务承担连带责任。

第一百八十条 董事、监事、高级管理人员对公司负有忠实义务，应当采取措施避免自身利益与公司利益冲突，不得利用职权牟取不正当利益。

董事、监事、高级管理人员对公司负有勤勉义务，执行职务应当为公司的最大利益尽到管理者通常应有的合理注意。

公司的控股股东、实际控制人不担任公司董事但实际执行公司事务的，适用前两款规定。

第一百八十一条 董事、监事、高级管理人员不得有下列行为：

（一）侵占公司财产、挪用公司资金；

（二）将公司资金以其个人名义或者以其他个人名义开立账户存储；

（三）利用职权贿赂或者收受其他非法收入；

（四）接受他人与公司交易的佣金归为己有；

（五）擅自披露公司秘密；

（六）违反对公司忠实义务的其他行为。

《中华人民共和国民事诉讼法》

第二百五十三条 被执行人未按执行通知履行法律文书确定的义务，人民法院有权向有关单位查询被执行人的存款、债券、股票、基金份额等财产情况。人民法院有权根据不同情形扣押、冻结、划拨、变价被执行人的财产。人民法院查询、扣押、冻结、划拨、变价的财产不得超出被执行人应当履行义务的范围。

人民法院决定扣押、冻结、划拨、变价财产，应当作出裁定，并发出协助执行通知书，有关单位必须办理。

第二百五十五条 被执行人未按执行通知履行法律文书确定的义务，人民法院有权查封、扣押、冻结、拍卖、变卖被执行人应当履行义务部分的财产。但应当保留被执行人及其所扶养家属的生活必需品。

采取前款措施，人民法院应当作出裁定。

延伸阅读

企业家基业常青、财富永固的10条建议

1. 要顺势而为

想要游过一条水流湍急的河，就要顺着水流的方向游。经营企业也是如此，要顺应市场的趋势。市场需求和政策引导是产业得以发展的两大动力，由此我们可以窥见未来的市场趋势。

2. 不要追求做大，要追求做强

做大与做强很多时候是冲突的，未来各行各业的竞争都会非常激烈，所以做强比做大更重要。如果两者不可兼得，则求强不求大。

3. 要未雨绸缪

企业获利丰厚时，一定要为将来准备充足的现金流。让企业保持抗极限施压能力是未来长久发展的保障。

4. 家企隔离，财富永固

一定要在家庭财富与企业经营之间建立一道坚固的“防火墙”，让家庭财富独立于企业家的债务风险之外，守住多年的奋斗成果。

5. 要规范纳税

随着金税四期的推出，国家所辖的税务、工商、民政、公安、金融等机构实现了大数据的互联互通，再用过往的手段逃税，国家必然知晓，只是查与不查的问题。因此，税收筹划十分重要。一方面可以规范公司财务制度，另一方面可以运用比较先进的税收筹划方法合法节税，这才是保证企业未来发展的明智选择。

6. 脱离金钱观，修炼财富观

金钱观是我要获取更多的金钱，财富观则是我要用我获得的金钱铺就一条全家人的幸福之路。其实，哪怕是老板，也可以分为三个层次：下等的老板用命赚钱，燃烧了自己，获得了财富；中等的老板用人赚钱，通过建立标准与流程获得财富；上等的老板用钱换取幸福，拥有财富是起点，管好钱、用好钱、传承好钱、享受好钱才是根本——这样的老板已经从单纯的物质需求走向了精神追求。

7. 精简自己，远离无谓的聚会

一个有一定思想高度的老板，一定是一个会享受孤独的人。他一定会在每次参加聚会前问自己：这次聚会是我需要的吗？这次聚会对我是有意义的吗？从“不需要”的环境中将自己抽离出来，才能找到自己真正需要的。

8. 从“人管人”过渡到“制度管人”

中国企业大多依赖“人管人”，导致企业家事必躬亲、无法解脱。应对方法其实很简单，就是用标准、考核、流程来实现公司法治环境下的制度管理。

9. 企业用人的智慧就是把最忠诚的员工培养成强人

外聘的强人的思想形态与公司冲突的概率非常大，所以外聘的强人往往留不住，把对企业最忠诚的员工培养成强人才是企业用人最明智的选择。

10. 财富传承要资产与文化并重

由于中国式财富传承往往既没有使用必要的法律手段，也没有绑定文化的传承，因此很多子女把所继承的财富挥霍一空就不难理解了。财富传承方案需要将财富、法律和家风完美地融合在一起，才能实现基业常青、财富永固。

公私账户不分，后患无穷！

案例背景

孔老板在市中心拥有一家规模庞大的建材批发城，考虑到出租店铺的收益不错，他便把多个店铺租给了商户，靠收租生活。由于自己近几年的精力有限，孔老板便将建材批发城的收租工作交给了女儿孔圆喜，并承诺给她20万元的年薪。收租的事情不复杂，孔圆喜欣然接受了这份工作。

一直以来，孔老板都让租户将房租直接汇到自己的银行账户，收款与对账的工作量很大。孔圆喜接手收租工作后，发现频繁登录父亲的银行账户非常不方便，而且很多银行业务也需要持卡人本人出面办理。于是，父女俩一合计，让孔圆喜单独申请了一张银行卡，专门用于收取租金，并将这张卡交由孔老板持有和控制，孔圆喜只负责收取租金和对账，确保租金收入的准确性和及时性。

这一安排本来无懈可击，但事情的转折点出现在孔圆喜那个好吃懒做的丈夫阿莫身上。阿莫偶然间发现了这张银行卡，并偷偷拿到了对账单。当他看到账户上那串巨额数字时，不禁贪婪地在心里盘算起来。他咨询了专业人士，得知这样的财务安排可能涉嫌偷税漏税，随即便制订了一个阴险的计划。

阿莫以此为把柄，向孔圆喜提出离婚，并要求分割账户中的资金。他威胁道，如果不同意他的条件，他就去举报这个账户。听到阿莫的话，孔圆喜既愤怒又惶恐，她连忙去找父亲商量解决办法。

父女俩深知，对于阿莫的条件，如果接受，对方很可能会持续不断地“敲诈”；但如果不接受，他们的情况又的确属于偷逃税款，而且数额巨大，除补税罚款以外，孔老板很可能会面临刑事处罚。

案例分析

孔老板使用自己或者女儿的个人账户收取建材批发城多家商户的租金的做法，在法律上存在一定的风险，尤其是在税务方面。这是因为：

（1）我国的企业和个人从事营利活动，都有税务登记和报税的义务。孔老板的建材批发城显然是一个营利实体，因此其收入（包括租金收入）应当依法申报并缴纳相应的税费。

（2）孔老板和女儿使用个人账户收取商户租金，又未进行适当的财务管理和纳税申报，极易被认定为故意隐瞒企业收入的偷税行为。

（3）一旦被税务机关认定为偷税行为，孔老板将面临补缴税款、滞纳金和罚款的严重后果；若情节严重构成了犯罪，孔老板还可能面临刑事责任。

此外，孔老板和女儿用个人账户收取商户租金的做法，破坏了企业法人财产的独立性，一旦企业资不抵债，孔老板就要以家庭财产对企业债务承担连带责任。

科学建议

对孔老板来说，在面临被女婿举报税务违规的关头，他应当如何行动呢？

1. 立即恢复正规的财务管理

（1）停用个人账户。立即终止使用个人账户来处理任何与企业相关的财务事项，特别是租金收入。

（2）使用企业账户收取租金。确保今后的所有款项交易都通过企业的官方银行账户进行。

（3）记录和审计。保持详细的交易记录，定期进行内部审计，以保证财务的透明性和合规性。

2. 进行税务咨询与申报

（1）税务咨询。聘请税务顾问，审核公司的所有财务记录，特别是涉及租金收入的部分。

（2）补缴税款。如果发现存在未申报的收入或者其他税务问题，应当按照税务顾问的指导，及时向税务机关申报并按规定补缴税款。

（3）建立长期税务合规机制，确保今后的所有经营活动均符合税法的要求。

3. 规范内部管理

（1）制定财务管理制度。建立和维护清晰的内部财务管理制度，包括收款、付款和财务报表的准备及审核流程。

（2）提高透明度，确保所有财务活动都有明确的流程和记录，易于跟踪和审计。

（3）内部培训。对涉及财务管理的员工进行培训，确保他们了解并遵守相关流程和法规。

4. 合法授权与培训

（1）正式任命。如果孔老板希望女儿参与企业经营管理，应当通过正式的招聘流程，任命她为公司的法定代表人或者其他合适的职位。

（2）授权文件。准备相应的法律文件，比如授权书，明确女儿在公司中的角色和权限。

（3）专业培训。提供必要的财务和管理培训，确保女儿具备处理企业财务和管理工作的能力和知识。

通过上述步骤，孔老板可以确保企业的财务管理更加规范和透明，同时降低法律和税务风险，建立一个健康、合规的企业运营环境。

法律依据

《中华人民共和国税收征收管理法》(以下简称《税收征管法》)

第六十三条 纳税人伪造、变造、隐匿、擅自销毁帐簿、记帐凭证，或者在帐簿上多列支出或者不列、少列收入，或者经税务机关通知申报而拒不申报或者进行虚假的纳税申报，不缴或者少缴应纳税款的，是偷税。对纳税人偷税的，由税务机关追缴其不缴或者少缴的税款、滞纳金，并处不缴或者少缴的税款百分之五十以上五倍以下的罚款；构成犯罪的，依法追究刑事责任。

扣缴义务人采取前款所列手段，不缴或者少缴已扣、已收税款，由税务机关追缴其不缴或者少缴的税款、滞纳金，并处不缴或者少缴的税款百分之五十以上五倍以下的罚款；构成犯罪的，依法追究刑事责任。

《中华人民共和国刑法》(以下简称《刑法》)

第二百零一条 纳税人采取欺骗、隐瞒手段进行虚假纳税申报或者不申报，逃避缴纳税款数额较大并且占应纳税额百分之十以上的，处三年以下有期徒刑或者拘役，并处罚金；数额巨大并且占应纳税额百分之三十以上的，处三年以上七年以下有期徒刑，并处罚金。

扣缴义务人采取前款所列手段，不缴或者少缴已扣、已收税款，数额较大的，依照前款的规定处罚。

对多次实施前两款行为，未经处理的，按照累计数额计算。

有第一款行为，经税务机关依法下达追缴通知后，补缴应纳税款，缴纳滞纳金，已受行政处罚的，不予追究刑事责任；但是，五年内因逃避缴纳税款受过刑事处罚或者被税务机关给予二次以上行政处罚的除外。

一杯酒，背负巨额债务——不容小觑的连带责任保证

案例背景

薛总的养殖场拥有数千头猪和几万只鸡，加上他之前积累的财富，个人资产已达几千万元。他有个从小一起长大、形影不离的好友大刘，如今是化工领域一家大型企业的老总。大刘总想进一步扩大生产规模，让自己的事业再上一层楼。

一天，大刘安排了一场盛大的酒宴，并诚挚地邀请薛总参加。薛总欣然接受邀请，还特地带了瓶珍藏的好酒过去。宴会上，气氛热烈，薛总与大刘及其朋友们推杯换盏，其乐融融。大家酒意正浓时，大刘向在场的朋友讲述了自己与薛总之间深厚的友情，情感真挚，两人都被感动得热泪盈眶。随后，大刘介绍了几位来自一家金融机构的工作人员。他透露，自己希望从该机构获得融资，但需要一位经济实力雄厚的连带责任保证人，并表示最值得自己信任，也最有能力帮助自己的人，莫过于挚友薛总。听着大刘的深情告白，再加上饮酒后情绪激动，薛总没有多加思考，当场便在合同上签了名，为大刘提供了连带责任保证。

第二天早上，薛总酒醒后，依稀记得自己为大刘的融资做了保证人，但考虑到多年的深厚友谊，他并未对此事过于担心。

然而，命运的安排常常出人意料。大刘在获得融资后，兴致勃勃地开始了化工厂的扩建工程，可就在扩建完成之际，政府发布了新的环保规定，严格限制高污染企业的生产。大刘的化工厂因此受到重创，无法继续运营。面对这突如其来的困境，他想尽各种办法，动用了一切可能的关系，但终究未能找到解决之道。为了保全自己多年辛苦积累的财富，为了家人未来的富裕生活，他变卖了所有房

产和豪车，带着家人逃到了国外。

大刘因躲债逃到国外后，薛总作为连带责任保证人，不得不将自己半生辛苦积累的资产拿来偿债。

案例分析

在日常生活中，为他人做担保似乎是一件司空见惯的事。然而，很多担保人并不清楚自己需要承担什么样的风险。

担保，主要分为人的担保和物的担保。其中，人的担保是指以第三人的信用为担保标的的担保，比如保证；物的担保是指以债务人或者第三人的特定财产为担保标的的担保，比如抵押、质押、留置。

根据《民法典》的规定，保证的方式包括一般保证和连带责任保证。薛总为好友大刘提供的担保，就是连带责任保证。在大刘和金融机构的债务关系中，大刘是贷款的主债务人，薛总则是贷款的保证人。那么，如何理解一般保证和连带责任保证呢？

1. 保证责任强度不同

（1）一般保证：保证人的责任较轻。只有当主债务人无法偿还债务时，保证人才需要介入。也就是说，债权人要债，必须先对主债务人进行追索，有证据证明确实追索失败后，才能向保证人追偿。

（2）连带责任保证：保证人的责任较重，与主债务人有相同的还款责任。债权人有权直接向保证人追索债务，而不是必须先向主债务人追索债务。这对保证人来说风险很大，但对债权人来说，无疑能更好地保障其债权的实现。

2. 保证人承担保证责任后均可向主债权人追偿

无论是一般保证还是连带责任保证，保证人在履行保证责任后，都有权从主债务人处追回他们已经支付的款项。由于连带责任保证的保证人可能更早地履行保证责任，所以他们行使追偿权的情况可能更加常见。

由此可见，薛总一时冲动承担的连带责任保证，会给他带来巨大的风险。

科学建议

做担保，并不是简单签个字的事，它是一种重大的法律行为，涉及的潜在财务风险和法律责任不容小觑。一般情况下，不建议大家为他人做担保，即便对方是与你关系要好的亲戚、朋友，抑或是对你许以重利。如果你不得不为他人做担保，就请牢记以下几个关键点。

1. 充分了解保证责任

（1）明确保证责任，了解自己承担的是一般保证还是连带责任保证。

（2）了解保证额度，确保自己知道可能承担的最大财务责任。

（3）明确保证期间，了解自己承担保证责任的具体起止时间。

2. 审慎评估主债务人的信用状况

（1）了解主债务人的财务状况和信用记录。

（2）评估主债务人偿还债务的能力和意愿。

3. 仔细审查担保合同

（1）仔细阅读合同条款，确保自己理解所有细节。

（2）留意任何可能不利于自己的条款或者隐藏的责任。

（3）寻求律师的帮助，确保自己的权益不受侵害。

4. 明确追偿权的条款

（1）确保合同中明确了自己在履行保证责任后对主债务人的追偿权。

（2）了解追偿的程序和条件。

5. 考虑担保风险

（1）考虑如果主债务人违约，自己是否有能力承担保证责任。

（2）评估承担保证责任可能对个人财务状况的影响。

6. 备案和公证

（1）如果条件允许，可以考虑对担保合同进行公证，提高合同的法律效力。

（2）确保所有相关文件完整且备案妥当。

7. 保持理性和客观

（1）不要仅基于情感或者人际关系便作出担保决定。

（2）保持理性，客观评估所有可能的风险和后果。

8. 了解法律后果和程序

（1）了解主债务人违约后自己可能面临的法律程序和后果。

（2）知晓债权人可能采取的追偿措施。

总而言之，在为他人做担保时，一定要认真考虑，确保自己充分了解其法律后果。受篇幅限制，此处仅给出了概括性的建议。如果你在生活中遇到了与担保相关的事务，最好仔细咨询律师，审慎评估风险。

法律依据

《民法典》

第六百八十六条　保证的方式包括一般保证和连带责任保证。

当事人在保证合同中对保证方式没有约定或者约定不明确的，按照一般保证承担保证责任。

第六百八十七条　当事人在保证合同中约定，债务人不能履行债务时，由保证人承担保证责任的，为一般保证。

一般保证的保证人在主合同纠纷未经审判或者仲裁，并就债务人财产依法强制执行仍不能履行债务前，有权拒绝向债权人承担保证责任，但是有下列情形之一的除外：

（一）债务人下落不明，且无财产可供执行；

（二）人民法院已经受理债务人破产案件；

（三）债权人有证据证明债务人的财产不足以履行全部债务或者丧失履行债务能力；

（四）保证人书面表示放弃本款规定的权利。

第六百八十八条 当事人在保证合同中约定保证人和债务人对债务承担连带责任的，为连带责任保证。

连带责任保证的债务人不履行到期债务或者发生当事人约定的情形时，债权人可以请求债务人履行债务，也可以请求保证人在其保证范围内承担保证责任。

第六百九十一条 保证的范围包括主债权及其利息、违约金、损害赔偿金和实现债权的费用。当事人另有约定的，按照其约定。

第六百九十二条 保证期间是确定保证人承担保证责任的期间，不发生中止、中断和延长。

债权人与保证人可以约定保证期间，但是约定的保证期间早于主债务履行期限或者与主债务履行期限同时届满的，视为没有约定；没有约定或者约定不明确的，保证期间为主债务履行期限届满之日起六个月。

债权人与债务人对主债务履行期限没有约定或者约定不明确的，保证期间自债权人请求债务人履行债务的宽限期届满之日起计算。

成功与失败的助推器——为企业贷款提供连带责任保证

案例背景

眼见政府要大力发展海洋经济，对从事海洋产业的企业给予税收优惠，雷老板的心中激动不已。近几年的市场调查数据显示，居民对海产品的消费呈逐年增长的趋势，这让他更加确信行业的春天就要来了。他梦想着通过扩大企业规模来获得更多的利润。

怀揣着这份雄心壮志，雷老板走进银行，准备申请一笔大额贷款。然而，银行对他的企业及个人资产估值并不乐观，只能批准较低额度的贷款。

机不可失，时不再来。想到自己的发展计划，雷老板咬咬牙，把两个儿子和一个女儿叫到银行，一起为企业贷款提供连带责任保证，才终于顺利获得了大额贷款。随后，雷老板开始着手扩建工作——建设新厂房、引进先进生产线、扩大员工队伍……

然而，天有不测风云。日本福岛核污水入海计划的出现，引发了全民对海产品安全性的恐慌和担忧。雷老板的企业也因此受到了重创，市场需求量急速下降，产品积压严重，连发工资和购买原材料的钱都难以拿出。紧接着，因企业无法偿还银行贷款，雷老板及其子女被诉至法院。法院判决雷老板及其子女对银行贷款承担连带责任。

原本和谐、安宁的一家就此乱作一团，众人轮番表达对雷老板的不满。

此时的雷老板也是后悔不迭。他奋斗了大半辈子，本以为自己拿到了开启成功之门的钥匙，谁承想现在却因为自己的决定而连累全家人负债。

案例分析

为企业贷款进行连带责任保证是一个重大的法律行为，它将给雷老板一家带来巨大的法律风险。

1. 对企业债务承担赔偿责任

当债务人（企业）无法清偿到期债务时，债权人有权要求承担连带责任保证的保证人以等同于债务人的方式立即清偿。这意味着保证人要承担与债务人相同的法律和财务责任。这种连带保证责任，不仅会影响保证人的个人财务状况，还会使他们在法律上面临巨大的压力和风险——保证人需要在短时间内筹集足够的资金来偿还债务，否则将面临资产被强制执行或者可能的法律诉讼。雷老板及其子女都是企业贷款的保证人，如果企业无法偿还贷款，银行就会向雷老板及其子女追偿全部债务。

2. 影响个人生活

为了获得大额贷款，雷老板让自己和子女成为保证人，使得雷老板及其子女的财产完全暴露在债务风险之下。如果企业无法偿还贷款，银行有权处置抵押的财产，包括房产、存款和其他资产。这将严重影响雷老板及其子女的个人生活，除了会使他们的生活质量下降，还可能会导致家庭陷入财务困境。

3. 影响信用记录

如果雷老板及其子女无法履行还款义务，将对他们的个人信用记录产生严重的负面影响。不良的信用记录不仅会降低他们未来获得贷款和申请信用卡等金融服务的能力，还可能会导致较高的贷款利率和更严格的信用审查。此外，信用记录的恶化可能会影响他们的日常生活，使他们在各种需要使用信用的场合（如租房、就业背景调查、购买保险等）遇到更大的困难和阻碍。

4. 造成家庭关系紧张

财务问题往往是家庭矛盾产生的主要原因，经济压力会使家庭成员之间的沟通变得更加困难，影响家庭和谐。雷老板在贷款过程中不计后果，将全家人的财务安全卷入企业的债务风险中，造成家庭关系紧张。而因偿还债务产生的巨大财务负担，又加剧了家庭内部的压力和不满，导致家庭成员之间的矛盾和冲突增多。

5. 诉讼风险

当企业无法偿还贷款时，银行有权将雷老板及其子女诉至法院，要求他们偿还欠款。应对这样的诉讼，雷老板一家不仅需要耗费大量的金钱，还需要耗费大量的时间和精力去准备应诉材料，出庭参与法律程序。这进一步加重了家庭的负担，使他们在财务困境中更加疲惫和无力。诉讼过程中的压力和焦虑感，也会对家庭成员的心理健康产生不利影响，导致情绪波动和家庭氛围的恶化。无论诉讼结果如何，他们都将付出巨大的代价。

科学建议

从雷老板的故事中我们可以得出以下两点启示。

1. 敬畏市场，重视投资风险

为了实现企业的稳健经营，企业主在追求事业发展的同时，必须敬畏市场，合理控制投资规模，确保风险处于可承受范围内。

首先，企业发展必须建立在对市场深刻认识的基础上。市场环境是多变的，政策、自然环境、国际局势等因素都可能引发行业波动。像雷老板这样，因对行业前景过于乐观而忽略潜在的风险因素是极为危险的。企业主在做决策时，应当进行全面的市场分析和风险评估，尽可能地规避和准备应对各种不确定因素。

其次，投资的规模和方式应当保守、审慎。雷老板为了追求事业的飞跃，让全家人为企业贷款提供连带责任保证，这种做法无疑是将整个家庭暴露在巨大的风险之中。理智的做法应该是，将投资风险控制在自己的能力范围之内，不要让企业的负债和风险超出个人和家庭的承受能力。

最后，企业的经营目标应当是提升家庭的幸福感和增加社会的福祉，而不是以家庭的幸福和安宁作为赌注。企业主在追求经济效益的同时，也要考虑到对家庭成员的影响。在赚取利益的同时保持家庭的和谐稳定，才是真正的成功。

总之，如果经营企业只追求短期效益，那么企业主可以把短期的企业效益放在严控风险之上。如果经营企业追求的是长远发展，那么企业主就必须把严控风险放在短期的企业效益之上，这一点决定了企业可以走多远，也决定了企业主是否可以成为商业战场上的“常胜将军”。

2. 谨慎为企业贷款提供担保

如果企业主不得不为企业贷款提供担保，应当注意以下几个关键点：

（1）充分了解为企业贷款提供担保的法律后果。如案例分析所述，为企业贷款提供担保，保证人要承担很大的法律风险，可能会波及个人的房产、存款等。

（2）仔细阅读保证合同条款。企业主应当仔细阅读合同条款，尤其要关注债务偿还的条件、责任范围、违约后果等内容。如果发现有任何内容模糊或者不确定的条款，都应当在正式签订合同前向律师咨询，避免日后产生争议。

（3）咨询专业人士的意见。在签订保证合同前，企业主应当向律师咨询，确保自己理解了合同条款对个人及企业的法律影响。

（4）评估个人财务状况。企业主应当认真考虑如果企业无法偿还贷款时，个人及家庭的财务状况是否足以承担偿还责任，比如对个人资产、收入、储蓄等进行评估，确保不会因偿还债务而影响正常生活。

（5）获得家庭成员的同意和理解。一是要确保所有作为保证人的家庭成员充分了解他们所承担的责任和风险；二是要进行全面的家庭讨论，确保每位家庭成员都同意并愿意承担可能发生的不利后果。

（6）设立限制条件。企业主可以与债权人协商，尽可能在个人连带责任承诺书中加入一些限制条件，比如承担保证责任的金额上限、责任期限、责任条件等，以规避潜在的风险。

亲兄弟，明算账——亲属变下属的管理要点

案例背景

陆国富是一位成功的商人，他深知做生意的风险，所以一直希望能有一个更稳定的收入来源。经多方考察，他看中了一个拥有巨大发展潜力的景区，并决定承包它。他想把这个景区打造成一个旅游胜地，使其成为一个长期盈利的项目。

经过与当地政府的多番接洽，陆国富竞标成功，拿下了这个项目。他立刻紧锣密鼓地开始了开发工作。考虑到自己手头的生意繁多，不能很好地兼顾这个项目，于是他找到自己的哥哥陆国丰——一位从事建筑行业多年的老手——来帮忙。

陆国丰目前在建筑行业的年薪约为 10 万元，而弟弟开出的 20 万元年薪，对他来说无疑是一笔可观的收入，于是他毫不犹豫地加入了这个项目。

几年后，景区已经拥有了稳定的客流量。达成心愿的陆国富决定对员工进行分红，表彰他们的辛勤工作。此时，哥哥陆国丰提出了一个要求，他认为自己不单单是员工，还是以技术入股的合作伙伴，景区的管理重任一直由他来承担，他理应获得股东的待遇。然而，在陆国富看来，自己与哥哥建立的是劳动关系，而非合伙经营，哥哥享受的待遇已经远超其上一份工作，现在哥哥提出这样的要求，无疑是“狮子大开口”。

兄弟俩的矛盾因此迅速激化。陆国富无奈，最终决定解雇哥哥，并额外给予他 100 万元的补偿金。他自认为这样的安排已经是仁至义尽了。可陆国丰却气得跳脚，他认为弟弟这是在过河拆桥。愤怒之下，陆国丰向税务机关举报弟弟偷税漏税。经调查，税务机关确认了陆国富的违法行为。陆国富也因此面临巨额罚

款，并因涉案金额巨大被判入狱。

这场突如其来的变故不仅让陆国富的事业濒临崩溃，也在家庭内部引起了巨大的震动——两兄弟的父母被气得住进了医院，陆国富的妻子也带着两个孩子回了娘家。

面对这样的局面，陆国丰不知所措。他没想到，自己因一时的愤怒和报复而作出的举动，让弟弟直接入了狱，也间接导致整个大家庭分崩离析。

案例分析

陆国富最终落得如此下场，究其原因，主要有以下三点。

1. 缺乏合规经营的意识

企业的成功是建立在遵守法律法规和规章制度的基础上的。陆国富在企业经营过程中未能依法纳税，忽视企业的税务风险，导致他最终因企业欠税金额巨大锒铛入狱，严重影响了其商业声誉和企业的稳定。对企业主来说，合规经营不仅是法律要求，也是企业社会责任的一部分。它对于助力企业长远发展、建立良好声誉至关重要。

2. 未能明确合作关系

陆国富与哥哥陆国丰之间的合作关系不够明确，是导致后续纠纷的根本原因。如果陆国富在合作之初，就与哥哥言明两人的合作是劳动关系，并签订相关的劳动合同，约定好各自的权利和责任，那么哥哥对于自身在项目中的角色和期望就会有清晰的认识。实践中，很多企业主在拉家庭成员入伙时，往往会因为亲属关系而忽视了法律程序上的步骤，导致无法预防未来可能出现的误解和纠纷。

3. 观念上的偏差

陆国丰对自己在项目中的价值和贡献估计过高。他的角色类似于职业经理人，与陆国富的企业主角色在责任和风险承担上有根本的区别。企业主不仅创立企业，还承担了项目的全部风险和初始投资，职业经理人则主要负责企业的日常管理。陆国丰将自己的角色与企业主混淆，忽视了自己实际上是以雇员的身份参与项目的。而从陆国富的视角来看，哥哥自始至终都是雇员的身份。这种观念上的偏差，导致陆国丰提出了过分的要求。

科学建议

对于陆国富这样雇用亲属的企业主，需要采取一些特别的措施来预防潜在的问题。

1. 明确合同关系

陆国富应当与哥哥订立劳动合同，将薪酬、具体职责、奖励机制、股权安排（如果适用）以及工作表现评估的标准和时间提前约定好。此外，劳动合同中还应明确约定在劳动关系终止时的条款，比如提前通知时间、解雇条件等。

2. 分清亲属关系和工作关系的界限

陆国富在雇用哥哥工作时，应当提前确立好原则，比如工作时间禁止谈论与工作无关的家庭事务，在处理亲属和其他员工的问题时遵循同样的标准和程序，在家庭聚会等私人场合避免讨论与工作相关的敏感话题等，以此来分清亲属关系和工作关系的界限。

3. 定期沟通与反馈

虽然工作中要做到公私分明，但由于有一层亲属关系在，如果陆国富在哥哥的工作问题上处理不当，很可能会引发家庭矛盾。对此，陆国富有必要安排定期的一对一会议，与哥哥讨论其工作表现和职业发展路径，并给出针对性的反馈意见，同时听取对方的工作感受和建议。这种定期沟通有助于及时发现和解决问题，同时也表达了对哥哥的支持和关切。

4. 传递合规经营理念，建立监督机制

通过定期培训、公开会议，向所有员工和家庭成员传递“重视合规经营”“对所有人一视同仁”的理念。此外，建立一个公平透明的监督机制，以确保所有的违规行为，都能得到及时、妥当的处理。

通过上述措施，企业主在雇用亲属工作时，可以有效地管理家族成员的期望和职责，减少误解和冲突，维护企业的长期利益。

法律依据

《刑法》

第二百零一条 纳税人采取欺骗、隐瞒手段进行虚假纳税申报或者不申报，逃避缴纳税款数额较大并且占应纳税额百分之十以上的，处三年以下有期徒刑或者拘役，并处罚金；数额巨大并且占应纳税额百分之三十以上的，处三年以上七年以下有期徒刑，并处罚金。

扣缴义务人采取前款所列手段，不缴或者少缴已扣、已收税款，数额较大的，依照前款的规定处罚。

对多次实施前两款行为，未经处理的，按照累计数额计算。

有第一款行为，经税务机关依法下达追缴通知后，补缴应纳税款，缴纳滞纳金，已受行政处罚的，不予追究刑事责任；但是，五年内因逃避缴纳税款受过刑事处罚或者被税务机关给予二次以上行政处罚的除外。

延伸阅读

不依法纳税的常见情形及后果

根据《税收征管法》的相关规定，不依法纳税的常见情形及后果如下。

1. 纳税人欠缴应纳税款

《税收征管法》

第六十五条 纳税人欠缴应纳税款，采取转移或者隐匿财产的手段，妨碍税务机关追缴欠缴的税款的，由税务机关追缴欠缴的税款、滞纳金，并处欠缴税款百分之五十以上五倍以下的罚款；构成犯罪的，依法追究刑事责任。

举例来说，某公司欠缴税款200万元，为了逃避税务机关追缴欠缴税款，该公司将财产转移到了子公司。税务机关发现后，除了追缴200万元的税款和滞纳金，还有权对该公司处以100万元（欠税金额的50%）以上1000万元（欠税金额的5倍）以下的罚款；情节严重的，还将依法追究其刑事责任。

2. 纳税人未按照规定期限缴纳税款

《税收征管法》

第三十二条 纳税人未按照规定期限缴纳税款的，扣缴义务人未按照规定期限解缴税款的，税务机关除责令限期缴纳外，从滞纳税款之日起，按日加收滞纳税款万分之五的滞纳金。

该规定中按日加收滞纳税款万分之五的滞纳金，折换成年利率约为18%，已经超过通常的银行利率，具有惩罚性。若公司欠缴200万元税款，一年后，该公司需要缴纳的滞纳金约为36万元。税务机关加收滞纳金的目的，是鼓励纳税人及时缴纳税款，避免长期拖欠。

3. 扣缴义务人应扣未扣、应收而不收税款

《税收征管法》

第六十九条 扣缴义务人应扣未扣、应收而不收税款的，由税务机关向纳税人追缴税款，对扣缴义务人处应扣未扣、应收未收税款百分之五十以上三倍以下

的罚款。

举例来说，某公司本应从员工工资中扣除并缴纳100万元的个人所得税，但未扣除。税务机关会向员工追缴这100万元的税款，并有权对该公司处50万元（应扣未扣税款的50%）以上300万元（应扣未扣税款的3倍）以下的罚款。

第四章

综合篇

不属于你但又属于你的房产——房产代持的风险

案例背景

前几年，苏洋凭借敏锐的商业嗅觉，判定S市的房价将会成倍地上涨，非常值得投资。但每个家庭只能购买两套房产的限购政策，成了他投资S市房产的障碍。后来，他听朋友说，可以选择房产代持——自己出资，让有购买资格但没有购买第二套房产需求的人代替自己持有房产。

苏洋没有犹豫，迅速行动起来。他动用自己强大的人脉网络，把亲戚、同学、员工都变成了他的房产代持人。

但有个在他印象里忠诚又可靠，也是代他持有S市一套房产的年轻员工陈楠，干了件叫他大跌眼镜的事。

原来，陈楠私下里迷上了一位女主播。为了获得这位女主播的关注，他利用自己代持的房产，秘密补办了房本，并通过银行抵押套取了大量现金。

有了钱的陈楠开始在直播间豪掷千金。在众多小额打赏之中，陈楠动辄几千元的打赏极为醒目。评论区纷纷感慨他是真“土豪”，女主播也笑盈盈地念出他的昵称，对他表示感谢，还常常熟稔地与他“隔空聊天”。生活中平凡的陈楠，在直播间得到了从未有过的关注，这种感觉让他十分着迷。此后，他的打赏金额一次比一次高，靠抵押房产套取的现金也在快速减少。

当苏洋发现陈楠的行为时，房子已被银行拍卖。这件事给苏洋敲响了警钟，他现在无比担心其他代持人也会出现类似的行为，毕竟房产是登记在这些代持人的名下的！

案例分析

实际上，自从苏洋让陈楠代自己持有房产的那一刻起，苏洋就面临着以下四种风险。

1. 陈楠的道德风险

如果陈楠否认代持关系，苏洋又不能提供充分的证据（如书面代持协议、转账记录等）证明双方之间存在代持关系，那么苏洋可能会失去该房产的所有权。

2. 陈楠随意处置房产的风险

如果陈楠擅自抵押或者出售房产，又无法向银行或者苏洋偿还债务，那么苏洋将面临重大的经济损失；如果陈楠擅自出租或者使用房产，也会给苏洋带来一定的经济损失。

3. 陈楠的债务风险

当陈楠欠债时，他代持的房产可能会被视为其个人财产，用于清偿陈楠的个人债务，导致苏洋失去房产。

4. 陈楠的意外身故风险

如果陈楠意外去世，他代持的房产可能会被视为其遗产，被法定继承人继承，导致苏洋失去房产。

此外，如果当年让陈楠代持房产时他已经结婚，那么该房产可能会被视为其夫妻共同财产，将来若发生婚变，陈楠的配偶有权要求离婚分割房产，导致苏洋损失财产。

当然，面对陈楠私自抵押房产的行为，苏洋可以提交证据，请求法院确认自己才是该房产的真正权利人，再追究陈楠的法律责任。然而，此时房子已被银行拍卖，就算法院支持苏洋的诉求，但房子已经易主，陈楠也负债累累，最终的结果大概率是苏洋失去房产，陈楠被关进监狱。

科学建议

房产代持无疑是一种风险很大的财产安排，因此在非必要的情况下，不建议大家做房产代持。如果迫于无奈不得不做，一定要注意以下几个方面。

1. 选择可靠的代持人

做房产代持，选择一个可靠和信誉良好的代持人可以显著降低代持风险。理想的代持人通常是长期认识且信任的亲友，但即便是亲友，也应当对其做全面的背景调查，包括了解其财务状况、信用历史，评估其是否存在重大财务风险等。

2. 签订房产代持协议

签订房产代持协议的意义在于，以书面形式明确双方在房产代持中的权利和义务，确保房产的实际所有权归属清晰，防止代持人擅自处置房产，并提供法律依据以应对潜在的纠纷。制定详细的房产代持协议，有助于保护房产的实际所有人的财产安全，维护双方的合法权益，为房产的管理和使用提供法律保障。

3. 保留重要文件及证据

尽管人的因素十分不可控，但把握住可控的部分，同样可以降低代持风险。房产的实际所有人应当妥善保留与房产购买和代持相关的文件及证据，包括购房合同、转账记录、书面代持协议等。除了纸质版原件，最好再保留一份电子版，以便在面临法律纠纷时提供充足的证据，支持实际所有人对房产的权利主张。

4. 要求代持人将房产抵押给自己

这样做可以进一步加强实际所有人对房产的控制权，防止代持人私自将房产用于其他目的，比如抵押或者出售。实际所有人和代持人的抵押手续应当在不动产登记中心完成，以保证所有法律程序得到妥善处理。与此同时，双方还应当签订正式的抵押协议——建议由律师起草，明确规定抵押的条款和条件，确保协议得到法律认可，能够为房产的实际所有人提供法律保护。

需要说明的是，即便采取了上述建议，房产代持还是会存在一定的法律风险。实务中，有此需求的朋友应当仔细权衡利弊，听取专业人士的建议。

法律依据

《民法典》

第三百九十四条 为担保债务的履行，债务人或者第三人不转移财产的占有，将该财产抵押给债权人的，债务人不履行到期债务或者发生当事人约定的实现抵押权的情形，债权人有权就该财产优先受偿。

前款规定的债务人或者第三人为抵押人，债权人为抵押权人，提供担保的财产为抵押财产。

《最高人民法院关于适用〈中华人民共和国民法典〉物权编的解释（一）》（法释〔2020〕24号）

第二条 当事人有证据证明不动产登记簿的记载与真实权利状态不符、其为该不动产物权的真实权利人，请求确认其享有物权的，应予支持。

不属于你但又属于你的股权——股权代持的风险

案例背景

周华与大学同学张伟东、王磊共同创办了一家做软件的公司。周华负责业务拓展，而张伟东和王磊则分别在技术和管理上大展拳脚。在三位创始人的共同努力下，公司稳步发展，逐渐成为行业内的佼佼者，周华也从中获得了数百万元的年收益。

女儿初中毕业后，周华陪着女儿去美国留学。离开中国之前，他将公司的日常运营重任交给了另外两位创业伙伴张伟东和王磊，自己只负责跟进重要项目。为了更便捷地处理公司事务，周华委托侄子周毅代替自己持有股权，并每年支付10万元给周毅作为感谢费。周华相信，这样的安排能够确保即使自己身在异国，也能使国内的公司顺利运行。

然而，来到美国一年半后，周华接到家里人的电话，得知周毅沉迷于赌博，已经欠下数百万元的赌债。周华从没想过自小聪明、稳重的侄子会染上“赌瘾”。他担心周毅可能会因为欠太多赌债而擅自处置或者出售代持的股权。这不仅会影响公司的经营，还可能会破坏周华多年辛苦经营的事业。更糟糕的是，周华当初让周毅做股权代持时，两人只是口头约定，并没有签订任何书面合同……

案例分析

股权代持，通常是指一方（代持人）以自己的名义持有另一方（实际所有人）的股权。周华面临的股权代持风险主要有以下四点。

1. 无书面合同的风险

周华与侄子周毅仅靠口头约定股权代持事宜，并未落实到书面合同上。这在法律上意味着证据不足，难以证明周华对股权的所有权和周毅的代持义务。也就是说，一旦出现纠纷，周华可能无法有效证明自己的权利。

2. 代持人的信用风险

周毅沉迷于赌博，欠下巨额债务，这增加了他挪用或者非法出售代持股权的风险。若周毅私自将股权转让给了第三方，此时周华想要拿回股权，必须通过法律途径，而缺乏书面合同，无疑会加大其拿回股权的难度。

3. 法律地位不确定的风险

在中国的法律体系中，尽管股权代持在实践中被广泛使用，但其法律地位并不明确。因此在发生纠纷时，法院可能不承认代持关系的有效性。

4. 对公司治理的影响

股权代持关系不公开，可能会对公司的治理结构和决策过程产生不利影响；股权代持关系公开，可能会对公司的声誉和运营产生负面影响。

鉴于上述风险的存在，周华应当采取措施保护好自己的权利，具体包括：

第一，尽快与周毅签订书面股权代持协议，明确股权的实际所有权归周华所有，并详细规定代持人的具体义务和权利，防止周毅擅自处置股权。

第二，考虑通过法律机制，比如股权质押等，增强对股权的控制权，进一步降低代持风险。

第三，及时与律师沟通，详细了解股权代持的法律风险和保护措施。

第四，考虑调整股权的持有方式，比如通过信托持股[①]或者变更股权结构[②]，以增强股权的安全性，确保公司的稳定运营和周华的财产权益得到有效保护。

---

① 即周华将其所持有的股权作为信托财产，交付信托公司，由信托公司按照周华的意愿对股权进行管理和分配。选择这种方式，周华就不用担心因代持人的个人行为而导致股权受损。

② 即将部分股权分散持有，降低单一代持人对股权的控制风险。通过让各代持人签订股东协议，明确其权利和义务，防止其擅自处置股权。

科学建议

我们可以将股权的实际所有人称为“隐名股东”，将股权的代持人称为“显名股东”。

一般情况下，如果隐名股东在与显名股东签订的股权代持协议中约定了显名股东私自处置（如出售、转让、抵押等）代持股权应当承担的责任，且股权代持协议有效，那么当显名股东出现违约情形时，法院通常会支持隐名股东的诉求。

如果隐名股东希望再保险一些，那就可以考虑利用股权质押，进一步加强对股权的控制。所谓“股权质押”，简单来说就是显名股东（出质人）将其所代持的股权作为质押品抵押给隐名股东（质权人），并在质押合同中限制显名股东处置股权的权利。股权质押的步骤如下。

1. 签订质押合同

隐名股东需要与显名股东签订一份质押合同。这份合同应当详细说明质押的股权数量、质押期限、质押的目的和条件、质权的行使方式以及质押解除的条件等。

2. 办理股权质押登记

根据《民法典》的规定，以股权出质的，质权自办理出质登记时设立。股权出质后，除非出质人与质权人协商同意，否则不得转让。因此，完成法定的登记程序是确保质权有效的关键。

3. 规定适当的质权触发条件

质押合同中应当明确规定，在哪些情况下隐名股东可以行使质权。例如，当显名股东试图违反股权代持协议转让股权时，隐名股东可以行使质权，先于其他债权人对股权进行处置。需要注意的是，质权的触发条件应当是客观的、可验证的，以便隐名股东在必要时可以迅速行使质权。

4. 审查质押合同

质押合同的内容，首先要合法合规，其次要明确、具体，避免产生歧义。隐名股东有必要寻求律师的帮助，以确保质押合同的合法性和有效性。

5. 及时监控和执行

隐名股东应当持续监控显名股东的行为，确保对方遵守股权代持协议和质押合同。一旦发现显名股东有违约行为，隐名股东应当及时采取行动，根据质押合同行使自己的权利。

6. 向公司公示质押信息

让公司内部知晓股权质押情况，有助于防止股权被显名股东擅自处置。

最后，隐名股东在进行股权质押时，应当咨询律师，确保所有操作符合法律规定，同时还应当注意股权质押可能对公司的财务和运营产生的影响，合理评估此安排的利弊。

法律依据

《民法典》

第四百条　设立抵押权，当事人应当采用书面形式订立抵押合同。

抵押合同一般包括下列条款：

（一）被担保债权的种类和数额；

（二）债务人履行债务的期限；

（三）抵押财产的名称、数量等情况；

（四）担保的范围。

第四百四十条　债务人或者第三人有权处分的下列权利可以出质：

（一）汇票、本票、支票；

（二）债券、存款单；

（三）仓单、提单；

（四）可以转让的基金份额、股权；

（五）可以转让的注册商标专用权、专利权、著作权等知识产权中的财产权；

（六）现有的以及将有的应收账款；

（七）法律、行政法规规定可以出质的其他财产权利。

第四百四十三条 以基金份额、股权出质的，质权自办理出质登记时设立。

基金份额、股权出质后，不得转让，但是出质人与质权人协商同意的除外。出质人转让基金份额、股权所得的价款，应当向质权人提前清偿债务或者提存。

保守型的投资者可以选择哪些金融产品?

案例背景

王阿姨的理财之路始于十几年前。那时，银行开始积极推销各式各样的理财产品。作为一个传统的家庭主妇，王阿姨对这些新奇的投资方式感到既好奇又迷茫。这么多年，她习惯了将家庭积蓄存入银行，安心地等待那一点点稳定的利息。

在好奇心的驱使下，王阿姨开始少量地购买一些短期理财产品。虽然银行工作人员说这些产品大多不保证本金安全，也不保证可以达到预期收益，但她每次买，到期后都能达到预期收益。于是，她就把家里的存款全都用来买短期理财产品了。

多年来获得的稳定收益，给了王阿姨很大的信心，所以当银行开始转推新型理财产品——净值型理财产品时，她虽然了解到这些产品不仅不保本，也不再有固定预期收益，但还是决定继续购买。

起初，这些净值型理财产品的表现似乎证明了王阿姨的选择是正确的——收益稳步上升，甚至有时还超出了她的预期。然而，好景不长，随着金融市场的波动，这些净值型理财产品的收益开始下滑。王阿姨惊恐地发现，不仅之前的利润正在消失，她的本金甚至也开始受损。

这一变化给王阿姨带来了巨大的冲击。她开始重新审视自己的理财策略，意识到自己不该心存侥幸——只看收益不看风险。

案例分析

王阿姨希望通过购买银行的理财产品获得较高的收益，但最终却投资失利，原因主要有以下五个方面。

1. 对投资风险的认知不足

王阿姨对投资理财的认知有限，未能正确认识投资风险。当前期市场状况良好时，高收益掩盖了投资风险；当市场出现波动时，她才意识到风险的真正面貌。

2. 把鸡蛋放进了同一个篮子里

王阿姨将家庭的全部存款都用来购买银行理财产品，赚取收益，这样做不仅会导致她手中缺乏应急的现金，而且会导致她面临更大的投资风险。不同类型的投资产品往往具有不同的风险和收益特性。实践中，只有进行多元化投资，才能有效分散风险。

3. 过度依赖过去的经验

王阿姨在之前的投资中取得了成功，这可能让她对风险产生了一种误判——过去的成功能够预示未来的表现，从而低估了投资风险。

4. 对净值型理财产品的了解不足

净值型理财产品与传统的固定收益理财产品有一个很大的不同，即它们的收益并不固定，而是与市场表现紧密相关。购买此类理财产品的投资者，必须“风险自负”。王阿姨显然没有充分了解净值型理财产品的特性和潜在风险。

5. 缺少专业的理财规划

想要做好投资理财，专业的理财规划是十分重要的。王阿姨应当在深入学习科学的理财规划方法、投资理财的原则，了解不同理财产品的特性和潜在风险后再作出决策。从案例中可知，王阿姨的理财规划太过“简单粗暴”，难以保障其家庭财产的保值、增值。

科学建议

王阿姨作为家庭主妇，对投资理财的相关知识了解得不多，早期只是安心等待存款利息，即便后来开始购买银行理财产品，也是先小额、短期地买，足见她是一个保守型投资者。比起收益，这类投资者更关注本金的安全，适合投资低风险或者无风险的产品。我们以王阿姨的情况为例进行分析。

1. 银行存款

（1）安全性：我国的存款保险制度，保障了每位储户在各银行的存款本金及利息，最高偿付限额为人民币 50 万元。这意味着，如果发生银行破产等情况，存款人在该银行的存款总额（含利息）不超过 50 万元的部分可以得到完全赔付，从而保证了这一部分资金的安全。

（2）收益性：银行存款的收益相对较低，特别是活期存款。定期存款（一到五年不等）的利率通常高于活期存款，但仍低于其他风险较高的金融产品。

总的来看，银行存款适合作为短期资金安排。王阿姨可以将不超过 50 万元的资金存入银行，既能得到存款利息，又有存款保险制度作为保障。同时，由于银行存款具有高流动性，王阿姨可以在相对短的时间内取回资金，虽然这可能会损失一部分利息。

2. 国债

（1）安全性：国债由政府发行，从理论上来说有国家信用做背书，安全性极高。它历来是保守型投资者理想的投资选择之一。

（2）收益性：国债有不同的期限，常见的有三年期、五年期等，能够提供固定的利息收入。其收益率通常低于股市和企业债券，但高于银行存款。

总的来看，国债适合作为中期资金安排。王阿姨可以选择购买五年期国债，这个时间长度既能为她提供相对稳定的利息收入，又能保证资金的安全，还可以锁定五年的收益率。

3. 增额终身寿险

（1）安全性：保证金、责任准备金、保险保障基金、偿付能力监管、再保险机制等，都能保障保险公司安全、稳健运行。即便保险公司的经营遇到了困难，保单持有人的权益也能在很大程度上得到保护。

（2）收益性：增额终身寿险可以锁定终身收益，且其收益通常高于传统的银行存款和国债。在市场利率普遍下降的背景下，这一特性尤为宝贵。

总的来看，增额终身寿险适合作为长期资金安排。它不仅可以为王阿姨提供身价保障，还可以作为一种长期投资工具，帮助王阿姨积累未来的财富，甚至可以作为遗产规划的一部分，保障家庭财富的传承。大部分保险公司都会在保险合同内附上现金价值表，通过这张表，王阿姨可以清晰地看到未来可得的收益。但在购买保险前，王阿姨需要仔细阅读并理解保险合同条款，包括收益机制和可能的费用等。

综上所述，王阿姨的理财策略可以是：短期资金放入银行储蓄，中期资金投资于国债以获得稳定收益，长期资金配置增额终身寿险，实现财富的长期增值。这样做，王阿姨可以在保证资金安全的同时，实现财富的合理增长。

法律依据

《存款保险条例》

第五条　存款保险实行限额偿付，最高偿付限额为人民币50万元。中国人民银行会同国务院有关部门可以根据经济发展、存款结构变化、金融风险状况等因素调整最高偿付限额，报国务院批准后公布执行。

同一存款人在同一家投保机构所有被保险存款账户的存款本金和利息合并计算的资金数额在最高偿付限额以内的，实行全额偿付；超出最高偿付限额的部分，依法从投保机构清算财产中受偿。

存款保险基金管理机构偿付存款人的被保险存款后，即在偿付金额范围内取得该存款人对投保机构相同清偿顺序的债权。

社会保险基金、住房公积金存款的偿付办法由中国人民银行会同国务院有关部门另行制定，报国务院批准。

延伸阅读

为什么中国的存款利率呈下降趋势?

2024 年 7 月 25 日，国有六大行带头开启新一轮存款挂牌利率下调，涉及活期、定期、协定存款、通知存款等全部存款类型，下调幅度为 5 到 20 个基点不等。其中，活期存款下调 5 个基点；整存整取中，1 年期及以下存款下调 10 个基点，2 到 5 年期均下调 20 个基点。

随后，招行、平安相继跟进，其余中信、广发等 10 家股份行也于 7 月 29 日集体进行了调整。整体来看，除部分银行部分期限调整略有差异外，大部分股份行定存利率调整幅度与大行相同，降幅普遍为 10 到 20 个基点。[①]

那么，为什么我国的存款利率越来越低了呢?

1. 存款过多会造成银行巨大的经营压力

在中国，家庭和企业的储蓄率一直较高，这导致银行里积累了大量的存款。以中国人民银行在《2024 年 1 月金融统计数据报告》发布的数据为例，1 月末，本外币存款余额高达 295.62 万亿元。这意味着银行需要为这些存款支付巨额利息。

当经济增长放缓时，企业和个人的贷款需求会减少。这导致银行里大量的存款无法有效转化为贷款，从而降低了其利用效率。为了减轻这种压力，银行和

① 史思同. 持续压降“高息”存款！新一轮存款降息后 多家银行接连调降特色存款、新发大额存单利率[EB/OL].（2024-07-30）[2024-07-31].

监管机构可能倾向于降低存款利率。举例来说，如果存款利率下调 0.5%，按照 1 月末的存款总额，银行每年可节约的利息支出约为 1.48 万亿元。这一策略有助于银行减轻利息负担，同时也可以刺激投资、消费，带动经济发展。

2022 年 1 月末，本外币存款余额为 242.6 万亿元。从 2022 年 1 月至 2024 年 1 月，中国的本外币存款规模增加了约 53 万亿元。这也增加了银行与监管机构进一步降低银行存款利率的可能性。

2. 低存款利率能够刺激贷款和企业融资

低存款利率通常伴随着低贷款利率。当银行的成本降低时，它们更有可能降低贷款利率，以吸引更多的贷款客户。

2024 年 1 月末，本外币贷款余额为 247.25 万亿元。如果企业贷款利率下降 0.5%，那么全年企业贷款的成本将减少约 1.24 万亿元。这对于企业，尤其是资金成本敏感、对贷款依赖性较大的中小型企业来说，将大大减轻其财务压力。

此外，低利率环境还可能会激励企业进行更多的投资和扩张，因为资金成本降低使得一些原本没有经济效益的项目变得可行。这样的环境对于创新和长期投资尤为有利，可以促进整体经济的增长和多元化。

3. 激发消费和经济发展

低存款利率降低了将资金存放在银行的吸引力。当银行存款的收益下降时，人们可能更倾向于消费而非储蓄，因为消费提供了即时的满足感，而储蓄的未来价值降低。

消费的增加可以直接刺激内需，从而促进经济增长。例如，更多的家庭消费可能会增加对零售商品和服务的需求，进而促进相关行业的发展。

国家统计局历年数据分析，中国的消费在 GDP 构成中所占比重自本世纪初以来持续上升。这反映了中国经济由投资和出口驱动向消费驱动转型的趋势。消费的提升不仅促进了经济结构的优化，还增强了经济的内生增长动力。

4. 促进资金流动性和金融产品投资

低存款利率使得储户寻求更高收益的投资途径，比如股市、债市和基金等。这种资金的转移不仅提高了相关市场的资金流动性，而且还可能有助于提升整体市场的估值。

中国证券投资基金业协会的数据显示，近年来货币市场基金规模快速增长，这反映了资金从传统的银行存款转移到更高风险、更高收益的金融产品中。这种转移有助于提高金融市场的效率和活跃度。

高流动性的金融市场对经济发展有积极作用。例如，股市和债市的活跃可以为企业提供更多的融资途径，降低融资成本，促进企业投资和扩张。

综上所述，中国的存款利率持续下降是多种经济因素和政策选择共同作用的结果。这一趋势既降低了企业融资成本，促进经济增长，也带来了储户投资习惯和金融市场结构的变化。但是，也要注意到低利率环境可能带来的资产泡沫和金融风险。因此，监管机构需要在刺激经济增长和防范金融风险之间找到平衡点。

警惕以恋爱为名的诈骗——女性的婚恋防骗指南

案例背景

自从丈夫因心脏病抢救无效仓促离世后，小婉的世界就失去了色彩。她并不缺钱，丈夫留下的两套价值不菲的房产和数百万元的存款，足够支撑她把两个年幼的儿子照顾到长大成人，更何况还有父母和公婆的帮衬。真正困扰她的是内心深处快要将她吞噬的空虚和孤独。哪怕孩子和工作占据了她绝大部分的时间，这样的感觉也难以消除，直到命运让她与另一个男人相遇。

高文是一位身材高大、相貌出众的男士，开着一辆50万元左右的豪车。他风趣幽默，总是打扮得精致、得体，常常哄得小婉开怀大笑。高文介绍自己曾经是一家外企的高管，后来为了创业离职。他的前妻强烈反对他创业，为此两人争吵不断，最终选择了协议离婚，而他把大部分财产都留给了前妻和孩子。在小婉眼中，高文是一个有担当、有理想的人，他英俊的外表和幽默的谈吐，还有对她无微不至的关怀，都深深吸引着小婉。恋爱的悸动，让她的世界重新变得五彩斑斓。

与小婉的心潮澎湃不同，周围人对这段恋情抱有很大的疑虑。母亲忧心忡忡地问："社会上那么多年轻漂亮的单身女性，为何他偏偏选了你？"朋友们则提醒小婉要小心高文贪图她的财产。已经深陷爱河的小婉，对这些忠告充耳不闻，甚至开始刻意疏远那些关心她的亲友。而高文为了证明自己的真心，迅速与小婉领了证。这让小婉感到莫大的安心。

领证后不久，高文便以创业即将成功，仅差最后一笔资金投入为借口，向小婉借钱。自认为已是夫妻一体的小婉，不仅将所有存款转给了高文，甚至把房产也拿去做了抵押。等到无论如何都联系不到高文后，小婉才意识到自己被骗了。

警方介入调查后，真相逐渐浮出水面。原来，高文是个惯犯。除了小婉，他还与多名女性保持着所谓的“恋爱关系”，通过诈骗她们的钱财来维持自己的奢侈生活。小婉联系到其他受害女性，发现她们的经历惊人地相似。她们都被高文英俊的外表和甜言蜜语迷惑了。

只不过，小婉比其他受害者付出的代价更大，因为她与高文已经登记结婚。法院可能会判定高文在与小婉婚姻关系存续期间以经商为名的借款为夫妻共同债务，这意味着小婉不仅钱财被骗光，还要为高文的其他债务承担责任。

案例分析

我们可以从心理、情感和法律的角度来分析小婉被骗的原因。

1. 心理因素

（1）寻求情感慰藉。丈夫去世后，小婉内心感到孤独和失落，很需要情感上的支持。在这种易受伤害的状态下，高文的出现冲淡了她的寂寞，给予了她被爱的感觉，使她在心理上对高文产生了依赖。

（2）判断力下降。由于强烈的情感需求，小婉可能忽视了对高文的身份背景和意图的合理判断，导致她对高文的真实面目视而不见。

2. 情感因素

（1）恋爱中的盲目性。恋爱中的人往往会对伴侣产生理想化的认识，忽略对方的缺点。小婉对高文的迷恋，使她对家人和朋友的忠告充耳不闻，甚至有所抵触。

（2）孤独与需求感。作为一个单亲妈妈，小婉可能急切地希望找到一个伴侣来填补她内心的空缺。

3. 法律因素

（1）缺乏法律意识。小婉可能没有意识到向别人借贷大额资金的法律风险，也可能不了解如何合法地核实他人的信用和背景。

（2）对欺诈行为的认知不足。小婉可能缺乏对社会欺诈行为的认知，不了解诈骗者常用的手段和心理战术，导致她未能及时识破高文的真实目的。

科学建议

针对像小婉这样拥有一定资产并渴望再次走进婚姻的女士，建议在与他人交往时，应注意以下几点。

1. 意向伴侣的身份识别与背景调查

在与意向伴侣深入发展关系之前，有必要了解清楚对方的基本信息，包括职业背景、家庭情况、财务状况等。可选择的调查途径包括公开资料查询、社交网络分析、向共同认识的人询问等。这有助于辨识对方的真实身份，避免自己受到欺骗。

2. 婚前财产公证及婚前财产协议

在结婚前，对双方各自的财产进行清晰界定，并签订婚前财产协议，明确婚后财产的处理方式和各自的财务责任。这有助于避免个人财产被不公平地分配或者用于偿还对方的个人债务。

3. 没有把握前不要登记结婚

在没有完全确定对方的诚意和可靠性之前，不要草率地决定登记结婚。最好通过较长时间的交往、共同生活等方式，更全面地了解和考察对方。毕竟一旦登记结婚，任何一方的债务都可能成为夫妻共同债务，导致另一方财产受损。

4. 作出重大决策时要慎重

在作出任何重大决策，比如共同投资某个项目、购买房产等之前，双方应当进行充分的讨论，并寻求专业人士的建议。在做决策时，要保持理性，不能仅凭感情一拍脑袋就做决定。这有助于避免因冲动决策而导致财产受损，保护自己的长期利益。

婚姻不仅仅是情感的结合，也是经济的结合，会涉及很多利益问题。无论是第几次步入婚姻，上述措施都可以帮助你更好地保护自己，避免造成不必要的损失。

法律依据

《民法典》

第一千零六十四条 夫妻双方共同签名或者夫妻一方事后追认等共同意思表示所负的债务，以及夫妻一方在婚姻关系存续期间以个人名义为家庭日常生活需要所负的债务，属于夫妻共同债务。

夫妻一方在婚姻关系存续期间以个人名义超出家庭日常生活需要所负的债务，不属于夫妻共同债务；但是，债权人能够证明该债务用于夫妻共同生活、共同生产经营或者基于夫妻双方共同意思表示的除外。

警惕针对女性的“杀猪盘”

案例背景

锦芳曾有过一段不幸的婚姻。在那段婚姻中，她饱受前夫家暴之苦。所幸在律师和家人的帮助下，她带着女儿成功离婚，并分得了 100 多万元存款和一套房产。天性开朗的锦芳并未因失败的婚姻而消沉，她很快重新振作，渴望遇到一个新的人生伴侣。

朋友和同事都积极地为锦芳介绍男朋友，但锦芳的眼光颇高，她虽然离异带娃，但有钱也有房，理应找一个经济条件相当的。她听说某婚恋网站可以直接根据用户设定的条件筛选符合要求的男士，于是兴冲冲地注册成了会员。意外的是，还没开始筛选，就已经有男士主动跟锦芳打招呼，称赞她长得漂亮，神似某位电影明星。锦芳从对方的主页中看到，这位男士名叫郑平，比她小两岁。生活照中的他身材健美，外形俊朗。两人在交流中相谈甚欢，随后便在微信上进一步联系。通过郑平的朋友圈，锦芳看到了他奢华的生活——经常出入高档场所，开的也是上百万元的豪车。郑平甚至向她展示了自己银行账户的截图，余额近 600 万元。

在网络的另一端，郑平对锦芳展开了热烈的追求，每天早晚都有他的问候与甜言蜜语。尽管如此，锦芳对两人的未来并不看好。她离异且带着孩子，怎么看都与郑平这样的“高富帅”不般配。当她向郑平坦白这些想法时，郑平表示自己一点儿也不介意，坚称即便两人在现实中还未相见，他也认定锦芳就是自己命中注定的另一半。随后，郑平的追求升级了——每天早晨订早餐，下午订新鲜水果送到锦芳的办公室，时不时还会给她的女儿订购儿童餐和蛋糕。在连续半个月的甜言蜜语和贴心行动下，锦芳被郑平的真诚打动，她提出想要和郑平见面。

郑平告诉锦芳，自己正在香港处理一个重要的金融项目，一旦完成就来找她，并表示要带她们母女俩去大都市生活。锦芳毫不怀疑郑平的经济实力，对郑平的屡屡示爱也开始积极回应。就在这时，郑平说自己有一个投资平台的账户需要打理，他只信得过锦芳，于是将网址和账户名、密码发给了她。锦芳按照郑平的指示下载了 App，并使用郑平账户中的 100 万元进行了投资。令她惊喜的是，第二天账户余额就涨了 20%。当她将这一好消息告诉郑平时，对方却显得异常平静，还说自己得到的内部消息称，接下来，一个月内涨幅会超过 300%。郑平还告诉锦芳，投资资金从提现至到账只需三个工作日，并嘱咐她不要将此事告诉其他人。

锦芳没有抵住诱惑，同意让郑平为她单独开设一个投资账户。在郑平的诱导下，她先是小心翼翼地投了 10 万元，当天就涨了 20%。之后，她陆续将自己的 100 多万元存款全部投进去。仅三天，她的投资金额便翻了一番，达到了 200 多万元。

人的贪心永无止境。锦芳听从郑平的建议，抵押了自己唯一的房产，并将抵押得到的资金也投了进去。看着 App 上不断增加的数字，锦芳一边享受着郑平的甜言蜜语，一边幻想着未来的美好生活，此刻的她是幸福的。

然而，当锦芳向闺密小琪分享自己的投资成就和优质男友郑平时，小琪却感到了不安。她不相信一个如此成功的男人会对一个离异、带着孩子的中年妇女如此着迷。小琪马上提醒锦芳可能遇到了“杀猪盘”。沉浸在爱情中的锦芳却无法接受这一说法。在小琪的强烈要求下，锦芳尝试进行提现，但直到三个工作日后，提现操作都没有成功。客服告诉她，要想提现需要交纳保证金。锦芳拒绝了。当锦芳再次联系郑平，想问问这是怎么回事时，却发现自己已被拉黑。郑平也人间蒸发了。

这时，锦芳终于意识到自己被骗了。想到自己年幼的孩子、被骗走的存款，以及即将失去的房子，锦芳被巨大的绝望所淹没！

案例分析

针对女性的“杀猪盘”犹如一颗裹上糖衣的炮弹，外表甜蜜，内里却包藏祸心，值得广大女性警惕。

1.“杀猪盘”在法律上如何定性?

“杀猪盘”是指犯罪分子利用网络交友，诱导受害人在诈骗平台进行投资（或赌博）的诈骗方式。此类案件的犯罪分子人数众多、组织严密、分工明确、方法成熟，按照打造人设、套取信息、发展感情、了解需求、推荐投资、引诱投资、切断联系的“七步走”方式进行诈骗。[①] 这些犯罪分子将受害人称为“猪”，把交友工具称为“猪槽”，聊天剧本称为“猪饲料”，恋爱称为“养猪”，诈骗称为“杀猪”。

在针对锦芳的“杀猪盘”行动中，犯罪分子郑平通过虚构身份、编造故事、渲染情感等手法，与受害人锦芳建立信任关系，并以此为基础诱导锦芳去投资，以达到骗取钱财的目的。受害人因此遭受的损失高达几百万元，数额巨大。在司法实践中，郑平的行为通常被定性为诈骗罪。诈骗罪，是指以非法占有为目的，使用欺骗方法，骗取数额较大的公私财物的行为。[②]

2.“杀猪盘”的受害人遭受的钱财损失容易追回吗?

通常情况下，受害人遭受的钱财损失难以追回。原因主要有以下几点：

（1）难以锁定犯罪嫌疑人的身份。犯罪嫌疑人通常会通过网络黑色产业链购买他人的身份信息或者虚假身份信息，以掩盖自己真实的身份信息，或者利用新型技术掩盖自己的个人真实信息和 IP。公安机关即使查到相关的账号，也难以识别犯罪嫌疑人的真实信息，难以发现案件的相关线索进行追踪。

（2）“杀猪盘”案件的追赃挽损工作难以顺利开展。进行“杀猪盘”诈骗的

① 中国法制出版社.反电信网络诈骗法学习宣传本（2022年版）[M]. 北京：中国法制出版社，2022.

② 张明楷.刑法学.第六版[M]. 北京：法律出版社，2021.

团伙会配备专业化的洗钱团队，利用第三方或者第四方平台分散、转账，快速转移受害人的资金，在短时间内将资金汇入海外账户，导致受害人的资金难以被追讨回来。

（3）“杀猪盘”涉及跨境犯罪，国际协作难度大。“杀猪盘”诈骗的窝点一般在境外，如果需要抓捕涉案人员以及寻找证据，需要和当地警方开展合作，这导致案件侦破难度进一步加大。

3. 哪些女性更容易被犯罪分子锁定为诈骗目标呢？

（1）大龄单身的女士。这一群体承受着来自社会和个人的婚恋压力，可能急于寻找伴侣。而长期单身生活产生的孤独感，可能使她们有更强的情感需求。犯罪分子往往会利用这一点，通过提供虚假的情感关怀和浪漫承诺，满足她们的心理需求，从而使她们掉入诈骗陷阱。

（2）离婚的女士。经历婚姻失败后，这一群体可能正处于情感上的脆弱期。她们对于重新寻找爱情、与他人建立信任关系可能持开放态度，这使得她们更容易相信犯罪分子的虚假承诺和关怀。

（3）婚姻不幸福的女士。处于不幸福婚姻中的女性可能会寻求外部的情感慰藉，这让她们更容易成为诈骗目标。犯罪分子通常通过为她们提供在婚姻中所缺失的关注和爱护，与她们建立信任和情感联系，再利用这种信任进行诈骗。

（4）财产丰厚的女士。经济条件较好的女性往往会成为犯罪分子的高价值目标。这一群体可能在情感上存在空缺，或者对金钱的管理缺乏足够的警觉性，导致她们在犯罪分子的甜言蜜语和虚假关怀下，更容易作出不当的决策。

其实，易被“杀猪盘”锁定的女性都有一个共同点：存在情感上的需求或者弱点。因此，提高对此类诈骗手段的认识和警惕，增强法律和财务方面的知识，是避免受骗的关键。

科学建议

生活中，女性朋友应当注意以下几点，避免成为“杀猪盘”的目标。

1. 在网络上交朋友要保持警惕

在网络上交朋友，特别是在寻找生活伴侣的过程中，女性朋友要始终保持高度的警觉性，对那些主动接触并快速表现出过度热情的网络陌生人保持警惕，尤其是在对方对你的私人生活、财务状况表现出不寻常的兴趣，或者在短时间内就提出需要金钱帮助时。这些表现可能是网络诈骗的早期迹象。

2. 核实对方身份，进行背景调查

女性朋友在网络上与他人建立恋爱关系时，务必核实对方的真实身份和背景。比如，通过检查其社交媒体账号的真实性和活动记录、与共同认识的朋友进行交流，甚至利用网络搜索工具进行背景调查等，确保对方所提供的身份信息是真实和可靠的，以防止被冒用他人身份信息的犯罪分子欺骗。

3. 感性与理性并存，谨慎决策

在一段恋爱关系中，感性的投入是必要的，理性的思考也是必要的。尤其是在对方提出涉及金钱或者作出重大财产承诺的请求时，女性朋友更应该冷静下来，从客观和理性的角度审视对方的真实意图，思考对方的请求是否具有合理性，避免在情感的驱动下作出对自己不利的决策。

4. 涉及金钱问题，及时听取亲友意见

在恋爱关系中，涉及金钱的问题，女性朋友应当及时向亲友征求意见。亲友作为旁观者，往往能更清楚地看到你所忽视的问题和风险。通常，当对方表现出对金钱的迫切需求或者提出不合理的经济请求时，应当立即停止所有金钱交易，并向警方报案，以免遭受进一步的损失。

5. 学习金融知识，提高投资认知

为防止在网络恋情中被诱导进行不良投资或者遭遇金融诈骗，陷入“杀猪盘”陷阱中，女性朋友应当投入时间和精力学习基本的金融知识和投资原则，包括了解不同类型的投资风险、识别投资骗局的常见手段等。与此同时，切记要谨慎管理个人财务。这样一来，当面对网络恋人提出的投资建议或者请求时，女性朋友就能够基于自己的知识背景作出明智的决策，避免因缺乏金融知识而造成不必要的经济损失。

法律依据

《刑法》

第二百六十六条　诈骗公私财物，数额较大的，处三年以下有期徒刑、拘役或者管制，并处或者单处罚金；数额巨大或者有其他严重情节的，处三年以上十年以下有期徒刑，并处罚金；数额特别巨大或者有其他特别严重情节的，处十年以上有期徒刑或者无期徒刑，并处罚金或者没收财产。本法另有规定的，依照规定。

《最高人民法院、最高人民检察院、公安部关于办理电信网络诈骗等刑事案件适用法律若干问题的意见》(法发〔2016〕32号)

二、依法严惩电信网络诈骗犯罪

(一)根据《最高人民法院、最高人民检察院关于办理诈骗刑事案件具体应用法律若干问题的解释》第一条的规定，利用电信网络技术手段实施诈骗，诈骗公私财物价值三千元以上、三万元以上、五十万元以上的，应当分别认定为刑法第二百六十六条规定的“数额较大”“数额巨大”“数额特别巨大”。

二年内多次实施电信网络诈骗未经处理，诈骗数额累计计算构成犯罪的，应当依法定罪处罚。

普通人该如何识别投资骗局？

案例背景

王女士退休后，经常跟几个老姐妹聚在一起。有一次，她们一群人正在公园聊天，一对年轻男女拿着宣传单，热情地跟她们介绍起自己的工作单位——一家专门做古董字画收藏的公司，并邀请她们一起坐车到公司去参观，还承诺赠送一份价值千元的纪念品。在两个年轻人的鼓动下，王女士和另外两个老姐妹答应去看看。

下了车，王女士发现这家公司的装潢豪华，展厅内摆了许多精致的古董字画。陪同她们的两名业务员，态度极为热情亲切，不光向她们挨个介绍这些古董字画，还带她们到会议室休息，瓜果零食茶水一应俱全。这让单纯的王女士既惊喜又感动。

见气氛正好，其中一名业务员向王女士三人介绍了一款“有巨大升值潜力”的纪念钞。在业务员的“花式推荐”之下，即便心存疑虑，王女士还是决定尝试投资 1000 元，另外两个老姐妹则摇头拒绝了。

没想到，没过多久，这 1000 元的投资不仅回到了她的口袋，她还多得了几百元的回报。正当她犹豫着要不要联系业务员再买点儿时，对方带着几样礼物直接登门拜访，向她推荐了公司的另一个投资项目——“名人字画”。对方通过手机上的图片和数据，展示了这些字画的巨大升值空间——一幅几千元的字画，可以升值到数万元甚至数十万元。这名业务员还向她保证，如果她买的字画无法拍卖，公司会原价回购。

王女士的财富梦想被点燃了。在她尝试买了三四幅画，得到了极为丰厚的收益后，情况变得一发不可收拾。为了将更多资金投入这个项目，赚取更多的收益，王女士开始四处借款，甚至不惜抵押自己的房产。然而，随着时间的流逝，她逐渐发现，这些所谓的名人字画根本就没有市场。一开始，她还抱有一丝希望，认为或许是市场不景气导致的，但随着时间的推移，这份希望变成了绝望。

焦急和恐慌在王女士的心中蔓延。她反复拨打那名业务员的电话，但次次都是无人接听。在投入了几乎所有积蓄，甚至背负沉重债务的情况下，王女士终于意识到，自己陷入了一个精心设计的投资骗局。

果不其然，当她再次来到这家公司时，里面已经人去楼空。心灰意冷的王女士来到派出所，说明了自己的遭遇。警方告诉她，近期已经有多人遇到了类似的诈骗案件。

案例分析

王女士遭遇的投资骗局具有以下五个特征。

1. 承诺高额回报

这是投资骗局的典型特征。诈骗者往往会承诺远高于传统投资或者银行储蓄的回报，以吸引那些追求快速致富的人。收藏品公司的业务员介绍一幅几千元的字画很快就可以升值到数万元甚至数十万元，还承诺拍卖不成可原价回购，实际上是承诺了不符合市场情况的高额回报。

2. 给出虚假或者夸大的信息

诈骗者通过制造虚假的专家身份、历史数据、市场分析，或者过分夸大投资价值、投资的稳定性，欺骗受害者，诱导受害者参与投资。收藏品公司的业务员在介绍名人字画投资项目时给王女士看的照片和数据，实际上是虚假的。

3. 投资信息缺乏透明度

诈骗者往往会在关键信息上含糊其词，比如投资运作方式、资金流向、具体收益来源等。收藏品公司的业务员极有可能对王女士隐瞒了投资的真实性质，包括市场风险和流动性风险。

4. 以各种方式骗取信任

通常，为了骗取受害者的信任，诈骗者会先让受害者尝一点甜头，即短期内给予他们一定的回报（多数情况下是用新投资者的钱支付的），让受害者相信这个项目是真实且能带来高额回报的。除此之外，亲切周到的服务、丰厚的礼物、殷勤的问候，都是诈骗者获取信任的手段。王女士之所以这么快就上当，原因主要在于她在初期获得了投资回报。

5. 达成诈骗目的后失联

刚开始，诈骗者可能会非常积极地与受害者沟通，一旦受害者的钱财被掏空，诈骗目的达成，诈骗者就会失去联系。这是识别投资骗局的关键信号。例如，王女士察觉情况不对后多次给业务员打电话却无人接听，收藏品公司里也人去楼空。

实际上，在众多投资诈骗案件中，还可以总结出很多其他特征。比如，诈骗者可能会使用压力营销策略，即通过制造“如果不立即行动，就再也没有这么好的赚钱机会”的假象，以“仅限今日”“最后几个名额”之类的话语，对受害者不断施压，促使其无暇深思熟虑，在仓促间作出投资决定。再比如，诈骗者通常会要求受害者在指定的平台进行交易，而平台的所有数据都在诈骗者的掌握之中，一旦受害者的资金被套牢，平台就可能会崩盘。

科学建议

普通人该如何避免陷入类似王女士所遭遇的投资骗局呢？

1. 谨慎对待高回报承诺

“富贵险中求，也在险中丢；求时十之一，丢时十之九。”高回报必定伴随着高风险。如果某个投资项目承诺给予投资者远高于市场平均水平的回报，那无疑是投资骗局的诱饵，投资者应当保持警惕，不要被眼前的高额回报所诱惑，理性分析项目的可行性和风险点。

具体来说，在评估高回报投资项目时，投资者应当：①了解市场平均回报率，并将其作为基准进行比较；②评估项目的实际操作难度和可行性，确保项目的回报率与其风险成正比；③详细了解项目可能存在的市场、运营、政策等风险，并做好心理准备和风险承受能力评估；④确认项目是否有清晰的运营模式和合法运作渠道，避免信息不透明或者无法验证合法性的项目。

2. 充分调查投资项目

在投资任何项目之前，投资者都应对项目进行全面的调查和评估，以确保其可靠性和可行性。具体来说，投资者应当：①详细调查项目背景，包括确认公司是否在相关部门注册并具有合法的经营资格，了解公司的成立时间、经营范围和历史业绩，通过互联网和行业内人士了解公司的声誉和客户评价；②深入了解项目细节，包括查看项目的商业计划书，了解其目标、策略和市场前景，审查公司的财务报表以评估其财务健康状况，了解公司的运营模式和盈利模式是否合理、可持续，明确项目的风险控制措施；③向金融顾问、律师、会计师等专业人士咨询，获取专业意见和建议，联系监管机构或者行业协会了解项目的合法性和合规性，确保项目不违反相关法律法规。

3. 避免借款投资

投资者应当基于自身的经济实力和风险承受能力去投资。借款投资，尤其是抵押重要资产进行投资，是非常危险的行为，因为一旦投资失败，不仅本金无法收回，还需要偿还借款的利息和费用。若抵押了房产等重要资产，还可能失去房产等重要的生活保障。

投资者应当评估自己的资产和负债情况。一是确认自己是否有足够的资金进行投资，避免动用生活必需的储蓄或者紧急备用金；二是合理设定投资金额（建议投资金额不超过家庭可支配收入的一定比例，并通过分散投资来降低单一项目失败带来的风险），确保即便投资失败也不会对生活造成重大影响。同时，投资者还应当确保收入来源稳定，不依赖投资回报来维持日常生活开支。

4. 不要轻信口头承诺

口头承诺往往不具备法律效力，投资者不应轻信推销员或者业务员作出的口头承诺。任何投资承诺都应当有书面合同作为保障。书面合同不仅能明确双方的权利和义务，还能在发生纠纷时提供法律依据和证据。然而，即便有书面合同，投资者在签署合同前也应当请律师进行审核，确保合同条款是合理且符合自身利益的，避免合同中可能存在的法律漏洞和风险。同时，投资者也应当在律师的协助下，确保自己理解合同内容，尤其是涉及回报、风险、退出机制等关键条款。

5. 谨慎处理个人信息

投资者在进行任何投资活动时，都应当谨慎处理个人信息，尤其是银行账户信息，不可轻易透露给他人。现实生活中，诈骗者常常会利用投资者的个人信息进行身份盗用、非法交易等犯罪活动，因此保护自己的个人信息是防止被骗的重要措施。

具体来说，投资者应当：①确保跟自己打交道的投资公司或者平台具备合法资质和良好信誉，避免在不明身份或者未经认证的平台上进行交易；②在填写个人信息时，核实网站或者表单的安全性，在信息传输过程中进行加密和保护；③定期检查个人银行账户和信用报告，及时发现和处理任何可疑的活动或者交易，防止因信息泄露导致财产损失和身份盗用。

6. 学习法律知识，了解典型和最新投资骗局

学习法律知识，特别是与投资诈骗相关的法律法规，能帮助投资者在面临潜在骗局时作出正确的判断。此外，在新型投资诈骗手段层出不穷的今天，投资者应当有意识地去了解典型的和最新的投资骗局，这样在自己遇到潜在投资骗局时就可以精准识别，达到“别人吃一堑，自己长一智”的效果。

7. 注重家庭成员间的沟通

老年人往往是投资诈骗的主要目标。对老年投资者来说，应当注重与家庭成员间的沟通，在作出重要投资决策前，要先与家人商量或者咨询专业人士的意见，这样做可以有效降低自己掉入投资骗局的风险。对家庭成员来说，则应当注意：①鼓励老年人在作出投资决策前召开家庭会议或者咨询专业人士；②定期与老年人进行沟通，了解他们的投资意向和决策，并对他们的投资决策给予必要的关注和指导；③向老年人普及投资知识和防骗技巧，教他们如何辨别投资信息的真伪，提高他们的防范意识。

8. 遇到问题及时寻求帮助

投资者一旦发现自己可能遭遇了投资诈骗，应当立即向公安机关报案。积极向警方提供诈骗者的信息和个人的受骗细节，可以帮助警方更快地抓获嫌疑人，这样自己也有更大的机会挽回损失。此外，投资者也有必要向律师咨询具体的维权方法。

总而言之，无论做什么投资，都要保持谨慎。我们对投资骗局的认识越多，防备心越强，受骗的可能性就越小。

找工作时也可能会遭遇诈骗——求职者的防骗指南

案例背景

李妙大学毕业后，一个人离开家乡来到北京求职。她在北京六环外短租了一间屋子作为临时落脚点，随后开始在多个招聘平台寻找工作。其中，一则招聘总经理助理的广告吸引了她，于是她迅速投递了简历。

两天后，一位姓刘的男士添加了李妙的微信。刘先生向李妙询问了一些个人信息，说自己是她的老乡，还亲切地教给她一些求职技巧，并表示自己是一名中介，可以帮她找到合适的工作。李妙被对方的"善意"感动，立刻将自己的情况和盘托出。很快，刘先生说自己走了门路，推荐她去做某位老板的私人助理，月薪高达 8 万元。李妙欣喜不已，毫不犹豫地表示愿意。

三天后，李妙见到了她未来的雇主陈总和陈总的司机赵和顺，完成了一场简单的面试。双方交换了联系方式后，陈总便让她回去等消息。隔天，李妙接到了司机赵和顺的电话，对方约她在一家咖啡馆见面。见面后，赵和顺说陈总对她很满意，但作为总经理助理，需要跟随陈总出入许多重要场合，见很多客户，所以她的颜值需要再提升一下，只要她愿意做微整形，形象气质达标，职位就是她的了。赵和顺还说，医疗整形费用需要她分期贷款支付，但贷款将全部由陈总偿还。

李妙当然不介意提升自己的形象气质。于是，在赵和顺的引导下，她在两家小额贷款公司办理了个人信用医疗美容贷款，接受了包括割双眼皮、肋软骨隆鼻和打瘦脸针等在内的 8 个医疗美容项目，手术费共计 8.5 万元。

手术后，李妙联系陈总，想问问入职和贷款的问题。陈总表示自己正在会见一个重要客户，让她在三天后的上午 10 点到一家饭店等他。李妙在饭店坐了 2

个多小时，仍然没等到陈总。她内心有些不安，急忙联系赵和顺。不料，赵和顺回复说陈总出了严重的车祸，现在情况很危急。怕她不信，还发了一段几秒钟一个人满头满脸血迹的视频。

虽然李妙发现这段视频马上就被对方撤回了，但这件事太过突然，她没有怀疑，还时常向赵和顺询问陈总的情况，忧心陈总的状况。还贷款的日子逐渐逼近，陈总那边却是毫无动静，甚至连赵和顺也不回复她的消息了。再一问，那名中介刘先生也失联了。美容机构和为她做手术的医生也都表示爱莫能助。

绝望的李妙报了警。根据警方的调查，李妙才发现从同意刘先生的好友申请开始，自己就落入了这群人为她精心编织的诈骗陷阱。根本就不存在什么中介刘先生、陈总、司机赵和顺，这些不过是诈骗团伙假扮的，目的就是利用她的信任和急切找工作的心理，以虚假的高薪工作机会为诱饵，让她办理“美容贷”。

案例分析

我们可以总结出诈骗团伙诱骗李妙掉入“美容贷”陷阱的作案步骤。

1. 建立信任关系

诈骗团伙成员之一刘先生假扮中介，谎称自己是李妙的老乡来拉近关系，又通过指导求职技巧取得李妙的信任。在这种信任关系下，初入社会的李妙本就不够强的警惕心进一步降低。

2. 高薪诱惑

诈骗团伙通过虚构月薪高达 8 万元的高薪工作机会，诱惑正急于找工作的李妙掉入他们准备好的“陷阱”。

3. 诱导应聘者办理“美容贷”

高薪工作就像“吊在驴子眼前的红萝卜”。李妙想要吃到“红萝卜”，就必须接受诈骗团伙提出的“附加条件”——提升形象气质，接受微整形，办理“美容贷”。为了避免李妙被巨额贷款吓跑，他们还保证贷款由雇主陈总偿还。这种不寻常的要求如果单拎出来，大家可能很快就能发现问题，但此前已经建立的信任关系和对高薪工作的期待，让李妙没有意识到其中的风险，从而导致她在没有深思熟虑的情况下承担了巨额债务。

4. 借口失联

达成诈骗目的之后，诈骗团伙通过编造陈总车祸的谎言来拖延时间，随后便与李妙切断了联系。

在上述整个诈骗过程中，诈骗团伙十分擅长操纵李妙的情绪。比如，在李妙满心期待入职时，突然放出陈总出车祸的消息，并发送视频“证实”，让她无法集中精力去质疑整件事情的真实性，撤回视频也是为了防止李妙进一步确认事实的真相。

李妙的故事可能在很多人看来有点“离谱”，然而，这类骗术的确真实存在，也有众多女性求职者因此落入债务陷阱。因此，在求职过程中，我们务必保持警惕，对任何不寻常的要求都要进行仔细的考量和验证。

科学建议

现实生活中专门针对求职者的诈骗手段远不止“美容贷”一个。对求职者来说，有必要通过以下措施更好地识别和防范潜在的招聘诈骗，以保护自己的安全。

1. 仔细审查招聘信息

很多诈骗者会通过发布高薪职位广告“钓鱼”，但这些招聘广告往往对求职者的资历和经验要求不高。真正的高薪工作通常对应聘者的专业技能和工作经验有严格的要求。认识到这一点，有助于求职者识别高薪岗位的真伪。

2. 避免预付费用或者贷款

合法的雇主不会要求员工为获得工作机会而支付任何费用。任何要求预付费用，尤其是通过贷款支付的，都应当被视为高风险或者诈骗。

3. 进行公司背景调查

在接受任何工作机会之前，进行全面的公司背景调查至关重要，包括查询公司信息（可利用企查查、天眼查等工具）、浏览公司官网、搜索网络评价和评论，甚至直接联系公司以核实招聘信息的真实性。

4. 不要轻信中介

在就业市场中，中介和个人推荐可能是合法的，但需要求职者仔细判断，多方验证。即便是来自熟人的推荐，也要进行适当的审查。

5. 理性面对高薪诱惑

对于那些承诺给予不切实际回报的工作机会，求职者应当保持警惕。如果某个工作机会看起来太好了，以至于难以置信，那么它很可能是诈骗。

6. 主动求助与咨询

在作出入职决定之前，求职者最好与家人、朋友或者职业顾问讨论一下，听一听他们的看法，他们也许可以提供额外的视角和建议。

7. 了解相关法律知识

增强法律意识，了解劳动法和相关的权益保护法律，可以帮助求职者在遇到问题时有效维护自己的权益。

保健品“吃人”事件——专盯中老年的保健品骗局

案例背景

吴大爷站在法院的门前，眼神中透露出忧郁和不安。他和老伴儿一生勤俭，却在晚年遭遇了前所未有的危机。一场关于保健品投资的骗局，不仅让他没了积蓄，就连唯一的房产也在失去的边缘徘徊。

故事开始于去年夏天。吴大爷和老伴儿参加了一家生物科技公司的线下推介会，公司的业务员宣称他们的保健品可以“包治百病”，更有好多吃了保健品的同龄人上台现身说法，这让吴大爷夫妇十分心动。然而，面对昂贵的价格，两人犹豫了。这时候，公司的业务员提出了一个诱人的方案：用他们的房子做抵押，换取资金去投资，再用投资的收益购买保健品，这样就相当于免费享用保健品了。

“免费”二字触动了老两口的神经，他们没多想就同意了。

在一系列复杂的操作后，吴大爷夫妇签下了借款合同和抵押文件。他们被引导到公证机构，签署了一大堆文件，包括授权张生代为处理房屋的出售和抵押的委托书。这一切都是在他们对法律条文和后果一无所知的情况下进行的。

与此同时，吴大爷的老伴儿还与生物科技公司签订了一份《溢价回购合同》，约定购买200万元的保健品，公司承诺一年后会以更高的价格回购。在吴大爷夫妇看来，这是个无法让人拒绝的诱惑。于是，他们把大部分积蓄投了进去。

然而，随着时间的推移，一切开始变得扑朔迷离。在吴大爷夫妇毫不知情的情况下，张生迅速完成了房屋抵押注销手续和转移手续，将房屋出售给了仇某，而后仇某又将房屋抵押给了周某。两位老人唯一的家，就像一个“玩具”似的，被这些人转来转去。

当生物科技公司的法定代表人因经济犯罪被捕时，整个骗局才浮出水面。吴大爷夫妇既震惊又愤怒，他们决定起诉到法院，拿回自己的钱和房子。

案例分析

吴大爷夫妇为了买保健品，一生的积蓄和唯一的住房全被骗走了。与其说两个人吃了保健品，倒不如说保健品把他们两个“吃”了。而类似的保健品“吃人”事件，直到现在仍然层出不穷，受害的中老年人数量也远比我们想象的要多。吴大爷夫妇之所以会落入生物科技公司的圈套，是因为他们缺乏以下三个意识。

1. 对投资产品的了解

在做任何投资之前，查验投资的产品是否真实、可靠非常重要，特别是当投资金额较大、对方承诺的回报过于优厚时，投资者应当格外小心。吴大爷夫妇对保健品的了解，均来自生物科技公司自己的夸大介绍，既不真实，也不可靠。当生物科技公司给出“溢价回购”的承诺时，两人仅关注这笔投资能给自己带来多少利润，丝毫没有怀疑对方能否真正兑现承诺。

2. 对他人的警惕心

在做任何投资或者大额交易时，必须保持警惕，思考其背后可能存在的风险。生物科技公司的业务员与吴大爷夫妇非亲非故，面对这样的陌生人，吴大爷夫妇本应保持警惕，但两人却轻信对方的话，没有意识到可能存在的风险。

3. 对文件内容的理解

在签署重要文件之前，尤其是文件内容涉及大量资金或者财产的交易时，一定要确保自己完全理解文件的内容，对此，投资者有必要寻求律师、财富顾问等专业人士的意见。吴大爷夫妇不懂金融、法律知识，面对复杂的法律合同、法律手续，他们却未曾想过寻求专业人士的帮助，搞清楚合同的内容，反而毫无戒心地按照生物科技公司业务员的指示行事。

科学建议

时至今日，仍有不少诈骗分子通过免费领鸡蛋、免费旅游、免费领取小礼品等方式接近中老年人，然后利用中老年人对健康的关注，使用各种话术忽悠他们购买保健品。这些保健品的功效往往被过分夸大，一瓶或者一盒的价格动辄上百、上千甚至上万元。花了大价钱，吃了无事倒还好，但有一些中老年人却被这些保健品害得不浅——把身体吃出了毛病，导致本就不好的身体雪上加霜的；深信保健品有奇效，拒绝吃医生开的药，耽误了病情的；把养老金全部用来买保健品，钱药两空后禁受不住打击自杀的……

专盯中老年人，设下保健品骗局，大肆敛取不义之财的诈骗分子着实可恨，而想要彻底击退此类保健品骗局，除了要靠市场监管发力，中老年人也要学会自我保护。具体来说，中老年人可以通过以下方法提高防范意识。

1. 积极学习金融、法律知识

比如，参与社区或者老年大学组织的金融和法律知识培训课程，增强对常见诈骗手段的认识，了解与合同、财产和投资相关的基础法律知识。

2. 提高警惕心

面对非常有吸引力，近乎“天上掉馅饼”的投资机会，中老年人要秉持高度警惕和怀疑态度，特别是当那些投资机会来自陌生人打来的电话、发来的邮件或者上门销售时。

3. 主动询问家人、朋友的意见

在作出关于投资、购买昂贵产品或者签署重要法律文件等重大决策之前，中老年人应当与家人或者信任的朋友进行深入讨论，并认真考虑他们的意见和建议，以获得更全面的视角。

4. 主动咨询专业人士

在签订任何合同或者进行重大投资之前，中老年人有必要主动寻求律师或者财务专家的建议。这些专业人士可以从专业的角度来评估合同的法律效力和投资的风险，从而帮助中老年人作出更加明智和安全的决定。

5. 加强对自身财产情况的掌控

中老年人应当定期检查和监控自己的银行账户和财务记录。例如，使用网上银行查看账户余额，对大额支出做好记录，以保持对自身财产的完整掌握和独立管理。

6. 提高网络安全意识

为了防范网络诈骗，中老年人需要学习如何识别可疑的电子邮件和网络诈骗行为，避免轻易点击来自未知来源的链接或者下载附件，以保护自己的个人信息和财务安全。

7. 建立支持网络

参加社区活动或者加入老年人支持群体。一方面可以与其他中老年人建立联系，分享经验和信息；另一方面可以获取关于防范诈骗和智慧投资的最新信息，从而在社会网络中获得更多支持和保护。

上述方法可以帮助中老年人更好地武装自己的思想，避免陷入类似的骗局，并在面对复杂决策时作出更明智的选择。

在风险中寻找安全感——人身意外险

案例背景

小萍和丈夫阿山育有三个孩子，目前分别在小学和初中就读。为了孩子们今后的生活，他们在城郊开了一家养鸡场，饲养了2000只蛋鸡。

每天凌晨三点，小萍和工人们就要开始工作。他们会把新鲜的鸡蛋收集起来，再由阿山开着货车送往城区的超市、饭店以及农贸市场的摊位。

养鸡场的工作虽然辛苦，但却给小萍和阿山带来了不错的收入，足以支撑他们日益增长的家庭开销。

某日，阿山像往常一样驾驶着满载鸡蛋的货车前往城区，但在行驶过程中，他为了避让迎面开来的大货车，失手导致货车侧翻。幸运的是，阿山并未受伤，货车也只是轻微损坏。满满一货车鸡蛋却大半遭了殃，无法再出售。

从经济角度来看，这次事故并未给家庭带来重大损失，但却在小萍夫妻二人心里激起了波澜。这次意外使他们意识到了潜在的危机：阿山是家里的经济支柱，整个家庭的经济主要依赖他——三个孩子还小，需要大人照顾；家中的老人没有退休金，完全依靠他们夫妻二人的收入生活——如果阿山遭遇了严重的事故，那么整个家庭也将陷入崩溃。

为此，小萍和阿山考虑过雇人送货，但这样一来，成本将有所增加，他们也担心受雇的司机会不好好工作。两人犹豫了好久，不知道该如何是好。

案例分析

对小萍夫妻来说，为阿山购买人身意外险，无疑是一个正确的选择。人身意外险是指以被保险人因意外事故而导致身故、残疾或者发生保险合同约定的其他事故为给付保险金条件的人身保险。阿山之所以需要人身意外险，原因主要有以下三点。

1. 阿山是家庭的经济支柱，家庭责任重大

阿山作为家庭的经济支柱，承担着养家糊口的重要责任。如果阿山因意外事故失去劳动能力或者不幸身故，整个家庭的经济状况将会受到严重影响——收入骤减，家庭生活质量下降，甚至可能陷入债务困境。为阿山购买人身意外险，可以在他因意外事故失去劳动能力时，为家庭提供经济保障，减轻家庭的经济压力。

2. 阿山的工作有较高的事故风险

阿山每日驾驶货车送货，长时间在道路上行驶，面临着较高的交通事故风险。即使他是经验丰富的司机，也无法完全避免意外事故的发生。毕竟，交通环境复杂、天气变化、道路状况不佳以及其他司机的不规范行为，都会增加他发生事故的风险。虽然这次事故中阿山并未受伤，但未来仍存在较大的不确定性。如果阿山在送货途中发生意外，受伤严重甚至失去生命，其家庭将因此承受巨大的精神打击和经济压力。人身意外险可以在事故发生时提供一笔赔偿金，用于支付阿山的医疗费用、康复费用或者补偿其因伤失去的收入，保障家庭的经济稳定。

3. 家庭成员的经济依赖性强

小萍夫妻的三个孩子还在上学，需要稳定的教育支出和生活费用；家中的老人也没有退休金，一应花销均由夫妻俩承担……这些都需要稳定的经济支持。阿山作为家庭的一大劳动力，若他发生意外事故，孩子和老人的生活质量将受到严重影响，很可能无法继续接受良好的教育和医疗保障。为阿山购买人身意外险，可以在关键时刻提供必要的经济支持，避免因意外事件严重影响孩子和老人的生活质量。

科学建议

人身意外险不仅能在意外发生时提供经济补偿，减轻家庭负担，还能增强家庭应对风险的能力。有了它，小萍和阿山可以更安心地工作和生活，全力为家庭创造美好的未来。我们可以从三个方面来分析阿山购买人身意外险的重要性和实际效益。

1. 风险缓解

阿山作为家庭经济支柱，他的健康和安全直接关系到家庭的经济稳定。由于他的职业涉及驾驶和物流运输，因此遭遇交通事故的风险相对较高。在这种情况下，人身意外险成为一种重要的风险管理工具。为阿山购买人身意外险，可以将个人风险转移给保险公司，这样即使发生不幸，家庭也不会因为失去主要的收入来源而陷入经济困境。这种做法实际上是在为家庭的"印钞机"提供保护，确保家庭的经济来源在风险发生时得到一定程度的保障。

2. 经济保障

人身意外险在阿山遭遇意外时提供的经济支持对家庭至关重要。在他无法工作的情况下，保险金可以弥补家庭收入的损失，保证孩子的教育费用、老人的生活费用以及日常家庭开支。这意味着，即使在阿山无法继续提供经济支持的情况下，家庭也能维持基本的生活水平。特别是对于孩子的教育和老人的养老问题，这种经济保障尤为重要，因为这些支出往往是长期和必要的。

3. 经济赔偿与财富传承

如果最不幸的情况发生——阿山因意外事故去世了，那么人身意外险为其遗属提供的经济赔偿（身故保险金）是家庭生活的重要保障。此外，将人身意外险的身故受益人明确指定为阿山的三个孩子，这样的安排可以有效地将身故保险金从阿山的债务中隔离出来。这意味着，即使阿山有生前未结清的债务，身故保险金也不会被用于偿还这些债务，而是直接用于孩子的生活和教育。这种财富的“跨债务传承”对于保障孩子的未来尤为重要，特别是在失去经济支柱的情况下，这样的财富传递可以为他们提供更多的机会和安全感。

综上所述，为阿山购买人身意外险不仅是一种负责任的个人和家庭经济保障措施，也是一种长远的财务规划。它能够在不可预见的风险发生时，为整个家庭提供必要的经济支持和安全保障。

工薪阶层家庭如何应对大额医疗支出?

案例背景

深夜的医院里，灯光昏暗，空气中弥漫着消毒水的味道。美玲坐在病房外的长椅上，双手紧紧交握，眼神里满是焦虑和无助。她不停地深呼吸，试图让自己冷静下来。美玲的丈夫周望突发脑出血，此刻正躺在ICU病房里，与死神抗争。

病房内仪器发出的连续滴答声，是这个寂静的夜晚唯一的声音。美玲回想起医生跟她说的话：她丈夫的情况危急，必须在ICU病房里观察，ICU病房的费用大约是一天1万多元，他们预估的整体治疗费用是20万元。这个数字对美玲来说无异于晴天霹雳，她和丈夫的积蓄只能勉强覆盖一半的费用，剩下的那一半，需要她四处借款。

借款，意味着未来的生活会更加艰难。丈夫即便能挺过这次生命的大关，以后也很可能失去劳动能力。到那时，光靠她一个人，该拿什么还债？又如何支撑两个孩子的学费、老人的医疗支出？

救治周望，意味着要面对沉重的经济压力和未知的未来；但如果不救治，她又如何能够面对自己的良心，面对孩子们对父亲的思念和期待？

美玲的心中涌起一阵阵悔恨和自责。她记得自己曾考虑给丈夫买一份健康保险，但面对昂贵的保费，她放弃了，认为那是多余的开销。现在回想起来，如果自己当初做了不同的选择，为丈夫买下那份保险，也许现在她就不会这么绝望了。

案例分析

周望患病，给美玲和家庭带来的影响是巨大的。具体来说，有以下四个方面的影响。

1. 直接的经济负担

对美玲与周望这样的普通家庭而言，医疗费用通常是巨大的经济负担。高达20万元的治疗费，已经远远超出他们的支付能力。这些直接费用会迅速耗尽他们家庭的积蓄，导致财务危机。

2. 债务与经济压力

为了支付高昂的医疗费用，美玲可能不得不四处借钱。即使周望能够康复，他们的家庭也会因此背上沉重的债务负担。而且，这种债务可能需要许多年才能还清，在此期间，家庭成员会持续承受经济压力和心理压力。

3. 家庭收入的减少

周望可能无法继续工作，导致家庭收入减少。同时，其他家庭成员可能需要减少工作时间或者完全放弃工作来照顾周望，进一步削弱了家庭的经济实力。这种收入的减少不仅会影响他们当前的生活质量，还可能会影响家庭的长期财务规划。

4. 影响子女教育与未来发展

在经济条件紧张的情况下，家庭可能无法承担较高的教育费用，会直接影响子女的学习环境和教育质量。从长期来看，这可能会对子女的未来发展产生不利影响。

可以说，一场大病，能够让一个原本经济稳定的普通家庭迅速陷入财务困境，甚至返贫。这突显了健康保险和紧急储备金对于防范这类风险的重要性。我国虽然有基本的医疗保障体系，但对于某些重大疾病和高昂的医疗费用，家庭仍需要提前做好充分准备和规划。

科学建议

像美玲和周望这样的工薪阶层家庭，基本医疗保险应当是必备的，与此同时，还有必要为每个家庭成员购买消费型医疗险，因为消费型医疗险具有以下特点。

1. 费率低、杠杆高

消费型医疗险，是指以保险合同约定的医疗行为发生为给付保险金条件，按约定对被保险人接受诊疗期间的医疗费用支出提供保障，被保险人到期未出险不返还保费的健康保险。

消费型医疗险的一个显著特点就是费率低、杠杆高。这意味着消费者可以用较低的保费撬动较高的保额。它的保费一般每年只需几百元，保额却可以高达几百万元，比如百万医疗险。

每年几百元的保费，对普通家庭来说是一个相对容易承担的费用。面对疾病可能带来的大额支出，这种保险能够覆盖高额的医疗费用，有效减轻家庭潜在的医疗负担。

2. 保障范围全面

消费型医疗险通常涵盖了大多数常见疾病，包括一些高发的重大疾病。这为被保险人提供了全面的保障，确保其在治疗常见疾病时，能够得到相应的经济援助。这种全面的保障对于预防因疾病导致的家庭经济危机至关重要。

3. 补充现有的医疗保障

虽然我国的基本医疗保险能够提供一定程度的保障，但往往有一定的局限性，比如报销范围受限、最高报销限额等。消费型医疗险可以作为现有医疗保障的重要补充，弥补基本医疗保险的不足，为家庭提供更全面的医疗保障。

综上所述，消费型医疗险可以在不给家庭增加太多经济负担的情况下，让家庭成员获得更加全面的医疗保障，有效降低因疾病带来的经济风险。至于如何选择合适的消费型医疗险产品，需要大家根据自己的具体情况和需求选择，必要时可以咨询专业的保险顾问。

通过信用卡实现对国外留学子女的持续照顾

案例背景

胡总和他的太太一直对儿子胡俊的学业有极高的期望。在严格的家教下，胡俊的成绩总是稳居班级前三，这让胡总夫妇很欣慰。为了让孩子有更好的发展，他们在儿子 16 岁那年，把他送到了国外一所著名的私立学校读书。

胡总夫妇与儿子约定每周视频通话两次。每次通话，儿子都说自己的学习和生活都不错，让他们不必担心。一次偶然的机会，胡总的秘书小刘休年假，要前往儿子所在的城市旅游。胡总便委托刘秘书顺道去一趟学校，实地了解一下胡俊的学习生活情况。

刘秘书打算趁胡俊下课与其见个面，同时也跟胡俊的老师聊几句。可来到班级后，他却没有见到胡俊。老师告诉他，胡俊已经好几个星期没有出现在课堂上了。刘秘书感到十分震惊，迅速前往胡俊的宿舍，只见胡俊与几个舍友正聚精会神地打着电子游戏。他了解后得知，胡俊把大部分生活费都用来买游戏装备，而且已经逃课好几个星期了。

刘秘书将这一情况立即反馈给了胡总夫妇。胡总夫妇听闻此事后，连夜购买了机票，赶往胡俊的学校。面对父母的训斥，胡俊终于意识到自己的错误，并向胡总夫妇保证今后将全力以赴学习，不再沉溺于电子游戏。

尽管胡俊作出了承诺，但胡总夫妇依旧忧心忡忡。他们不能天天守在胡俊的身边，一旦离开，谁又能保证胡俊不会重蹈覆辙，再次沉迷于电子游戏呢？

案例分析

针对胡俊因沉迷于电子游戏而荒废学业这个情况，胡总夫妇应当做以下两件事：

第一，时刻关注胡俊的生活和学习动态，而且这种关注不能仅仅局限于学业成绩，还应当包括他的社交活动、情感状态和身心健康。与胡俊进行定期沟通，除了了解他的近况，更重要的是倾听和理解他的感受和需求。在此基础上，胡总夫妇就可以更准确地了解胡俊在新环境中的适应情况，及时发现并解决可能出现的问题。

第二，积极引导胡俊培养良好的个人爱好，这对于他的全面发展和身心健康是非常有益的。不过，更重要的是帮助胡俊找到平衡点，使得他既能享受到爱好带来的乐趣，又不至于沉迷其中，忽视学业。举例来说，如果胡俊对电子游戏感兴趣，胡总夫妇可以鼓励他探索与游戏相关的学习领域，比如计算机编程或者图形设计，从而将兴趣与学业结合起来。同时，胡总夫妇还应当设定一些基本的规则和界限，比如玩游戏的时间不能过长，不能耽误学业。

总之，通过持续的关注和适当的引导，胡总夫妇不仅能帮助胡俊在学业上稳步前进，还能促进他个人兴趣的发展，培养他成为一个更加独立、多才多艺和成熟的个体。

科学建议

对于像胡总一家这样父母留在国内而子女远赴海外学习的家庭，父母该如何有效管理子女的日常消费并保证子女生活和学习的平衡呢？对此，父母可以考虑通过为子女办理联名信用卡来解决这个问题。子女持有信用卡的副卡，使用此卡在国外消费；父母持有信用卡的主卡，在国内为子女的消费还款。这样做的好处有以下六个。

1. 掌握子女的生活与学习情况

联名信用卡可以帮助父母及时了解子女的消费模式，从而间接监控其生活习惯和学习状态。例如，如果消费记录显示子女频繁在夜间点外卖，可能意味着他的作息时间不规律；如果消费数据显示子女经常在游戏商店或者娱乐场所消费，则可能意味着他过度沉迷于娱乐活动。这些信息可以帮助父母及时采取措施，与子女进行沟通，确保其生活和学习的平衡。

2. 使子女尽早建立良好的信用记录

在西方国家，个人信用记录对日常生活有着深远影响。通过信用卡消费并及时还款，子女可以建立起自己的信用记录。这对于未来申请贷款、租房等有实际帮助。同时，这也是一种财务自理能力的训练，帮助子女学会负责任地管理自己的资金。

3. 提供安全的支付方式

使用信用卡比携带现金更安全，尤其是在国外。父母可以设定信用卡的消费上限，有效控制子女的消费行为，减少不必要的开支。同时，万一信用卡丢失或者被盗，可以立即挂失，减少经济损失。

4. 享受消费保障与优惠

信用卡通常可以提供比现金或者借记卡更全面的消费保护，比如消费纠纷处理、被盗刷保障等。此外，信用卡还经常提供各种积分回馈、折扣、优惠活动，这对留学生来说是节省开支的好方法。

5. 增强就业竞争力

在许多国家，良好的信用记录是求职时的加分项。通过信用卡的使用和管理，子女不仅可以展示其责任感，还可以在未来的求职过程中显示出更强的竞争力。

6. 外汇使用更便捷

使用联名信用卡，子女在国外刷信用卡消费，父母在国内还款，不占用每人每年等值 5 万美元的便利化购汇额度，让消费更自由，还款更简单。

总的来说，为子女办理联名信用卡，不仅能有效地管理子女在国外的消费情况，还能帮助子女学习财务管理，建立良好的信用记录。胡总夫妇可以利用这一方案，解决家庭当前面临的挑战，同时为胡俊的未来生活和职业发展打下坚实的基础。

附录 A

重要提示：

以下文件均为通用模板，仅供读者参考。作者对因使用本模板而产生的争议不承担任何责任。为了确保合同或者协议能够实现目的，降低法律风险，建议另行委托律师，根据具体情况，对模板进行修改和完善后再使用。

资金单独赠与合同范本

甲方（赠与人）：__________

身份证号码：____________________________

地址：____________________________

电话：____________________________

乙方（受赠人）：__________

身份证号码：____________________________

地址：____________________________

电话：____________________________

为资助乙方______（资金用途）______，甲方自愿向乙方赠与财产。按照《中华人民共和国民法典》等有关法律规定，双方达成赠与合同如下：

第一条 本着双方自愿的原则，甲方赠与的以下财产归乙方个人所有：现金______元（大写______）。

第二条 赠与财产的用途：甲方赠与的现金只能用于______________。

第三条 赠与财产的交付时间、地点及方式：

一、交付时间：____________________________

二、交付地点：____________________________

三、交付方式：______________________________

1. 甲方在约定期限内将赠与的现金通过银行转入乙方指定的银行账号：

账户名：______________________________

银行账号：____________________________

开户行：______________________________

2. 乙方收到甲方赠与财产后，应当出具合法、有效的收据，以证明收到赠与款项。

第四条 甲方有权向乙方查询赠与财产的使用、管理情况，并提出意见和建议。对于甲方的查询，乙方应当如实答复。

第五条 乙方必须按照本合同约定的用途合理使用赠与财产，且不得擅自改变赠与财产的用途。确需改变用途的，应当征得甲方的同意。

第六条 甲方所赠与的现金为乙方个人财产，不受任何第三方或者乙方配偶的权利影响。

第七条 如受赠人存在不履行合同约定义务或者严重侵害赠与人权益等情况，赠与人保留撤销赠与的权利。

第八条 本合同一式两份，甲乙双方各执一份。

甲方（签字）：__________　　乙方（签字）：__________

日期：_____年_____月_____日　　日期：_____年_____月_____日

提示：

建议父母以银行转账方式赠与子女资金，并在汇款单上注明“个人赠与专款”等字样。

房产单独赠与合同范本

本合同由以下双方当事人在____________签订：

甲方（赠与人）：__________

地址：________________________________

身份证号码：__________________________

电话：________________________________

共有人：__________

地址：________________________________

身份证号码：__________________________

电话：________________________________

乙方（受赠人）：__________

地址：________________________________

身份证号码：__________________________

电话：________________________________

赠与见证人：__________

地址：________________________________

身份证号码：__________________________

电话：________________________________

为明确双方本次赠与房产行为的权利和义务，甲乙双方本着诚实守信的原则，并根据有关法律法规，订立本合同，以资共同遵守。

第一条　甲方决定将位于________市________区________街________楼

________层________号的房产一套，不动产权证书编号：______________________，建筑面积为________平方米无偿赠与乙方；乙方同意接受此赠与。甲方保证其对上述房产拥有所有权。因甲方赠与的房产系共有产权，此赠与行为由共有人确认并在此赠与合同上签字。

第二条 甲方保证本次赠与并无任何不正当目的，甲方已将其所知的一切包括瑕疵在内的注意事项告知乙方（但甲方不保证本次赠与物完全无瑕疵），如有隐瞒导致乙方受赠后造成的损失由甲方承担赔偿责任。

第三条 根据法律规定和甲方要求，乙方保证不将此房产用于违法活动（或者双方约定的其他事项）。

第四条 本合同生效后，甲方应在________日内向乙方移交上述房产，并应在________日内协助乙方到房产管理部门办理有关变更登记的手续。

第五条 乙方无须向甲方支付任何费用，但与移交上述房产有关的费用，包括到房产管理部门办理有关手续的费用以及相关契税应由乙方承担。

（如赠与合同有附加条件，可在此处填写附加约定。）

第六条 赠与房产尚未交付时，赠与人因经济状况显著恶化，严重影响生产经营或者家庭生活的，可以变更或者终止合同。但赠与人可以适当赔偿受赠人因相信赠与人的赠与行为而造成的经济损失。

第七条 受赠人有下列情形之一的，赠与人可以撤销赠与：

（1）受赠人不履行赠与合同约定义务的；

（2）严重侵害赠与人或者赠与人近亲属合法权益的。

第八条 本合同生效后，如双方为履行本合同而发生纠纷，应协商解决。若协商不成，任何一方可以向有管辖权的人民法院起诉。

第九条 本合同生效后，双方共同遵守。如一方违约，应承担违约责任。合同的违约方应向守约方赔偿因履行本合同而产生的一切损失。

第十条 本合同一式两份，甲乙双方各持一份，具有同等法律效力。本合同在甲乙双方、共有人及赠与见证人签字后生效（或者自公证之日起生效）。

甲方（签字）：__________　　乙方（签字）：__________

日期：_____年_____月_____日　　日期：_____年_____月_____日

共有人（签字）：__________　　赠与见证人（签字）：__________

日期：_____年_____月_____日　　日期：_____年_____月_____日

提示：

1. 本合同适合在房产过户前签署。

2. 签署合同的同时，建议对本合同进行公证。

股权单独赠与合同范本

甲方（转让方）：____________

身份证号码：______________________________

地址：____________________________________

电话：____________________________________

乙方（受让方）：____________

身份证号码：______________________________

地址：____________________________________

电话：____________________________________

本合同由甲方与乙方就____________有限公司的股权转让事宜，于________年________月________日在________市订立。甲方将其持有的______________有限公司的部分股权无偿赠与乙方，经双方友好协商，本着平等互利的原则，达成如下协议：

第一条　股权转让

1. 甲方为______________有限公司的股东。甲方拥有______________有限公司的股权______%，现将所持有的______________有限公司的股权的______%无偿转让给乙方。

2. 乙方受赠后持有______________有限公司的股权比例为______%。

3. 甲方赠与乙方的所有股权均为甲方对乙方的单独赠与，系其个人财产，不属于夫妻共同财产。

第二条　保证

1. 甲方保证赠与乙方的股权是甲方在________________有限公司的真实出资，是甲方合法拥有的股权，甲方拥有完全的处分权。甲方保证对所转让的股权，没有设置任何抵押、质押或者担保，并免遭任何第三人的追索。否则，由此引起的所有责任，由甲方承担。

2. 甲方转让其股权后，其在________________有限公司原享有的权利和应承担的义务，随着股权转让而转由乙方享有与承担。

3. 乙方承认《________________有限公司章程》，保证按章程规定履行义务和责任。

第三条　合同变更与解除

发生下列情况之一时，可变更或者解除合同，但双方必须就此签订书面的变更或者解除合同。

1. 由于不可抗力或者一方当事人虽无过失但无法防止的外因，致使本合同无法履行。

2. 一方当事人丧失实际履约能力。

3. 因情况发生变化，经过双方协商同意变更或者解除合同。

第四条　争议解决

1. 若出现与本合同有效性、履行、违约及解除等有关争议，各方应友好协商解决。

2. 若协商不成，任何一方均可申请仲裁或者向人民法院起诉。

第五条　合同生效的条件和日期

本合同的生效以公司股东会通过转让决议为前提，甲乙双方签字后即生效。

第六条　违约责任

1. 本合同签订后，一方不履行或者不完全履行本合同则构成违约，违约方应向守约方支付违约金________元。

2. 未经甲方书面同意，乙方将所受赠的股权赠与或者转让给除甲方外的第三人的行为无效。乙方应当撤销赠与或者转让行为，并向甲方无偿交回相应股权。如给甲方或者公司造成损失，乙方应当承担赔偿责任。

3. 如乙方有严重损害甲方或者公司利益的行为，甲方有权单方面解除合同，收回赠与的股权。

第七条 本合同一式六份，甲乙双方各执两份，________________有限公司留存两份，具有同等法律效力。

甲方（签字）：____________

日期：________年________月________日

乙方（签字）：____________

日期：________年________月________日

其他股东对以上股权赠与均已知晓，并无异议。

股东（签字）：____________

日期：________年________月________日

婚前财产协议范本

男方：____（姓名）____，________（身份证号码）________

女方：____（姓名）____，________（身份证号码）________

鉴于男女双方自愿结为夫妻，为了明确婚后财产权益，特订立本协议。

一、婚前个人财产

男方婚前个人财产包括但不限于：

不动产：位于____（地址）____的房产，不动产权证书编号为________________。

车辆：________（品牌型号）________，车牌号为________。

银行存款：存放于________（银行名称）________的存款，银行账号为________________。

证券投资：持有________（证券公司名称）________的股票，股票代码为________，持股数量为________。

其他财产：如珠宝、艺术品等，具体包括________（列出具体物品和估值）________。

女方婚前个人财产包括但不限于：

不动产：位于____（地址）____的房产，不动产权证书编号为________________。

车辆：________（品牌型号）________，车牌号为________。

银行存款：存放于________（银行名称）________的存款，银行账号为________________。

证券投资：持有________（证券公司名称）________的股票，股票代码为________，持股数量为________。

其他财产：如珠宝、艺术品等，具体包括________（列出具体物品和估值）________。

二、婚后共同财产

双方同意，婚后所获得的一切财产，包括但不限于工资、奖金、红利、利息、遗产和赠与等，均视为夫妻共同财产。

双方有权决定共同财产的管理、使用、收益和处置方式。

如有需要，双方可协商设立专门账户管理婚后共同财产。

三、债务处理

男方或者女方婚前产生的债务，包括但不限于银行贷款、个人借款等，应由产生债务的一方独立承担。

婚后共同债务，即以男女双方共同名义或者为共同生活目的所产生的债务，应由双方共同承担。

双方应各自承担的债务，不应影响对方的个人财产。

四、协议变更和解除

本协议可经双方协商一致，通过书面形式进行变更或者解除。

如一方违反协议，另一方有权要求履行或者提出解除。

五、其他

本协议自双方签字之日起生效。

本协议一式两份，双方各执一份。

男方（签字）：__________

日期：________年________月________日

女方（签字）：____________

日期：________年________月________日

婚内财产协议范本

男方：__________，______年______月______日生，身份证号码：________
________________，现住址：______________市________区________路________
楼________单元________室，联系方式：________________________

女方：__________，______年______月______日生，身份证号码：________
________________，现住址：______________市________区________路________
楼________单元________室，联系方式：________________________

鉴于：

男女双方于________年________月________日在____________民政局办理结婚手续。为防止今后可能出现的财产纠纷，依据《中华人民共和国民法典》与有关法律法规及规定，现双方根据公平、自愿原则，经双方充分、友好协商一致，就夫妻共同财产约定如下：

第一条　房屋所有权归属

位于__________________的房屋（不动产权证书编号：__________________）及该房屋内的一切装修及家电、家具等均为________的________财产。

第二条　存款及个人收入所得

男女双方婚后取得的财产（包括但不限于工资、奖金、劳务报酬、生产经营所得、投资收益、知识产权收益等）归属如下：

____

第三条　保险

女方于________年______月______日购买了______（保险产品名称）______保险一份，保险合同编号：________________________，投保人为女方，被保险人为男方，身故受益人为女方。双方协商一致，该保单财产（即保单的现金价值）

归女方所有。如将来发生保险理赔，其他因本保单获得的保险金也属于其个人财产，与男方无关。若双方发生离婚事宜，导致变更投保人或者受益人的除外。

第四条 债权债务

1. 婚前或者婚后属于一方个人债务的，由一方自行承担。（注：个人债务是指一方以个人名义对外负债。）

2. 婚前或者婚后属于一方个人债权的，归一方个人所有。（注：个人债权是指一方以个人名义借钱给第三人。）

3. 男女双方若需要向他人借款，应由双方共同书面签名方视为夫妻共同债务，由双方共同偿还。无双方共同书面签名则视为个人债务，债务由借款人个人承担，另一方不承担任何责任。男女任何一方对外借款时，必须向债权人明示夫妻间的财产约定，并明确债务由个人承担，另一方不承担任何责任。

4. 男女双方若需要将共有资金的________元出借他人的，应经双方协商一致并共同书面签名同意，属于共同债权。

第五条 受让财产

1. 夫妻一方给付或者赠与对方的财物归接受方个人所有。

2. 夫妻各自接受或者继承的遗产及其他受赠与的财产归________所有。

第六条 生活支出

1. 本协议生效后，男女双方各自购买的物品归各自所有，共同购置的物品按各自的出资比例拥有所有权。

2. 本协议生效后，平时的生活费用、子女抚养费用、双方老人赡养费用，男女双方各自承担一半。

第七条 男女双方因理解、执行本协议或者与本协议有关的任何性质的争议，双方应协商解决；若协商不成，任何一方均可将争议提交至________仲裁委员会，按照该委员会现行有效的仲裁规则进行仲裁，仲裁裁决是终局的，对男女双方均有约束力。

第八条 其他

1. 本协议未明确说明的财产归属，参照《中华人民共和国民法典》和其他相关法律法规以及司法解释确定。

2. 若双方离婚，双方按本协议约定确定财产归属。

第九条 双方自愿签订，清楚了解其协议的法律效力，并遵守约定内容。

第十条 本协议自双方签字之日起生效，一式两份，双方各执一份，具有同等法律效力。

男方（签字）：____________

日期：_______年_______月_______日

女方（签字）：____________

日期：_______年_______月_______日

提示：

本协议不能避免夫妻另一方所欠用于家庭生活或者企业经营的债务，除非债权人知情，并在借款合同或者借条中有明确的体现。

遗嘱范本

遗嘱人：________，性别：________，民族：________，出生日期：________年________月________日，家庭住址：________________________________，身份证号码：________________________________。

遗嘱执行人：________，性别：________，家庭住址：________________，身份证号码：________________________。

由于担心本人去世之后，继承人无法顺利完成遗产继承，故本人于______年______月______日在________市________区立下本遗嘱，对本人所拥有的财产、权益等作出如下处理：

一、财产情况

本人目前拥有的主要财产和权益包括但不限于：

1. 房产

本人名下目前共拥有房产______处，其具体情况如下：

（1）位于________市________区________路________号________室的房产一处，不动产权证书编号：________________，内部装修及物品情况：________；

（2）位于________市________区________路________号________室的房产一处，不动产权证书编号：________________，内部装修及物品情况：__________。

2. 股权

本人目前拥有________________公司________% 的股权。（公司基本情况：企业法人营业执照注册号为____________，注册资本为人民币________万元）。

3. 债权

债务人________（身份证号码：________________），因________于________年________月________日向本人借款人民币________元，并签订编号为________的借款合同，约定利息为________%/ 年，约定于________年________月________日

向本人连本带息一次性偿还，担保人为________，身份证号码：____________。

4. 债券

本人持有________发行的债券，持有金额为人民币________元，债券类型：________，债券到期日：________年________月________日，利息为________%/年。

5. 股票

本人目前持有股票代码为________的________股票________股；股票代码为________的________股票________股。

6. 存款

本人目前在________银行开设账号为________的________账户，账户中共有存款人民币________元。

7. 基金

本人目前持有代码为________的基金，持有份额为________。

二、财产继承（一人继承或者多人继承）

一人继承：

本人去世之后，包括但不限于上述所列举的本人届时实际拥有的全部财产及权益均由________个人继承（性别：________，出生日期：________年________月________日，身份证号码：________________，与本人关系：__________）。继承人于本人去世后从本人处实际继承的财产、权益情况，以其继承时本人实际拥有的财产、权益情况为准。

多人继承：

本人去世后，本人的个人财产分配方案如下：

姓名：________，出生日期：________年________月________日，身份证号码：________________，与本人关系：________，继承……

姓名：________，出生日期：________年________月________日，身份证号码：________________，与本人关系：________，继承……

…………

继承人继承遗产时有配偶的，继承人所继承的财产和权益与其配偶无关，均为继承人的个人财产。

本人去世之后，本遗嘱前述列明的______作为遗嘱执行人，代为执行本遗嘱。遗嘱执行人出于诚实、信用、勤勉义务执行本遗嘱且经继承人同意所发生的一切合理费用均由继承人承担。

本遗嘱一式______份，分别由________、________和________共同保管。

本人在此明确，订立本遗嘱期间本人神志清醒且未受到任何胁迫、欺诈，上述遗嘱为本人自愿订立，是本人内心真实意思的表示。本人其他亲属或者任何第三人均不得以任何理由对继承人继承本人全部遗产及权益进行干涉。

遗嘱人（签字）：____________________

日期：________年________月________日

接受受遗赠书面声明范本

声明人：________，性别________，出生日期：________年________月________日，民族：________，身份证号码：________________。

声明人就接受受遗赠一事，声明如下：

本人________，得知________（遗赠人）_____，于________年________月________日去世，去世前曾留有遗嘱，将______________遗赠于本人，依照《中华人民共和国民法典》的相关规定，本人在此郑重表示，愿意接受________遗赠给本人的________。

声明人（签字）：____________________

日期：________年________月________日

意定监护协议范本

甲方（委托方、意定被监护人）：___________

身份证号码：___________________________

乙方（受托方、意定监护人）：___________

身份证号码：___________________________

根据《中华人民共和国民法典》及《中华人民共和国老年人权益保障法》等相关法律的规定，甲方拟委托乙方担任自己将来丧失或者部分丧失民事行为能力时的监护人。甲乙双方本着诚实信用的原则，经平等自愿协商，签订本协议以共同遵守。

1. 委托代理事项

乙方接受甲方的委托，在甲方将来丧失或者部分丧失民事行为能力时担任甲方的监护人，行使监护权、履行监护义务。具体包括：

1.1. 人身监护

1.1.1. 照顾甲方的生活起居，助餐、助浴，保证甲方身体及衣物的清洁；

1.1.2. 代理参与护理合同、家政合同、养老机构入住合同的缔结、变更和解除及费用的支付；

1.1.3. 代理甲方缔结医疗服务合同、签署术前同意书、特殊治疗、特殊检查同意书；

1.1.4. 代理甲方对其入住的养老机构的服务质量进行监督并提出改进建议等；

1.1.5. 作为民事代理人，代理甲方参加诉讼、仲裁；

1.1.6. 安排就医、疗养等事宜；

1.1.7. 保管甲方的身份证、印鉴、社保卡、老年证等证件；

1.1.8. 其他关于人身监护方面的事项。

1.2. 财产管理

1.2.1. 常规管理。

（1）代理甲方对退休金、租金、股权收益的收取；

（2）代理甲方对存款、基金、股票的收取；

（3）代理甲方对房租、公共费用、住院医疗费用、入住养老机构费用的支付；

（4）代理甲方支付生活费、日用品的花销；

（5）代理甲方保险合同的缔结以及保险金的领取和管理；

（6）代理甲方处理债权债务事项；

（7）对甲方不动产、车辆、收藏字画及其他重要财产的保管；

（8）对甲方存款、存折、银行卡、工资卡、基金、股票等金融财产进行保管；

（9）对甲方房屋产权证书、股权证书、车船产权证等重大书面权利凭证的保管；

（10）其他涉及财产管理的事项。

乙方应将上述归属于甲方的收入汇入指定账户，按实际需要从指定账户支取。

1.2.2. 危急时管理。

（1）在出现危及甲方生命的情形（如甲方重病，急需资金入院救治），且穷尽其他解决途径仍无法解决时，乙方可代理甲方对不动产、车辆、收藏字画及其他重要财产的管理和处分，且处分收入的款项须汇入指定账户内；

（2）为了筹措护理、住院费用，需处分甲方的不动产时，在交付或者拆毁前，要对房屋内进行清查，整理甲方的财物。

1.2.3. 指定账户信息。

账户名：________________________________

银行账号：______________________________

开户行：________________________________

1.3. 死后事务

1.3.1. 火化遗体、办理殡葬仪式并支付费用；

1.3.2. 开具死亡证明、火化证明；

1.3.3. 办理销户手续；

1.3.4. 领取丧葬补助费和死亡抚恤金；

1.3.5. 办理商业保险的赔偿事宜。

2. 乙方的其他权利义务

2.1. 履行监护职责

乙方应在法律允许的范围内积极、负责地行使监护权，尊重甲方意愿，关照甲方的身心及生活状况，保护甲方的生命和健康安全，维护其人格利益，依法切实保护甲方的人身、财产权益。

2.2. 亲自处理

乙方应当亲自处理本协议约定的监护事务；为了维护甲方利益，紧急情况下不得已将部分事务转委托的，乙方要对第三人的选任、指示及第三人的行为承担责任。（“紧急情况”是指由于急病、通信联络中断等特殊原因，乙方自己不能办理监护事务，如不及时转托他人办理，会给甲方的利益造成损失或者增加损失。）

2.3. 维护甲方利益

乙方不得随意放弃甲方的继承，不得随意放弃甲方数额较大的债权。

3. 协议解除和终止

3.1. 意定监护协议生效前，协议解除的情形有以下两种

3.1.1. 甲方随时可以解除协议；

3.1.2. 乙方死亡。

3.2. 意定监护协议生效后，出现下列情形之一的，协议解除或者终止

3.2.1. 因乙方不履行监护职责，或者滥用职权侵占甲方的财产、私自挪用甲方财产，侵害甲方的合法权益的；

3.2.2. 甲方死亡后，乙方已按照协议约定处理完毕甲方死后事务的；

3.2.3. 作为意定监护人的乙方死亡或者丧失监护能力的；

3.2.4. 甲方恢复民事行为能力的。

4. 违约责任

（1）乙方不履行监护职责或者履行职责不当，侵害甲方合法权益，给甲方造成财产损害的，乙方应承担赔偿责任。

（2）由于乙方消极怠慢疏于管理，导致甲方给第三人造成损害的，乙方应当承担相应的民事责任。如果能够证明自己确实无过错的，可以免责。

5. 协议的生效

自甲方事实上丧失或者部分丧失民事行为能力起，本协议生效，乙方即根据本协议行使监护职责。此处的“丧失或者部分丧失民事行为能力”，是指甲方的身体机能衰退，记忆能力和判断能力下降，事理辨识能力不足。

6. 附则

（1）本协议一式两份，甲乙双方各执一份，具有同等法律效力。

（2）本协议未尽事宜，在协议生效之前，双方应另行协商并签订补充协议。

甲方（签字）：________________

日期：________年________月________日

乙方（签字）：________________

日期：________年________月________日

个人房产抵押合同范本

甲方（抵押人）：________________

乙方（抵押权人）：________________

为确保________年________月________日签订的________________________（以下称主合同）的履行，甲方愿意将其有处分权的房产做抵押。乙方经实地勘验，在充分了解其权属状况及使用与管理现状的基础上，同意接受甲方的房产抵押。

甲方将房产抵押给乙方时，该房屋的土地使用权也一并抵押给乙方。

双方本着平等、自愿的原则，同意就下列房产抵押事项订立本合同，以资共同遵守。

第一条 甲方用作抵押的房产坐落于________市________区________街（路、小区）________号________栋________单元________层________室，建筑面积：________平方米，不动产权证书编号：____________。

第二条 根据本合同，甲乙双方确认：抵押人为__________，抵押期限为________________。

第三条 在本合同有效期内，甲方不得将抵押房产出售和赠与他人；甲方迁移、出租、转让、再抵押或者以其他任何方式转移本合同项下抵押房产的，应取得乙方书面同意。

第四条 出现下列情况之一时，乙方有权依法处分抵押财产：

1. 若主合同约定的还款期限已到，债务人未依约归还借款本息，或者所延期限已到，债务人仍不能归还借款本息。

2. 债务人死亡而无继承人代为履行到期债务，或者继承人放弃继承。

3. 债务人被宣告解散、破产。

第五条 抵押权的撤销：主合同债务人在约定期限内归还借款本息或者提前

归还借款本息的，乙方应协助甲方办理注销抵押登记。

第六条 本合同生效后，甲乙任何一方不得擅自变更或者解除合同。若需要变更或者解除合同，应经双方协商一致，达成书面协议。协议未达成前，本合同各条款仍然有效。

第七条 违约责任：

1. 按照本合同第三条约定，由甲方保管的抵押财产，因保管不善造成毁损的，乙方有权要求恢复财产原状，或者提供经乙方认可的新的抵押财产，或者提前收回主合同项下借款本息。

2. 甲方违反第三条约定，擅自处分抵押财产的，其行为无效。乙方可视情况要求甲方恢复抵押财产原状或者提前收回主合同项下借款本息，并可要求甲方支付借款本息总额万分之________的违约金。

3. 甲方因隐瞒抵押财产存在共有、争议、被查封、被扣押或者已经设定过抵押权等情况而给乙方造成经济损失的，应给予乙方赔偿。

4. 甲乙任何一方违反第六条约定，应向对方支付主合同项下借款本息总额万分之________的违约金。

5. 本条所列违约金的支付方式，甲乙双方商定如下：

____

第八条 双方商定的其他事项：

____

第九条 争议的解决方式：

甲乙双方在履行本合同中发生的争议，由双方协商解决。若协商不成，可以向有管辖权的人民法院起诉。

第十条 本合同由甲乙双方签字，自签订之日起生效。

第十一条 本合同一式两份，甲乙双方各执一份，具有同等法律效力。

甲方（签字）：__________

日期：______年______月______日

乙方（签字）：____________

日期：______年______月______日

提示：

主合同是指抵押人与抵押权人签订的借款合同。

房产代持协议范本

甲方（委托人）：____________ 身份证号码：______________________

乙方（受托人）：____________ 身份证号码：______________________

乙方（受托人）配偶：__________ 身份证号码：______________________

鉴于：甲方实际出资购买房产一处，位于______________________。现甲乙双方本着平等自愿的原则，经协商一致，甲方委托乙方就代为持有该房屋产权及相关事宜达成协议如下，以兹共同遵照执行。

第一条　房产事实

1. 坐落位置：________________。

2. 建筑面积：________平方米。

3. 出资及登记：该房产由甲方实际全部出资，甲方同意将该房产委托给乙方代为持有，产权登记在乙方名下，不动产权证书编号：__________________。

第二条　房屋产权

1. 甲乙双方确认，虽然该房产登记在乙方名下，但该房产及相关附属设施的全部权利实际归甲方所有。

2. 甲方实际享有该房产及其附属设施完全的所有权（占有权、使用权、收益权、处分权）及其他附属权利，乙方仅以自己的名义代为持有，不享有任何房产权利。在代持期间，乙方应当配合甲方实现其房产权利。

3. 未经甲方事前的书面同意，乙方不得将上述代持房产权益向知情或者不知情的第三方转让、转委托代持、设定共同共有或者担保，不得实施任何危及或可能危及甲方利益的行为。

4. 若乙方未经甲方事前的书面同意，将上述代持房产权益向知情或者不知情的第三方转让、转委托代持、设定共同共有或者担保，或者实施其他任何危及或可能危及甲方利益的行为，造成甲方损失的，甲方有权要求乙方就其全部损失承担赔偿责任，并加付________万元违约金。乙方应当承担的责任包括但不限于甲方的直接损失、间接损失，以及诉讼费、保全费、律师费等相关费用。

第三条　委托代持时间及费用

1. 委托代持时间自本协议生效之日起至双方协商终止时终止。

2. 乙方受甲方委托代持房产期间收取________元报酬。甲方承诺在该房产产生实际价值时，甲方可以自主决定支付乙方适当的报酬。

第四条　甲方的权利与义务

1. 因该房产所产生的租金等一切收益均由甲方享有。

2. 因该房产使用或者经营产生的房产税和营业税等相关税费、房产管理费、水电费、修缮费用、管理成本等相关费用均由甲方承担。

3. 因该房产造成他人的人身、财产损失的责任，以及该房产发生毁损灭失风险均由甲方承担。

第五条　乙方的权利与义务

1. 乙方确认，未经甲方事前的书面同意，乙方不得单方面将该房产对外出租、出售。

2. 自本协议签订之日起，乙方有义务配合甲方对该房产管理、处分等一切事宜，乙方不得在任何时间、地点以任何方式抗拒及干涉甲方行使权利，并不得撤销该授权委托。

第六条　争议解决

凡因本协议引起的或者与本协议有关的任何争议，由甲乙双方协商解决。若协商不成，任何一方可向房产所在地的人民法院起诉。

第七条　协议生效

1. 本协议一式两份，甲乙双方各持一份，具有同等法律效力。

2. 本协议自甲乙双方签字之日起生效。

甲方（签字）：____________

日期：________年________月________日

乙方（签字）：__________

日期：_______年_______月_______日

乙方配偶对本协议知悉，对内容予以确认，并愿意遵照执行。

乙方配偶（签字）：__________

日期：_______年_______月_______日

提示：

1. 房产代持分为合法代持和非法代持，不符合房产所在地监管政策的代持，有可能会被认定为非法代持。

2. 如代持人的亲属能够接受，可让其他亲属签署知情函，或者在本协议中补充其他当事人。

3. 目前公证机构不接受房产代持协议公证。为了约束代持人，在签署本协议时，可以找两个与自己及代持人都没有利害关系的见证人。

4. 建议保留房屋买卖合同、付款凭证、房屋的钥匙、物业费缴费凭证及其他与房屋相关的全部材料，并实际占用、使用房屋。

股权代持协议范本

甲方（委托人）：________________

身份证号码：________________________________

住址：______________________________________

乙方（受托人）：________________

身份证号码：________________________________

住址：______________________________________

乙方（受托人）配偶：________________

身份证号码：________________________________

住址：______________________________________

甲乙双方本着平等互利的原则，经友好协商，就甲方委托乙方代为持股事宜达成如下协议，以兹共同遵照执行。

第一条　委托内容

甲方自愿委托乙方作为自己对____________公司出资人民币________万元（该出资占____________公司注册资本的________%，以下简称代表股权）的名义持有人，并代为行使相关股东权利；乙方自愿接受甲方的委托并代为行使该相关股东权利。

第二条　委托权限

甲方委托乙方代为行使的权利包括：由乙方以甲方的名义代替甲方向____________公司出资，在公司股东登记名册上具名、以公司股东身份参与公司相应活动、代为收取股息或者红利、出席股东会并行使表决权以及行使《中华人民共和国公司法》与公司章程授予股东的其他权利。

第三条 甲方的权利与义务

1. 甲方作为上述投资的实际出资者，对__________公司享有实际的股东权利并有权获得相应的投资收益；乙方仅能以自身名义将甲方的出资向__________公司出资并代甲方持有该出资所形成的股东权益，且对该出资所形成的股东权益不享有任何收益权或者处置权（包括但不限于股东权益的转让、质押）。

2. 在委托持股期限内，甲方有权在条件具备时，将相关股东权益转移到自己或者自己指定的任何第三人名下，届时所涉及的相关法律文件，乙方须无条件同意，并无条件接受。在乙方代为持股期间，因代持股权产生的相关费用及税费（包括但不限于与代持股权相关的投资项目的律师费、审计费、资产评估费等）均由甲方承担；在乙方将代持股权转为由甲方或者甲方指定的任何第三人持有时，所产生的变更登记费用也应由甲方承担。

3. 作为委托人，甲方负有按照__________公司的公司章程、本协议及《中华人民共和国公司法》的规定以人民币现金进行及时出资的义务，并承担出资额限度内的一切投资风险与后果。

4. 甲方作为代表股权的实际所有人，有权依据本协议对乙方不适当的受托行为进行监督与纠正，并有权基于本协议约定要求乙方赔偿因此而给自己造成的实际损失，但甲方不能随意干预乙方的正常经营活动。

5. 甲方认为乙方不能诚实履行受托义务时，有权依法解除对乙方的委托并要求依法转让相应的代表股权给甲方选定的新受托人，但必须提前 15 日书面通知乙方。

第四条 乙方的权利与义务

1. 作为受托人，乙方有权以名义股东的身份参与__________公司的经营管理或者对__________公司的经营管理进行监督，但不得利用名义股东的身份为自己牟取任何私利。

2. 未经甲方事先书面同意，乙方不得转委托第三方持有上述代表股权及其股东权益。

3. 作为__________公司的名义股东，乙方承诺其所持有的__________公司股权受到本协议内容的限制。乙方在以股东身份参与__________公司经营管理过程中需要行使表决权时，应至少提前三日通知甲方并取得甲方书面授权。在未取得甲方书面授权的条件下，乙方不得对其所持有的代表股权及其所有收益进行转让、处分或者设置任何形式的担保，也不得实施任何可能损害甲方利益的行为。

4. 在乙方自身作为__________公司实际股东且所持__________公司股权比例（不含代甲方所持份额）大于 50% 的情形下，如果乙方自身作为股东的意见与甲方的意见不一致且无法兼顾双方意见时，乙方应在表决之前将自己对表决事项的意见告知甲方。在此情形下，甲方应同意乙方按照自己的意见进行表决。

5. 乙方承诺将其未来所收到的因代表股权所产生的任何投资收益 (包括现金股息、红利或者任何其他收益分配) 均全部转交给甲方，并承诺将在获得该投资收益后 15 日内将该投资收益汇入甲方指定的银行账户。如果乙方不能及时交付，应向甲方支付等同于同期银行逾期贷款利息的违约金。

甲方指定银行账户信息：

账户名：______________________________

银行账号：____________________________

开户行：______________________________

第五条　保密条款

协议双方对本协议履行过程中所接触或者获知的对方的任何商业信息均有保密义务，除非有明显的证据证明该信息属于公知信息或者事先得到对方的书面授权。该保密义务在本协议终止后仍然继续有效。任何一方因违反该义务而给对方造成损失的，均应当赔偿对方的相应损失。

第六条　争议的解决

凡因履行本协议所发生的争议，甲乙双方应友好协商解决，不能协商解决的，双方同意向人民法院起诉解决。

第七条　其他事项

1. 本协议一式两份，甲乙双方各持一份，具有同等法律效力。

2. 本协议自甲乙双方签字之日起生效。

甲方（签字）：____________

日期：________年________月________日

乙方（签字）：____________

日期：________年________月________日

其他股东对以上股权代持均已知晓，并无异议。

股东（签字）：____________

日期：________年________月________日

乙方配偶对本协议知悉，对内容予以确认，并愿意遵照执行。

乙方配偶（签字）：____________

日期：________年________月________日